太阳能光热利用技术

高援朝　曹国璋　王建新　编著

金盾出版社

内 容 提 要

本书结合我国太阳能光热利用的实际需要，并汲取国外太阳能光热利用的先进经验，详细介绍了太阳能光热利用设计规划、设备选用、安装施工和使用维护等方面的知识。主要内容包括：被动式太阳房，太阳能供热采暖，太阳能制冷空调，太阳灶，太阳能温室，太阳能干燥，太阳能游泳池加热，太阳能海水淡化，太阳能热发电。

本书内容通俗易懂，计算和操作步骤详细，并附有各地成功工程案例和对比分析。本书既可供太阳能光热利用技术的初学者、创业者、工程技术人员和运行管理人员阅读学习，也可作为大专院校相关专业教材和职业技能培训教材。

图书在版编目(CIP)数据

太阳能光伏利用技术/李雷主编.—北京:金盾出版社,2017.8(2019.1 重印)
ISBN 978-7-5186-1022-8

Ⅰ.①太… Ⅱ.①李… Ⅲ.①太阳能发电 Ⅳ.①TM615

中国版本图书馆 CIP 数据核字(2016)第 255301 号

金盾出版社出版、总发行
北京市太平路 5 号(地铁万寿路站往南)
邮政编码:100036 电话:68214039 83219215
传真:68276683 网址:www.jdcbs.cn
封面印刷:北京精美彩色印刷有限公司
正文印刷:北京万友印刷有限公司
装订:北京万友印刷有限公司
各地新华书店经销

开本:705×1000 1/16 印张:16.5 字数:343 千字
2019 年 1 月第 1 版第 2 次印刷
印数:4 001～7 000 册 定价:53.00 元

前　言

能源是人类生存和社会发展的重要物质基础，随着世界和中国经济的快速发展，对能源的需求将出现一个持续增长的态势。

太阳能是各种可再生能源中最重要的基本能源，生物质能、风能、海洋能、水能等的形成都来源于太阳能。从广义角度讲，太阳能包含以上各种可再生能源。

20 世纪 70 年代以来，鉴于各种常规能源供给的有限性和环保压力的增加，世界上许多国家掀起了开发利用太阳能和可再生能源的热潮。自 20 世纪 90 年代以来，联合国召开了一系列有世界各国领导人参加的高峰会议，讨论和制定世界太阳能战略和规划，推动了全球太阳能和可再生能源的开发利用。开发利用太阳能和可再生能源成为国际社会的一大主题和共同行动，成为世界各国制定可持续发展战略的重要内容。大量燃烧矿物能源造成了全球性的环境污染和生态破坏，对人类的生存和发展构成威胁。在这样的背景下，1992 年联合国在巴西的里约热内卢召开“世界环境与发展大会”，会议讨论通过了《里约热内卢环境与发展宣言》《21 世纪议程》，并签署了《联合国气候变化框架公约》，将太阳能和可再生能源利用与环境保护结合在一起，使太阳能和可再生能源利用工作得到加强和普及。

我国政府对太阳能和可再生能源利用、促进生态平衡和防止环境污染工作十分重视，提出开发和推广太阳能、风能、地热能、潮汐能、生物质能等清洁能源，制定了《中国 21 世纪议程》，明确了重点发展项目。1995 年，国家制定了《新能源和可再生能源发展纲要》，提出我国在 1995—2010 年新能源和可再生能源的发展目标、任务，以及相应的对策和措施。这些文件的制定和实施，对进一步推动我国太阳能事业的发展发挥了重要作用。1996 年，联合国在津巴布韦召开“世界太阳能高峰会议”，会后发表了《哈拉雷太阳能与持续发展宣言》，表明了联合国和世界各国对开发太阳能的坚定决心：太阳能和可再生能源利用与世界可持续发展和环境保护紧密结合，全球共同行动，为实现世界太阳能与可再生能源发展战略而努力。

本书的编写以太阳能光热利用为核心，同时考虑太阳能和可再生能源利用技术的学科分类和特点，内容包括被动式太阳房、太阳灶、太阳能干燥、太阳能温室、太阳能热发电、太阳能制冷空调等。

本书是编者集体智慧的结晶，凝聚着编者共同的心血。在编写本书的过程中，自始至终受到中国农村能源行业协会领导的关怀和指导，也得到部分省市农村能源机构的领导和专业技术人员的支持。本书的编者还参考和引用了部分太阳能利用技术的科技著作、工程案例和一些地方太阳能利用技术推广的指导丛书，在此，谨向这些资料文献的作者表示衷心的感谢。

本书在广泛征求相关专家、企业技术人员和基层太阳能利用技术工作者意见的基础上，经过初审和终审，进行了多次修订后定稿。全书由高级工程师高援朝主编，参加编写的还有王建新、曹国璋、李琳、陈志忠、王小燕等。其中，李琳、陈志忠等参加了资料的征集工作，王小燕参加了文字处理、绘图、制表和校对工作。

本书的编写虽然注意吸收了新的科研成果，但由于编者知识水平有限，加之时间仓促，工作量大，书中难免存在不妥之处，敬请各位读者提出宝贵的意见，以便再版时修订。

本书面向从事太阳能利用技术工作的人员，也可供工程技术人员和大专院校相关专业的师生参考。

作 者

目　　录

第一章　被动式太阳房　1
第一节　概述……1
第二节　太阳房气象区划……3
第三节　太阳房的基本类型……6
第四节　被动式太阳房设计要则……12
第五节　太阳房热工设计……16
第六节　太阳房各部件的性能与技术要求……20
第七节　现有房屋改造为被动式太阳房……29
第八节　被动式太阳房的发展概况……30
第二章　太阳能供热采暖　33
第一节　概述……33
第二节　太阳能供暖与太阳能热水工程的异同……36
第三节　被动式和主动式采暖的关系……38
第四节　太阳能供暖负荷计算……41
第五节　太阳能集热器面积计算……47
第六节　太阳能集热器安装倾角、方位角和前后距计算……51
第七节　太阳能供暖集热器的选择……57
第八节　太阳能供暖散热末端……68
第九节　太阳能供暖辅助热源……77
第十节　太阳能供暖控制系统……83
第十一节　太阳能供暖系统的设计流程和注意事项……91
第十二节　太阳能供暖系统的运行方式……103
第三章　太阳能制冷空调　114
第一节　概述……114
第二节　太阳能吸收式制冷系统……115
第三节　太阳能吸附式制冷系统……120
第四节　太阳能除湿式制冷系统……123
第五节　太阳能蒸汽压缩式制冷系统……125
第六节　太阳能蒸汽喷射式制冷系统……126

第四章 太阳灶 128

第一节 概述……128
第二节 太阳灶的分类与结构……129
第三节 太阳灶的壳体材料和反光材料……138
第四节 太阳灶的技术要求……140
第五节 聚光式太阳灶的设计……141
第六节 聚光式太阳灶结构检测和热性能试验方法……149
第七节 聚光式太阳灶的安装和使用……152
第八节 我国太阳灶的发展概况……154

第五章 太阳能温室 164

第一节 概述……164
第二节 太阳能温室的结构类型……165
第三节 太阳能温室的设计和使用……167

第六章 太阳能干燥 177

第一节 概述……177
第二节 物料的干燥特性……178
第三节 太阳能干燥器分类……184
第四节 温室型太阳能干燥器……185
第五节 集热器型太阳能干燥器……190
第六节 集热器-温室型太阳能干燥器……194
第七节 整体式太阳能干燥器……197
第八节 其他形式的太阳能干燥器和太阳能干燥系统的设计原则……199
第九节 太阳能干燥的发展概况……201

第七章 太阳能游泳池加热 204

第一节 概述……204
第二节 游泳池的加热负荷……204
第三节 太阳能游泳池加热系统设计中的若干问题……209

第八章 太阳能海水淡化 211

第一节 概述……211
第二节 盘式太阳能蒸馏器……212
第三节 其他类型的被动式太阳能蒸馏器……213
第四节 主动式太阳能蒸馏器……214

第五节 我国太阳能海水淡化的发展概况……214

第九章 太阳能热发电 218

第一节 概述……218
第二节 火力发电系统工作原理……219
第三节 太阳能热发电系统工作原理……222
第四节 太阳能热发电系统组成……225
第五节 槽式聚光热发电系统……230
第六节 塔式聚光热发电系统……233
第七节 碟式聚光热发电系统……237
第八节 我国太阳能热发电的发展概况……238

附录 243

附录一 围护结构冬季室外计算参数和最冷最热月平均温度……243
附录二 严寒和寒冷地区主要城市的建筑物耗热量指标……248
附录三 太阳能供热采暖系统效益评估计算公式……255

第一章

被动式太阳房

第一节　概　述

一、“太阳房”的由来

“太阳房”一词最早使用于美国。欧美的传统住房是封闭式的，由石头建造或者用砖砌成，窗户多是纵向长、横向短，并未有意识地充分利用太阳光。芝加哥报纸曾经把一家装有大面积玻璃窗的房子称为“太阳房”，这便是“太阳房”一词的由来。被动式阳光间太阳房如图 1-1 所示。

图 1-1　被动式阳光间太阳房

而中国和日本的住房是开放式的，它与自然密切相连，在建房时，自然而然地意识到充分利用太阳能的必要性。我国有句民谣“我家有座屋，向南开门户”。

自古以来，我国北方民居的重要房屋都是坐北朝南布置，北、东、西 3 面以厚墙保温，南立面则满开棂花门窗，以增加采光和得热，这种布置可以认为是朴素的被动式太阳房。

广义所说的太阳房是利用太阳能进行采暖和空气调节的环保型生态建筑，利用房屋的朝向，多采集太阳能的热量，加强保温措施，尽量多储存热量，满足冬季采暖、夏季降温和空气调节的要求。

太阳能采暖建筑可以分为两大类：主动式太阳房和被动式太阳房。被动式太阳房是不采用太阳能集热设备和任何其他机械动力，仅对建筑物本身采取一定的防护措施，使建筑物能够更加充分地利用太阳热能，以增加建筑物冬季室内温度的房屋。被动式太阳房一般被简称为太阳房，而主动式太阳房一般被称为太阳能采暖，如图 1-2 所示。

图 1-2 主动式太阳房

二、太阳房的原理

太阳房的原理是“温室效应”。太阳辐射透过大气层、普通玻璃、透明塑料等介质，使被围护的空间里的温度升高。这些介质既吸收太阳辐射能，也向外辐射能量，但是向外辐射的能量是长波红外辐射，较难透过上述介质，于是这些介质包围的空间形成了温室，将能量储存和保持在室内，形成有一定温度的空间，这就是“温室效应”。

被动式太阳房就是利用“温室效应”的原理，通过建筑朝向和周围环境的合理布置，设计建筑内部的空间结构，并选择合理的内外部形体比例，采用节能建筑材料，使其在冬季能采集、保持、储存和分配太阳能的热量，从而解决建筑物的采暖问题，同时，在夏季又能遮蔽太阳辐射能，散逸室内热量，从而使建筑物降温，达到冬暖夏凉的目的。

太阳房建筑期望达到的效果是使房间在冬季有尽量多的太阳能热量、尽量少的热损失和必要的热稳定性，也就是要处理好集热、保温和蓄热之间的矛盾关系，注意优化比较，既要使房间的冬季温度符合采暖要求，又要使太阳能热工措施的投资尽量少，单位投资的节能效益尽量显著。

被动式太阳房的太阳能集热部件与房屋结构合为一体，作为围护结构的一部分，很多构件发挥了双重功能。因此，被动式太阳房可以是独立的一幢建筑，也可以是一项有效的建筑节能技术。保温节能、被动式太阳房、主动式太阳房，在建筑中既可以独立应用，又可以根据需求和条件进行综合应用两者或者三者。被动式太阳房是在保温节能技术的基础上再进行太阳能集热；太阳能主动采暖的建筑，最好是节能保温的建筑或进行过节能保温改造的建筑，如果有条件可以增加被动式太阳房的设计，以达到更好的节能效果。

太阳房比普通住宅加强了围护结构的保温，增加南向的采光，增强窗户的密闭性能，采取这些措施就要增加建筑成本。一般来说，对于经济较发达地区额外采取这些建筑措施所增加的成本，应占其总建造成本的 5%～10%；而对于经济欠发达地区，由于原有的住宅建筑相对比较简陋，建造成本也低，而要新增加的保温采光设施在造价上可能也比较高，因此其增加的成本可能要占到总建造成本的 10%以上。当然，如果能结合当地的实际资源情况，采用当地一些比较廉价的原材料加以改进替代，其建造成本还是可以再降低的。

太阳房可以明显提高房屋居住的舒适度，冬暖夏凉效果明显。一般情况下，太阳房冬季的室内温度要比当地普通住宅的室内温度高 4℃～12℃，夏季的室内温度比普通住宅低 2℃～3℃。

由于被动式太阳房是一种经济、有效地利用太阳能实现采暖的建筑，我国被动式太阳房发展很快，主要分布在河北、辽宁、山东、甘肃、青海、内蒙古、宁夏和西藏等地农村。

第二节 太阳房气象区划

一、太阳房气象区划中需要说明的几个概念

1．民用建筑

建筑按其使用性质不同，可分为生产性建筑（工业建筑：如工业厂房、车间；农业建筑：如玻璃温室、塑料大棚）与非生产性建筑（民用建筑）。

民用建筑又可分为居住建筑和公共建筑两大类。居住建筑就是供人们生活起居的房屋，如住宅、公寓、宿舍等。公共建筑就是供人们进行政治文化活动、行政办公、商业和生活服务等公共事业所需要的房屋，如学校、图书馆、商场、电影院、车站、公园等。

应用被动式太阳房技术的建筑主要是民用建筑，尤其是城镇居民和农村的住宅院落、学校等。

2．我国建筑热工设计分区

建筑热工设计应与地区气候相适应。建筑热工设计分区及设计要求见表 1-1。

表 1-1 建筑热工设计分区及设计要求

分区名称	分区指标		设计要求
	主要指标	辅助指标	
严寒地区	最冷月平均温度≤−10℃	日平均温度≤5℃的天数≥145d	必须充分满足冬季保温要求，一般可不考虑夏季防热
寒冷地区	最冷月平均温度为−10℃～0℃	日平均温度≤5℃的天数为 90～145d	应满足冬季保温要求，部分地区兼顾夏季防热

续表 1-1

分区名称	分区指标		设计要求
	主要指标	辅助指标	
夏热冬冷地区	最冷月平均温度 0℃～10℃，最热月平均温度 25℃～30℃	日平均温度≤5℃的天数为 0～90d，日平均温度≥25℃的天数为 40～110d	必须满足夏季防热要求，适当兼顾冬季保温
夏热冬暖地区	最冷月平均温度＞10℃，最热月平均温度为 25℃～29 ℃	日平均温度≥25℃的天数为 100～200d	必须充分满足夏季防热要求，一般可不考虑冬季保温
温和地区	最冷月平均温度为 0℃～13℃，最热月平均温度为 18 ℃～25℃	日平均温度≤5℃的天数为 0～90d	部分地区应考虑冬季保温，一般可不考虑夏季防热

采用被动式太阳房的建筑一般分布在严寒地区、寒冷地区和夏热冬冷地区。这些区域都处于我国冬季供暖区域。

3．相关术语

（1）黑球温度 太阳房的室内环境与人体进行辐射和对流交换的当量温度，单位为℃。黑球温度就是太阳房内正常有人情况下的室内空气温度。测量时，应将温度传感器放入黑色密闭空心铜球内，所以称为黑球温度。

（2）基础温度 根据被动式太阳房采暖水平而设定的主要房间内的最低空气温度，单位为℃。它是根据采暖水平人为选定的。根据我国目前实际情况，国家标准规定此值为 14℃。

（3）采暖期度日数 被动式太阳房在采暖期内每天基础温度与室外日平均温度之间的正温差（不计负温差）的总和，乘以具有正温差的天数，单位为摄氏度天（℃ •d）。如果某天室外日平均温度高于（或等于）基础温度，则取该天的度日数为零。

（4）室外日平均温度 计算采暖期室外日平均温度的算术平均值。

（5）计算采暖期天数 采用滑动平均法计算出的累年日平均温度低于或等于 5℃的天数。计算采暖期天数仅供建筑节能设计计算时使用，与当地法定的采暖天数不一定相等。

（6）综合气象因数 采暖期内被动式太阳房南向垂直面上累积太阳辐照量与对应期间的度日数之比，单位为千焦［耳］每平方米摄氏度天［kJ/（m^2 • ℃ • d)］。因为各种基本类型的被动式太阳房，包括直接收益式、集热蓄热墙式、附加阳光间式等都是通过南向垂直面来接收并透过太阳辐射能的。

（7）建筑体形系数 建筑物与室外大气接触的外表面积与其所包围的体积的比值。外表面积中，不包括地面和不采暖楼梯间内墙及户门的面积。

（8）围护结构传热系数 在稳态条件下，围护结构两侧空气温差为 1℃，在单位时间内通过单位面积围护结构的传热量。

（9）外墙平均传热系数　考虑了墙上存在的热桥影响后得到的外墙传热系数。

（10）围护结构传热系数的修正系数　考虑太阳辐射对围护结构传热的影响而引进的修正系数。

（11）窗墙面积比　窗户洞口面积与房间立面单元面积（建筑层高与开间定位线围成的面积）之比。

二、太阳房气象区划依据

我国建筑能耗中，采暖能耗占很大比例，目前我国单位建筑面积的采暖能耗比发达国家高 2 倍以上。我国的严寒和寒冷地区为采暖区，包括东北、华北和西北地区。因为我国地域辽阔，这些地区的冬季气候各异，太阳能资源也不尽相同，所以为了规范被动式太阳房热工设计，将我国利用太阳能采暖的地区划为几个区域。

利用太阳能采暖，主要与室外气温、低温持续天数和太阳辐射资源 3 个因素有关。综合气象因素实质上涵盖了以上 3 个因素，我国国家标准 GB/T 15405—2006《被动式太阳房热工技术条件和测试方法》，就以综合气象因素作为太阳房气象区划的依据，太阳房气象区划、代表城市和围护结构热工指标见表 1-2。

表 1-2　太阳房气象区划、代表城市和围护结构热工指标

气象区划	综合气象因数/［kJ/（m^2·℃·d）］	代表城市（以指标大小为序）	围护结构热工指标	
			南向玻璃透光面附加的夜间保温帘（板）热阻最小值/［（m^2·℃）/W］	外围护结构最大传热系数/［W/（m^2·℃）］
1	＞30	拉萨	双层 0.172 单层 0.43 单层 0.86	0.25～0.3 0.35～0.45 0.45～0.5
	25～30	新乡、鹤壁、开封、济南、北京、郑州、石家庄、洛阳、保定、汉口、天津、潍坊、安阳		
2	20～25	大连、西宁、银川、青岛、太原、和田、哈密、且末、延安、兰州、榆林、秦皇岛、阳泉、包头、西安	双层 0.43 双层 0.86 双层 0.86	0.25～0.35 0.45～0.55 0.3
3	15～20	玉门、酒泉、宝鸡、咸阳、张家口、呼和浩特、喀什、伊宁	双层 0.43 双层 0.86	0.25 0.4
4	13～15	抚顺、乌鲁木齐、通化、锡林浩特、沈阳、长春、鸡西	双层 0.86	0.28

注：南向玻璃透光面夜间保温热阻最小值与外围护结构最大传热系数的选择为对应关系。

（1）第 1 区 综合气象因数为 25～30，是建造被动式太阳房的最佳地区。其中拉萨的综合气象因数＞30，位列 44 城市之首。拉萨的太阳能资源极好，虽然采暖期比较长（142 天），但是采暖期室外平均气温为 0.5℃。此外，济南、北京、天津等城市，虽然太阳能资源不如拉萨，但采暖期相对来说要短，采暖期室外平均气温也不低。所以，在这些地区建造被动式太阳房不但集热部件的热效率高，而且年累计节能量多。

（2）第 2 区 综合气象因数为 20～25，是建造被动式太阳房的次佳地区。集热部件的热效率在我国处于中上等水平。建造的被动式太阳房大多具有较好的采暖和节能效果。

（3）第 3 区 综合气象因数为 15～20，是建造被动式太阳房的适宜地区。

（4）第 4 区 综合气象因数为 13～15，是我国纬度较高、太阳能资源不丰富的严寒地区。在这些地区，多数集热部件的热效率低下，大多不适宜采用集热蓄热墙式或附加阳光间式太阳房，可以参照普通节能房，设置面积较小、但能满足室内采光要求的直接受益窗，再配上高热阻的夜间保温窗帘，并切实加强房屋外围结构的保温性能，也会有比较好的节能效果。

第三节 太阳房的基本类型

被动式太阳房的类型很多。若按太阳能利用的方式不同分类，主要分为以下几种类型。

一、直接受益式

如图 1-3 所示，直接受益式是被动式太阳房中最简单也是最常用的一种。它是利用南窗直接接受太阳能辐射。太阳能辐射通过窗户直接射到室内地面、墙壁及其他物体上，使它们表面温度升高，通过自然对流换热，用部分能量加热室内空气，另一部分能量则储存在地面、墙壁等物体内部，使室内温度维持到一定水平。

这种利用南向窗直接接受太阳辐射能的被动式太阳房，是被动式系统中最简单的一种形式。窗是获得太阳辐射能的主要构件，同时也是热损失最大的构件。处理好各朝向窗的配置、尺寸、构造、隔热措施是太阳房设计中关键的问题。

人们在冬天都有这样的感觉，在夜间，窗户大的房间常比窗户小的房间冷。这是因为一般窗户的保温能力比墙的保温能力小得多。有关专家计算得知，冬天从窗户跑走的热量占整个防止热量损失的 30%～50%。似乎在保证房间采光条件下，窗户开得越小越好，实际上并不完全是这样。

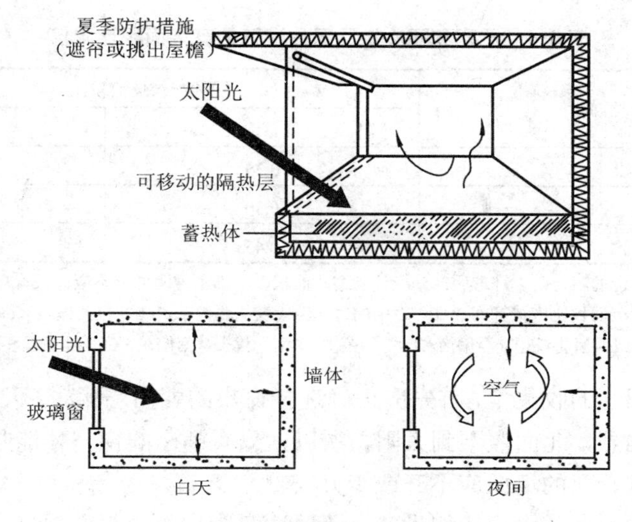

图 1-3 直接受益式

国家标准 JGJ 26—2010《严寒和寒冷地区居住建筑节能设计标准》的一般规定中，有关于建筑体形系数和窗墙面积比的要求，在进行被动太阳房的设计中可以参考。

① 建筑群的总体布置，单体建筑的平面、立面设计和门窗的设置，应考虑冬季利用日照并避开冬季主导风向。

② 建筑物宜朝向南北或接近朝向南北。建筑物不宜设有三面外墙的房间，一个房间不宜在不同方向的墙面上设置两个或更多的窗。

③ 严寒和寒冷地区用于居住建筑的体形系数不应大于表 1-3 规定的限值。当体形系数大于表 1-3 规定的限值时，必须按照 JGJ 26—2010 中“围护结构热工性能的权衡判断”的要求进行围护结构热工性能的权衡判断。

表 1-3 严寒和寒冷地区居住建筑的体形系数限值

	建筑层数			
	≤3 层	（4～8）层	（9～13）层	≥14 层
严寒地区	0.50	0.30	0.28	0.25
寒冷地区	0.52	0.33	0.30	0.26

④ 严寒和寒冷地区居住建筑的窗墙面积比不应大于表 1-4 规定的限值。当窗墙面积比大于表 1-4 规定的限值时，必须按照 JGJ 26—2010 中“围护结构热工性能的权衡判断”的要求进行围护结构热工性能的权衡判断。在进行权衡判断时，各朝向的窗墙面积比最大也只能比表 1-4 中的对应值大 0.1。

表 1-4 严寒和寒冷地区居住建筑的窗墙面积比限值

朝　向	窗墙面积比	
	严寒地区	寒冷地区
北	0.25	0.30
东、西	0.30	0.35
南	0.45	0.50

注：① 敞开式阳台的阳台门上部透明部分应计入窗户面积，下部不透明部分不应计入窗户面积。
② 表中的窗墙面积比应按开间计算。表中的“北”代表从北偏东＜60° 至北偏西＜60° 的范围；“东、西”代表从东或西偏北≤30° 至偏南＜60° 的范围；“南”代表从南偏东≤30° 至偏西≤30° 的范围。

为了增加阳光的收集量，首先应正确选择窗户的朝向。因为冬天太阳高度角小，南立面的阳光强烈，北面照不到太阳，所以，只有朝南的窗户才能收集更多的太阳能，朝北或朝东、西的墙面应不开或少开窗户。

除了开窗的方向和大小比例设计，还要注意窗扇的密封性要好，并且配有保温窗帘或窗扇（板），以防止夜间从窗户向外的散热损失。此外，要求外围护结构有良好的保温性能和蓄热性能。目前应用最普遍的蓄热建筑材料包括砖石、混凝土和土坯等。在炎热的夏季，有良好保温性能的热惰性围护结构也能在白天阻滞热量传到室内，并通过合理的组织通风，使夜间的室外冷空气流进室内，冷却围护结构内表面，延缓室内温度的上升。

直接受益式被动式太阳房由于热效率较高，但室温波动较大，因此，用于白天要求升温快的房间或只白天使用的房间，如教室、办公室、住宅的起居室等。如果窗户有较好的保温措施，也可以用于住宅的卧室等房间。

二、集热墙和集热蓄热墙式

集热蓄热墙式被动式太阳房采用间接式太阳能采暖系统。阳光首先照射到置于太阳与房屋之间的一道玻璃外罩内的深色贮热墙体上，然后向室内供热。在南向墙体外覆盖玻璃罩盖，玻璃罩盖和外墙面之间形成空气夹层，墙体上可以贴保温材料（如聚苯板或岩棉），玻璃罩盖后加吸热材料（如铁皮），也可以不贴、不加保温材料。为区别两者，称贴有保温材料的为集热墙，未贴保温材料的为集热蓄热墙。

当太阳光透过盖层照射在集热墙上时，空气夹层内的空气变热而上升，通过上下两端通风孔与室内空气进行自然循环，经过循环往复，室温即可逐渐得到提高，又可达到采暖的目的。如果在原有集热蓄热墙基础上，加装翅片式、平板式或波形板式铁（铝）制吸热体，会使这种改进的集热蓄热墙效率大大提高。

集热蓄热墙式太阳房工作原理如图 1-4 所示。这种类型的太阳房在冬季、夏季的白天和夜间的工作情况如图 1-5 所示。

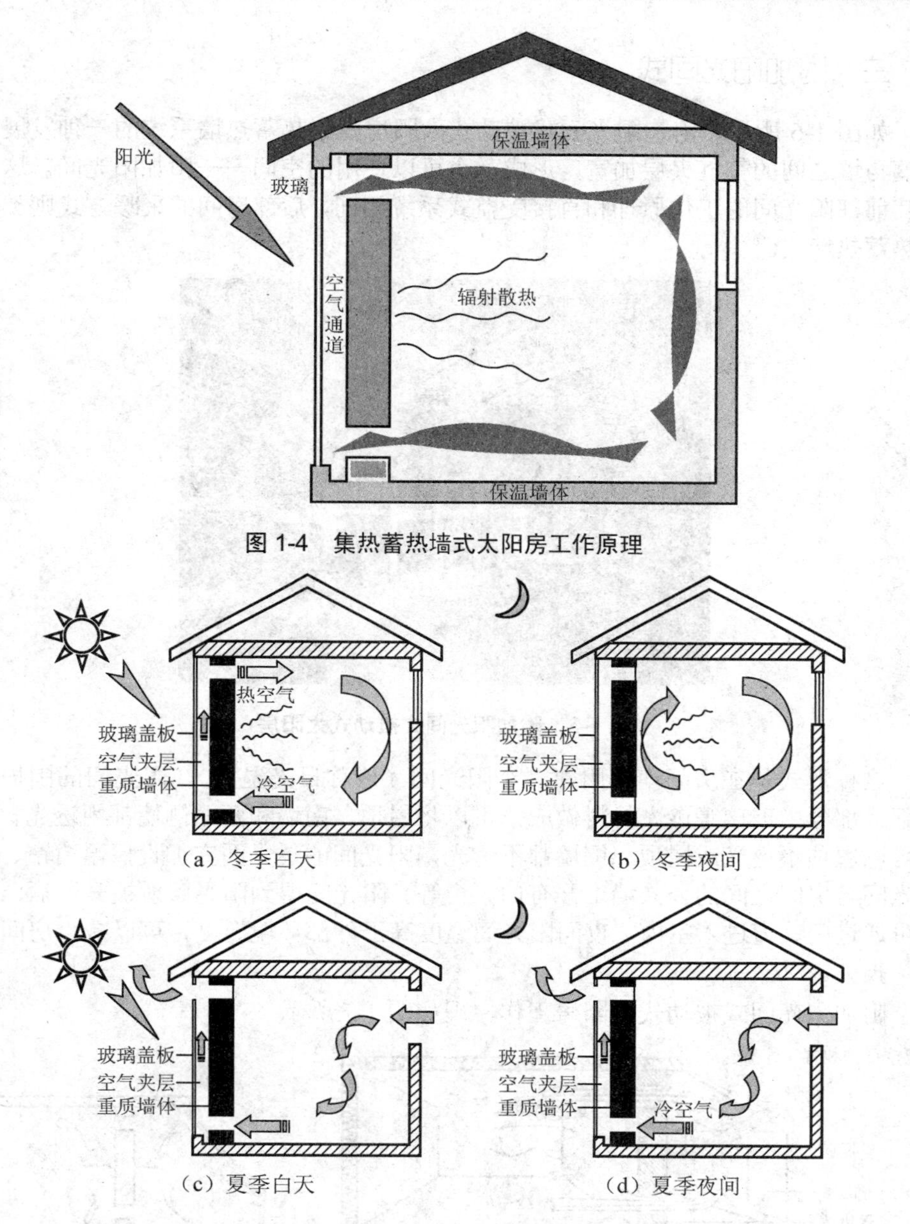

图 1-4　集热蓄热墙式太阳房工作原理

图 1-5　集热蓄热墙式太阳房在冬季、夏季的白天和夜间的工作情况

采用集热蓄热墙式被动式太阳房室内温度波动小，居住舒适，但热效率较低，常常要和其他形式配合使用，如和直接受益式及其附加阳光间式组成各种不同用途的房间供暖形式，可以调整集热蓄热墙的面积，满足各种房间对蓄热不同的要求。由于玻璃夹层中间容易积灰，不易清理，影响集热效果，且立面涂黑不太美观，推广有一定的局限性。

三、附加阳光间式

如图 1-6 所示，附加阳光间式被动式太阳房是集热蓄热墙系统的一种发展，将玻璃与墙之间的空气夹层加宽，形成一个可以使用的空间——附加阳光间。这种系统其前部阳光间的工作原理和直接受益式系统相同，后部房间的采暖方式则类似于集热蓄热墙式。

图 1-6 附加阳光间式被动式太阳房

这种形式是在房间南侧附建一个阳光间（或称日光温室），阳光间的围护结构全部或部分由玻璃等透光材料做成，可以将屋顶、南墙和两面侧墙都用透光材料，也可以屋顶不透光或屋顶、侧墙都不透光，阳光间的透光面宜加设保温窗帘、板；阳光间与房间之间的公共墙上开有门、窗等。阳光间得到阳光照射被升温后，热空气可通过门、窗进入室内，夜间阳光间温度高于外部环境温度，可以减少房间向外的热损失。

附加阳光间式被动式太阳房工作原理如图 1-7 所示。

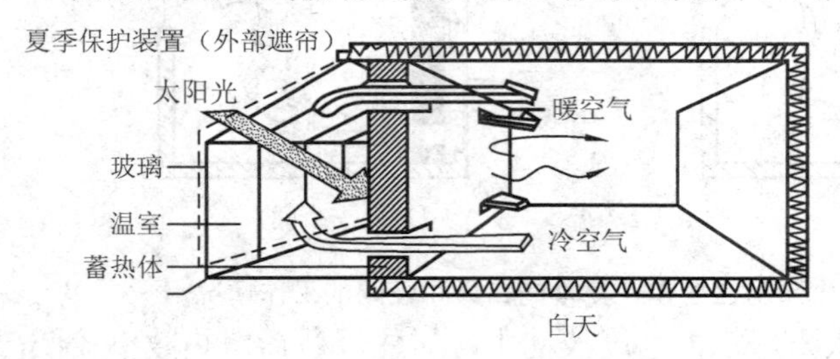

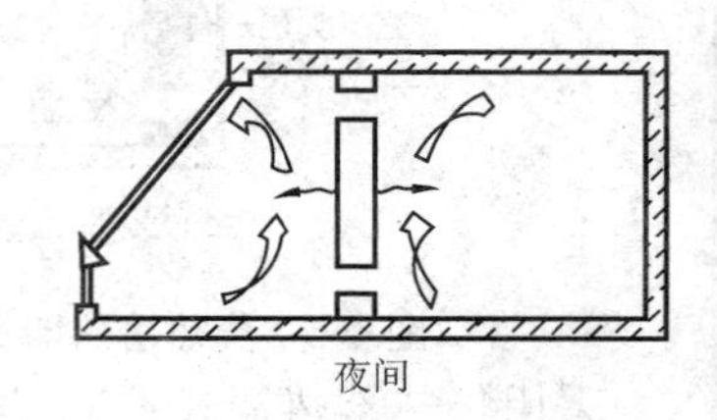

图 1-7 附加阳光间式被动式太阳房工作原理

四、组合式

在实际应用中，以上几种太阳房的类型往往被结合起来使用，称为组合式或复合式。通过各地实践和测试资料表明：与同类普通房屋相比，被动式太阳能采暖建筑的节能率可达到60%以上。

五、其他形式

被动式太阳房还有以下两种形式，但是不经常使用。

1. 屋顶池式

屋顶池式被动式太阳房兼有冬季采暖和夏季降温两种功能，适合冬季不属于寒冷而夏季较热的地区。用装满水的密封塑料袋作为贮热体，置于屋顶顶棚之上，其上设置可水平推拉开闭的保温盖板。冬季白天晴天时，将保温盖板敞开，让水袋充分吸收太阳辐射热，水袋所贮热量通过辐射和对流传至下面房间；夜间则关闭保温盖板，阻止向外热损失。

夏季保温盖板启闭情况则与冬季相反。白天关闭保温盖板，隔绝阳光及室外热空气，同时用较凉的水袋吸收下面房间的热量，使室温下降；夜晚则打开保温盖板，让水袋冷却。保温盖板还可根据房间温度、水袋内水温和太阳辐照度自动进行调节启闭。

屋顶池式被动式太阳房在冬季、夏季的白天和夜间的工作情况如图1-8所示。

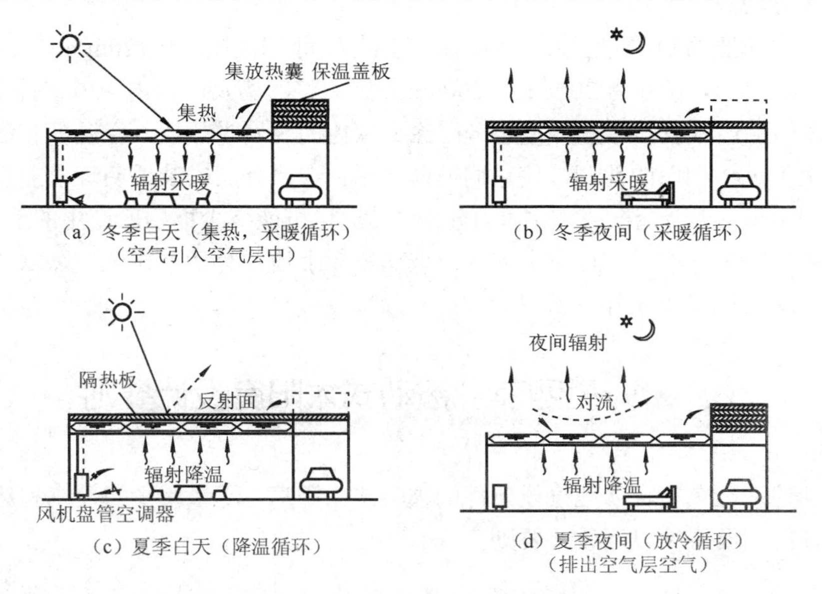

图1-8 屋顶池式被动式太阳房在冬季、夏季的白天和夜间的工作情况

2. 自然对流回路式

自然对流回路太阳房的集热器应与采暖房间分开，与特朗伯墙有些相似。自然对流回路被动式太阳房工作原理如图 1-9 所示。

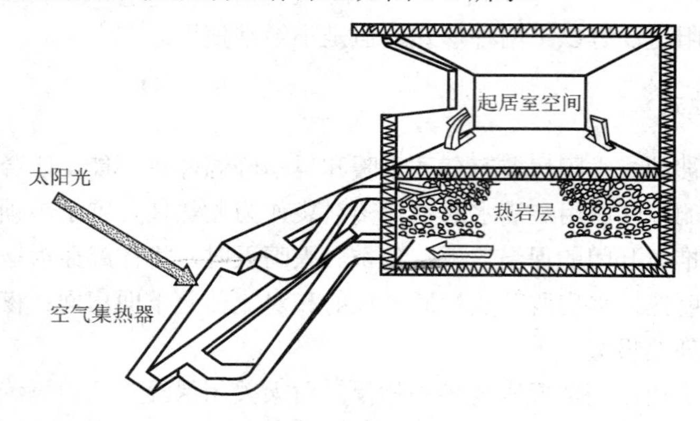

图 1-9 自然对流回路被动式太阳房工作原理

空气集热器是设在太阳房南窗下或南窗间墙上获取太阳能的装置。它由透明盖板（玻璃或其他透光材料）、空气通道、上下通风口、夏季排气口、吸热板、保温板等几部分构成。

空气集热器的制作方法为：在南墙窗下或窗间，砌出深为 120mm 的凹槽，上、下各留一个风口，尺寸为 200mm×200mm；然后将凹槽及风口内用砂浆抹平，安装 40mm 厚的保温苯板，苯板外覆盖一层涂成深色的金属吸热板，保温板和吸热板上留出与上下风口相应的孔洞，使它们彼此相通；在最外层安装透明玻璃盖板，玻璃盖板可用木框、铝合金框或塑钢框，分格要少，尽可能减少框扇所产生的遮光现象；框四周要用砂浆抹严，防止灰尘进入；玻璃盖板上边要有活动排风口，以便夏季排风降温；室内风口要有开启活门。

第四节 被动式太阳房设计要则

设计建造一个适合当地气候条件的被动式太阳房，尽量减少初投资和达到较好的节能标准，要遵循以下设计要则。

一、资料收集

在设计被动式太阳房之前，首先要收集各种原始资料。

1. 建筑、环境和建材资料

① 在设计之前，首先要了解建筑物的使用特点、建造单位的设计要求、投资计划和使用单位的管理水平。

② 考察拟建地点四周地形和周围建筑物、树木等环境，有无遮阳物。

③ 当地常用重质材料的品种和热工参数。

④ 当地常用于采暖的常规能源的种类和性能。

⑤ 拟选用的玻璃、保温等材料的性能、价格和施工工艺等。

2. 气象资料

① 当地的太阳能辐射资源。

② 当地的气候特点和采暖期各月的室外空气平均温度。

③ 当地冬季的风向和风速、相对湿度等。

二、设计总则

① 被动式太阳房的设计要因地制宜，遵循适用、坚固、经济，建筑造型与周围建筑群相协调，建筑形式、结构功能和太阳能利用三者相互照应。

② 拟建房地点尽量选择在南向，或东、西 15° 朝向范围内无遮阳。与前面的建筑物间距，应是被动式太阳房南遮阳物高与冬至日正午太阳高度角余切的乘积，即 $L=H\coth$。以北京的单层建筑为例：保证最不利的冬至日（此时的太阳高度角最小）正午前后两小时内南墙面不被遮阳的间距是 7m。避免附近的污染源对集热、透光面的污染，不将被动式太阳房设在污染源的下风向。

③ 被动式太阳房的南墙是太阳房的主要集热部件，南墙面积越大，所获得的太阳能越多。因此，被动式太阳房的形状最好采用东西较长的长方形，墙面上不要出现过多的凸凹变化。

④ 被动式太阳房的平面布置和集热面应朝正南。若因周围地形限制，允许偏离南向 15° 。为兼顾冬季集热和夏季过热，集热面以垂直地面为佳。

⑤ 建筑物挑檐的设计原则是：寒冷地区首先满足冬季南向集热面不被遮阳，夏季较热地区应重视遮阳。以北京为例，如果集热面上边缘至挑檐根部距离为 300mm，要使最冷 1 月份集热面无遮阳的挑檐伸出宽度是 500mm。避免在冬季的遮阳，还要兼顾夏季的遮阳。

⑥ 应保证被动式太阳房内有必要的新鲜空气量。对室内人员较密集的学校、办公室等类型的被动式太阳房或建设在高海拔地区的被动式太阳房，应核算必要的换气量。

三、平面设计

1. 平面设计的任务

被动式太阳房的设计要考虑热性能，也要充分考虑建筑的特点和使用功能，以及施工工艺能否达到。一幢住宅由各种不同使用功能的房间所组成，这些不同类型的房间应设计成多宽多深，又如何将这些房间根据太阳能建筑的特点进行组合，这就是被动式太阳房平面设计的任务。

（1）起居室 过去的农村住宅没有单独的起居室，近年来，随着农民生活条件的改善，在新建住宅中，有的设计了单独的起居室。起居室一般应大于卧室。在我国北方冬季寒冷地区，采暖多用火炕，但起居室内一般不能单独设置火炕。在可以燃煤的地区，在起居室内搭设火墙，安装户用供暖暖气或生取暖火炉，有条件的可加装空气集热器，与主动式太阳房相结合。

（2）卧室 卧室是住宅中最主要的活动房间。在农村没有起居室的被动式太阳房住宅中，待客、吃饭、读书、家人团聚和搞手工副业活动都需要在这个房间进行。一般主要卧室面积以 14～16m^2 为宜，中卧室一般为 10～12m^2，小卧室小于 8m^2。

如果家庭人口较少，可将卧室分为一大一小两个，大房间作为起居室不搭设供暖火炕，家具可以放在这里，日常生活也在这个房间。小房间可搭设一个小供暖火炕，专供睡眠和休息之用。主要卧室应有良好朝向、充足的阳光和良好的通风。

（3）厨房 厨房是辅助房间的主要部分，所占面积不大但作用不小。村镇居民住宅的厨房有做饭、洗衣、家禽畜饲料加工加热等多用途，个别还放置有水缸、泔水缸等，因此厨房应有直接对外的采光和通风窗。另外，还要考虑食物、燃料、垃圾的进出方便，炉灶应与卧室的供暖火炕、火墙相连，以充分发挥燃料的余热作用，节约能源，提高室内的舒适度。

（4）户内走道和楼梯 被动式太阳房内走道宽度为 1.1m 左右，小过道为 0.9m。有的将过道宽度加大，变成小方厅，厅内可有一定宽度安放桌椅，或临时放床，作小起居室用，使空间得以充分利用。小方厅的设计根据具体要求而定。室内楼梯的宽度一般控制在 0.85m 以内。

（5）卫生间 以往由于农村屋内没有排水系统，无法设置洗澡间，厕所也都设在屋外。近年来，很多村镇安上了自来水或者在自家厨房内打了水井，用上了太阳能热水器。这种情况下，屋内设置洗澡间、预留安装水洗厕所的做法是可取的。卫生间的平面布置要与配套设施密切结合，内部布局要紧凑，以免浪费空间。卫生间最好直接采光通风。

（6）储藏设施 农民的粮食、蔬菜和燃料的储存量较大，在进行被动式太阳房设计时，应解决好这个问题，有条件时应设库房。

2. 平面组合设计

居室、卧室、厨房、走道等都是房屋的局部，如何将这些局部的设计组合起来成为一幢完美的建筑，使其既能满足使用要求，又能使结构合理、施工方便、太阳能利用率高，而且经济上又可以接受，这就是平面组合设计的任务。

（1）功能实用、经济合理 被动式太阳房的主要房间与走道、过厅、厨房、卫生间等相联系，走道、过厅要力求简短而发挥最大的联系作用。房间大小要合适，门窗的位置要有利于充分采集太阳光、热，方便物品搬运和家具布置。对于有供暖火炕、火墙采暖的房间设计，要充分考虑选用合适的辅助热源。房间的朝向布置十分重要，卧室、起居室等主要房间要朝南向，辅助房间可以设在建筑物的北侧或非南向。合理布局不仅使主要房间能够获得更多的太阳能，而且由于建筑物北侧布置了室温要求相对较低的房间，从而增加了建筑物的保温效果。另外，在住宅北侧房间也可以利用厨房的余热作为辅助采暖热源，提高北侧房间的室温，这样更有利于南侧房间的太阳能采暖。

在被动式太阳房建筑设计中，不能单纯追求太阳能的利用效率，节约投资也是一项很重要的内容。被动式太阳房能否推广并取得良好的节能效益、社会效益，在很大程度上取决于经济投入，要尽量做到因地制宜、就地取材。北方农村常用土坯墙作为建筑物的外墙，这是一种蓄热性能好、有一定保温作用、经济方便的材料。在一些生产岩棉制品的乡镇企业中，常把等外品弃之公路边、田地边，造成环境污染。如果将其清理变废为宝，用来作为保温材料，既可降低建房造价，又能取得明显的节能效果和环境保护作用。在气候干旱的地区，采用高粱壳、棉秸秆、麦秸等加工成保温材料也是可取的。

（2）结构安全、维修管理方便 在平面布置时，应考虑到结构如何布置，既要参考当地使用上的生活习惯，又尽可能地使结构简单，使构件在经济跨度范围内解决。在楼房建筑中，要很好地考虑上下层之间的结构关系，要求上下层的承重墙要对齐，荷载能直接传递。北方大部分地区抗震设防烈度为 7 度，个别地区为 8 度，只有极少数地区为 6 度，可以不设防。抗震设防的地区，内承重墙一般为一砖墙，而采用半砖墙既不利于抗震，稳定性也差，不符合国家有关抗震设计的要求。砌墙砂浆要按设计要求做，灰缝一定要饱满（在复合保温墙施工时，严禁用水冲浆灌缝，这是为保护保温材料不致受潮失效）。个别地区用黏土砂浆砌筑，但表面粉饰却用水泥砂浆罩面，甚至做水刷石或贴瓷砖，这种在主体工程上不重视质量，只图表面美观的做法是不合适的。还有的用户在建房时，无根据地提高设计标准，设置了圈梁，加强了房屋的整体性，对抗震有利，这是正确的。但不论地基好坏，又增设了地梁和构造柱，这就没必要了。在一些被动式太阳房建造中，有的用户把直接受益窗开得很大，但窗间砖垛只有 370mm，还是白灰砂浆砌筑，尽管上有圈梁，下有地梁，但这种砖垛也是不坚固的。如遇小地震砖垛遭破坏倾倒，房屋也必随之倒塌。

如果把造梁的水泥用在砖垛的砌筑上，则抗震性能可以大大提高。

地基处理应按当地气候条件考虑。根据当地的土壤冻结深度和地下水位情况设计基础的埋置深度，避免产生冻害，使建筑物遭到破坏。

被动式太阳房不仅要求热工性能好，还应在长期使用期间方便、效果好、经济耐久。在设计上不选用塑料薄膜做透明盖层，在常有冰雹的地区，应考虑到太阳能集热器盖板的抗雹防碎，宜选用透过率高、耐冲击强度高的一些板材等，如钢化玻璃。在风沙较大的地区，应考虑对玻璃盖板的清理擦拭。

（3）设备管道尽可能集中 厨房、厕所、洗澡间的上下水道应相邻布置，楼房则上下对应。有上水没有下水管网的村镇，用户应自设渗水井。没有上水而在室内安装手压管井的用户，在管井周围应做一个不渗水的混凝土浅池和一个不渗水的集水井，并用缸瓦管排到室外渗水井内，防止井水流淌渗入基础，造成地基泡软，而产生不均匀沉降。

第五节 太阳房热工设计

被动式太阳房建筑热工设计和施工都期望达到的效果是使太阳房在冬季有尽量多的热量、尽量少的热损失和必要的热稳定性，即达到集热、保温和蓄热三者的统一。

被动式太阳房的热负荷是太阳房热工设计的基础。太阳房的热负荷主要包括通过围护结构向环境的散热损失和通过空气渗透的散热损失。由于我国北方被动式太阳房的结构中重质材料多，热稳定性较好，因此也可以不考虑冬季开窗降温引起的散热损失。

一、所设计建筑的建筑物耗热量指标

所设计建筑的建筑物耗热量指标应按下式计算：

$$q_{H}=q_{HT}+q_{INF}-q_{IH} \tag{1-1}$$

式中：q_{H}——建筑物耗热量指标（W/m^2）；

q_{HT}——折合到单位建筑面积上单位时间内通过建筑围护结构的传热量（W/m^2）；

q_{INF}——折合到单位建筑面积上单位时间内建筑物空气渗透耗热量（W/m^2）；

q_{IH}——折合到单位建筑面积上单位时间内建筑物内部得热量，取 $3.8W/m^2$。

二、被动式太阳房通过围护结构的散热损失

折合到单位建筑面积上单位时间内通过建筑围护结构的传热量应按下式计算：

$$q_{HT}=q_{Hq}+q_{Hw}+q_{Hd}+q_{Hmc}+q_{Hy} \tag{1-2}$$

式中：q_{Hq}——折合到单位建筑面积上单位时间内通过墙的传热量（W/m^2）；
q_{Hw}——折合到单位建筑面积上单位时间内通过屋面的传热量（W/m^2）；
q_{Hd}——折合到单位建筑面积上单位时间内通过地面的传热量（W/m^2）；
q_{Hmc}——折合到单位建筑面积上单位时间内通过门、窗的传热量（W/m^2）；
q_{Hy}——折合到单位建筑面积上单位时间内非采暖封闭阳台的传热量（W/m^2）。

1．折合到单位建筑面积上单位时间内通过外墙的传热量

折合到单位建筑面积上单位时间内通过外墙的传热量应按下式计算：

$$q_{Hq}=\frac{\sum q_{Hqi}}{A_0}=\frac{\sum \varepsilon_{qi}K_{mqi}F_{qi}(t_n-t_e)}{A_0} \tag{1-3}$$

式中：q_{Hq}——折合到单位建筑面积上单位时间内通过外墙的传热量（W/m^2）；
t_n——室内计算温度，取 18℃；当外墙内侧是楼梯间时，则取 12℃；
t_e——采暖期室外平均温度（℃），根据附录一确定；
ε_{qi}——外墙传热系数的修正系数；
K_{mqi}——外墙平均传热系数［W/（m^2·K）］；
F_{qi}——外墙的面积（m^2）；
A_0——建筑面积（m^2）。

2．折合到单位建筑面积上单位时间内通过屋面的传热量

折合到单位建筑面积上单位时间内通过屋面的传热量应按下式计算：

$$q_{Hw}=\frac{\sum q_{Hwi}}{A_0}=\frac{\sum \varepsilon_{wi}K_{wi}F_{wi}(t_n-t_e)}{A_0} \tag{1-4}$$

式中：q_{Hw}——折合到单位建筑面积上单位时间内通过屋面的传热量（W/m^2）；
ε_{wi}——屋面传热系数的修正系数；
K_{wi}——屋面传热系数［W/（m^2·K）］；
F_{wi}——屋面的面积（m^2）。

3．折合到单位建筑面积上单位时间内通过地面的传热量

折合到单位建筑面积上单位时间内通过地面的传热量应按下式计算：

$$q_{Hd}=\frac{\sum q_{Hdi}}{A_0}=\frac{\sum K_{di}F_{di}(t_n-t_e)}{A_0} \tag{1-5}$$

式中：q_{Hd}——折合到单位建筑面积上单位时间内通过地面的传热量（W/m^2）；
K_{di}——地面的传热系数［W/（m^2·K）］；
F_{di}——地面的面积（m^2）。

4．折合到单位建筑面积上单位时间内通过门、窗的传热量

折合到单位建筑面积上单位时间内通过门、窗的传热量应按下式计算：

$$q_{\mathrm{Hmc}}=\frac{\sum q_{\mathrm{Hmci}}}{A_0}=\frac{\sum[K_{\mathrm{mci}}F_{\mathrm{mci}}(t_{\mathrm{n}}-t_{\mathrm{e}})-I_{\mathrm{tyi}}C_{\mathrm{mci}}F_{\mathrm{mci}}]}{A_0} \tag{1-6}$$

$$C_{\mathrm{mci}}=0.87\times0.70\times SC$$

式中：q_{Hmc}——折合到单位建筑面积上单位时间内通过门、窗的传热量（W/m²）；

K_{mci}——窗（门）的传热系数［W/（m²·K）］；

F_{mci}——窗（门）的面积（m²）；

I_{tyi}——窗（门）外表面采暖期平均太阳辐射热（W/m²），根据附录一确定；

C_{mci}——窗（门）的太阳辐射修正系数；

SC——窗的综合遮阳系数；

0.87——3mm 普通玻璃的太阳辐射透过率；

0.70——折减系数。

5．折合到单位建筑面积上单位时间内通过非采暖封闭阳台的传热量

折合到单位建筑面积上单位时间内通过非采暖封闭阳台的传热量应按下式计算：

$$q_{\mathrm{Hy}}=\frac{\sum q_{\mathrm{Hyi}}}{A_0}=\frac{\sum\left[K_{\mathrm{qmci}}F_{\mathrm{qmci}}\zeta_{\mathrm{i}}(t_{\mathrm{n}}-t_{\mathrm{e}})-I_{\mathrm{tyi}}C'_{\mathrm{mci}}F_{\mathrm{mci}}\right]}{A_0} \tag{1-7}$$

$$C'_{mci}=(0.87\times SC_{\mathrm{W}})\times(0.87\times0.70\times SC_{\mathrm{N}})$$

式中：q_{Hy}——折合到单位建筑面积上单位时间内通过非采暖封闭阳台的传热量（W/m²）；

K_{qmci}——分隔封闭阳台和室内的墙、窗（门）的平均传热系数［W/（m²·K）］；

F_{qmci}——分隔封闭阳台和室内的墙、窗（门）的面积（m²）；

ζ_{i}——阳台的温差修正系数；

I_{tyi}——封闭阳台外表面采暖期平均太阳辐射热（W/m²），根据附录一确定；

C'_{mci}——分隔封闭阳台和室内的窗（门）的太阳辐射修正系数；

F_{mci}——分隔封闭阳台和室内的窗（门）的面积（m²）；

SC_{W}——外侧窗的综合遮阳系数；

SC_{N}——内侧窗的综合遮阳系数。

三、被动式太阳房空气换气耗热量计算

折合到单位建筑面积上单位时间内建筑物空气换气耗热量应按下式计算：

$$q_{INF}=\frac{(t_n-t_e)(C_p\rho NV)}{A_0} \tag{1-8}$$

式中：q_{INF}——折合到单位建筑面积上单位时间内建筑物空气换气耗热量（W/m^2）；

C_p——空气的比热容，取 0.28Wh/（kg・K）；

ρ——空气的密度（kg/m^3），取采暖期室外平均温度 t_e 下的值；

N——换气次数，取 $0.5h^{-1}$；

V——换气体积（m^3）。

四、不同采暖地区围护结构的传热系数限值 K 和修正系数 ζ_i

① 不同采暖地区围护结构的传热系数限值 K 见表 1-5。

表 1-5　不同采暖地区围护结构的传热系数限值 K　［W/（m^2·K）］

室外平均温度/℃	代表城市	屋顶		外墙		非采暖楼梯		窗户（含阳台门上部）	窗户（含阳台门下部）	地板		地面	
		体形系数≤0.3	体形系数＞0.3	体形系数≤0.3	体形系数＞0.3	隔墙	门户			接触室外	地下室	周边	非周边
1.0～2.0	郑州、洛阳	0.8	0.6	1.10 1.40	0.8 1.10	1.83	2.7	4.7 4.0	1.7	0.6	0.65	0.52	0.3
−2.0～−1.1	北京、天津	0.8	0.6	0.9 1.16	0.55 0.82	1.83	2.0	4.7 4.0	1.7	0.5	0.55	0.52	0.3
−4.0～−3.1	西宁、银川	0.7	0.5	0.68	0.65	0.94	2.0	4.0	1.7	0.5	0.55	0.52	0.3
−6.0～−5.1	沈阳、大同	0.6	0.4	0.68	0.56	0.94	1.5	3.0	1.35	0.4	0.55	0.3	0.3
−9.0～−8.1	长春、乌鲁木齐	0.5	0.3	0.56	0.45	—	—	2.5	1.35	0.3	0.5	0.3	0.3

② 围护结构传热系数的修正系数 ζ_i 见表 1-6。

表 1-6　围护结构传热系数的修正系数 ζ_i

城市	窗户（包括阳台门上部）					外墙（包括阳台门下部）			屋顶
	类型	有无阳台	南	东、西	北	南	东、西	北	水平
西安	单层窗	有	0.69	0.80	0.86	0.79	0.88	0.91	0.94
		无	0.52	0.69	0.78				
	双层窗	有	0.60	0.76	0.84				
		无	0.28	0.60	0.73				

续表 1-6

城市	窗户（包括阳台门上部）					外墙（包括阳台门下部）			屋顶
	类型	有无阳台	南	东、西	北	南	东、西	北	水平
北京	单层窗	有	0.57	0.78	0.88	0.70	0.86	0.92	0.91
		无	0.34	0.66	0.81				
	双层窗	有	0.50	0.74	0.86				
		无	0.18	0.57	0.76				
兰州	单层窗	有	0.71	0.82	0.87	0.79	0.88	0.92	0.93
		无	0.54	0.71	0.76				
	双层窗	有	0.66	0.78	0.85				
		无	0.43	0.64	0.75				
沈阳	双层窗	有	0.64	0.81	0.90	0.78	0.89	0.94	0.95
		无	0.39	0.69	0.83				
呼和浩特	双层窗	有	0.55	0.76	0.88	0.73	0.86	0.93	0.89
		无	0.25	0.60	0.80				
乌鲁木齐	双层窗	有	0.60	0.75	0.92	0.76	0.85	0.95	0.95
		无	0.34	0.59	0.86				
长春	双层窗	有	0.62	0.81	0.91	0.77	0.89	0.95	0.92
		无	0.36	0.68	0.84				
	三层窗	有	0.60	0.79	0.90				
		无	0.34	0.66	0.84				
哈尔滨	双层窗	有	0.67	0.83	0.91	0.80	0.90	0.95	0.96
		无	0.45	0.71	0.85				
	三层窗	有	0.65	0.82	0.90				
		无	0.43	0.70	0.84				

第六节 太阳房各部件的性能与技术要求

一、太阳房外围护结构保温

1. 确定围护结构保温层厚度

被动式太阳房采暖的基本设计原则是一个“多”和一个“少”。多，即建筑物冬季要吸收尽可能多的太阳能的热量；少，即从建筑内部向外部环境散失的热量要尽可能少。所以，被动式太阳房供暖建筑有两个特点：一是南向立面有大面积的玻璃透光集热面；二是房屋围护结构有极好的保温性能。

被动式太阳房外围护结构的保温层越厚，保温性能越好。但是，保温层的材料消耗大，会增加保温成本，经济效益将下降。因此最佳保温层厚度与采暖地区的室外平均温度、保温材料性能及材料价格、房屋原有结构、供暖价格及回收年限等有关。

年采暖成本是年采暖热负荷和单位采暖价格的乘积。年保温成本是已使用的保温材料乘以单位价格，是一次性投资。确定最佳保温层厚度的一个原则，是使年采暖成本和年保温成本之和（年总消费费用）最小。

2. 被动式太阳房“复合保温墙”的制作方法

被动式太阳能建筑中“复合保温墙”的常用方法是在墙体内增加一层 60～120mm 厚的保温材料，一般可以填充膨胀珍珠岩、矿棉、聚苯乙烯泡沫塑料板等（在气候干旱的地区，也可以利用经过防腐处理后的高粱壳、棉秸秆、麦秸秆，牛、马干粪等）。

保温层的厚度由热工计算给出。材料热阻 R 的计算公式如下：

$$R=\delta/\lambda \tag{1-9}$$

式中：δ——材料厚度（mm）；

λ——材料导热系数［W/（m·K）］。

复合墙体总热阻等于各层材料热阻之和，常用复合墙体的热阻值见表 1-7。

表 1-7 常用复合墙体的热阻值

序号	墙体结构（由内向外）				热阻值/［（m^2·K）/W］
	承重墙	保温材料	保温层厚度/mm	保护墙	
1	240mm 砖墙	苯板	30	120mm 砖墙	1.22
2	240mm 砖墙	苯板	40	120mm 砖墙	1.46
3	240mm 砖墙	苯板	60	120mm 砖墙	1.94
4	240mm 砖墙	苯板	80	120mm 砖墙	2.42
5	240mm 砖墙	苯板	100	120mm 砖墙	2.89
6	240mm 砖墙	苯板	120	120mm 砖墙	3.37
7	240mm 砖墙	珍珠岩	60	120mm 砖墙	1.79
8	240mm 砖墙	珍珠岩	80	120mm 砖墙	2.21
9	240mm 砖墙	珍珠岩	100	120mm 砖墙	2.63
10	240mm 砖墙	珍珠岩	120	120mm 砖墙	3.06
11	240mm 砖墙	空气间层	60	120mm 砖墙	0.80

各纬度地区墙体保温层厚度参考值见表 1-8。

表 1-8 各纬度地区墙体保温层厚度参考值

纬度	45° 以北	43° ～44°	40° ～42°	37° ～39°	36° 以南
保温层厚度/mm	＞120	100～120	80～100	60～80	＜60

应当指出的是，采用这种复合保温墙时，通常的做法是将保温材料设置于实体砖墙的外侧，这就可以使墙中储存的热量保留在房间里面。在保温层外侧再设保护墙，可以是 120mm 砖墙，或是瓦楞铁皮，或加筋聚苯乙烯泡塑料板上直接抹水泥保护层。在某些特殊情况下，保温材料不得不设于承重砖墙内侧时（主要用于被动式太阳房的改建、大型会议室等），室内的保护砖墙厚度应≥120mm，否则将影响室内的蓄热效果。但是在冬季温暖而又多晴天的气候条件下，表面为暗色或中间偏暗颜色的南向砖墙面，中间可以不设置隔热保温材料。因为白天南向墙面能够吸收足够的热量，可以补偿夜间透过砖墙散失的热量。

外围护结构的构造方案是多种多样的。根据保温层本身的用材和做法不同，还有以下几种：

① 采用空气间层，包括表面涂贴反射材料的空气间层。

② 采用既起保温作用又能承重的空心构件和轻混凝土制品，如空心砖、加气混凝土砌块、陶粒混凝土板材等。

③ 上述几种方式组合在一起。

在复合保温墙施工中，还要注意砌筑砂浆的性能要好，以保证灰缝中砂浆的饱满程度，防止墙体部位的冷风渗透。

3．对保温材料的要求

① 保温材料性能指标应符合设计要求。

② 为确保保温材料的耐久和保温性能良好，其含水率必须严格控制。如设计无要求时，应以自然风干状态的含水率为准。对吸水性较强的材料必须采取严格的防水防潮措施，不宜露天存放。不能在下雨时进行施工。

③ 保温材料进场所提供的质量证明文件，应包括以下技术指标。

松散保温材料：导热系数≤0.051W/（m·K）
（膨胀珍珠岩）干容重＜10kg/m^3
含水率为 2%
粒度（0.15mm 筛孔通过量）＜6%

板状保温材料：密度≤0.03g/cm^3
（聚苯乙烯泡沫塑料板）抗压强度≥0.15MPa
吸水性≤0.08g/cm^2
导热系数≤0.04W/（m·K）

④ 有机材料作为保温材料，如选用稻壳、棉籽壳、麦秆等应采取防腐、防蛀、防潮处理。

⑤ 板状保温材料在运输和搬运过程中应轻拿轻放，防止损伤断裂、缺棱掉角，以保证板的外形完整。

二、集热蓄热墙设计

设计集热蓄热墙被动式太阳房，主要是确定“集热墙”的面积厚度，选择罩盖玻璃和表面涂层，以及确定循环风口的尺寸。

1. 集热蓄热墙面积

集热蓄热墙的面积取决于当地的气候条件、地理纬度、太阳辐射资源和房屋构造等因素。气候寒冷地区太阳辐射资源差，房间保温不好，这些都是需要加大集热蓄热墙面积的因素。

通常，在寒冷地区（冬季温度为－7℃～－1℃）每 $1m^2$ 地板面积需双层透明盖层集热墙面积 0.43～$1m^2$。如果夜间有保温措施，可以折减 15%。

集热墙面积推荐值见表 1-9。

表 1-9　集热墙面积推荐值

气候类别	冬季最冷月（12 月或 1 月）		每平方米地面所需集热墙面积/m^2	
	平均室外温度/℃	度一日值/（℃·d）	砖石墙	水墙
寒冷气候	－9.4	833	0.72～1.0	0.55～1.0
	－6.7	750	0.6～1.0	0.45～0.85
	3.9	667	0.51～0.93	0.38～0.70
	－1.1	583	0.43～0.78	0.31～0.55

2. 集热蓄热墙厚度

集热蓄热墙使用材料的导热系数是决定集热墙厚度的关键。不同材料的集热蓄热墙推荐厚度和不同厚度对室内温度波动的影响见表 1-10，集热蓄热墙的最佳厚度随着材料导热系数的增大而增加。

表 1-10　集热墙厚度推荐值

材料	材料导热系数 /[kcal/（m·h·℃）]	推荐厚度 /mm	因墙厚度不同而引起的房间温度波动/℃				
			200mm	300mm	400mm	500mm	600mm
普通砖	0.63	250～300	13.3	6.1	3.9	—	—
土坯	0.45	200～300	10.0	3.9	3.9	4.4	—
密实混凝土	1.49	300～350	15.6	8.9	5.6	3.3	2.8
加镁砖	3.27	400～600	19.4	13.3	13.3	6.7	5
水	—	≥150	10	7.2	6.1	5.6	5

注：1kcal＝4.18kJ。

3．外表面吸热涂层

集热蓄热墙外表面的涂层吸热率≥0.88。要求附着力强，耐候性强，无毒、无味，不反光，不起皮，不脱落。黑色的涂层吸热率可达 0.95，但是黑色会影响建筑美观。可选用与建筑比较协调的军绿、墨绿、橄榄绿或者深红、棕红、深蓝等颜色，这些颜色的吸热率也可以满足要求。

4．透光材料罩盖玻璃

集热蓄热墙的透光材料一般选取双层 3mm 厚的平板玻璃，透过率≥0.76，夜间保温热阻≥0.86（m^2·℃）/W，并配夜间保温窗帘。透光材料与集热板间要严密不透风，间距应为 60～80mm。

5．集热墙上下端循环风口

集热蓄热墙设上下通风口，以利于室内空气对流，提高太阳房的热效率。风口的面积根据房间的使用性质确定，一般为集热墙面积的 1%～3%或集热墙空气流通截面积的 70%～100%，并有防倒循环和防尘措施。循环风口在夜间为防止气流的倒流，应将开关活动的风门予以关闭。在非采暖季节里，风门也必须关闭。

三、附加阳光间式被动式太阳房的设计

1．附加阳光间的尺寸

附加阳光间在建筑结构允许的情况下，尽量使透光面积达到最大值，避免遮阳物的遮挡。其进深不宜过大，一般在 0.6m 左右。如果附加阳光间兼做使用空间，进深应≤1.2m，并要做好外围护结构的保温。

另外，结合建筑的具体情况而建的阳光走廊、阳光门斗、小型阳光间等也都具有附加阳光间的功能，还可起到美化建筑立面的效果。

2．附加阳光间的构造

附加阳光间既可以完全突出在建筑物外面，也可以凹入建筑物里面，只有一面或两面突出在外面。附加阳光间的东、西墙和屋顶不宜开窗或做成透光面。寒冷地区的冬季，东、西向透光面的失热通常大于从太阳辐射的得热。西向透光墙在夏季还会因西晒造成房间过热。屋顶透光面比竖直透光面更容易积尘难以清扫，另有玻璃易碎和夏季过热的问题。

附加阳光间内不宜多种花木绿植，因为在严寒或寒冷地区的早晚，种植绿植产生的水分会在透光面上形成露水和冰挂，从而降低阳光间的集热效果。

3. 附加阳光间和邻近房间的公共墙

附加阳光间和邻近房间的公共墙上的门窗面积之和，通常为公共墙总面积的25%～50%。在此范围内，阳光间的有效热量可以充分进入室内，房间空气温度波动也不会太大。

4. 附加阳光间的玻璃

附加阳光间集热面的玻璃层数与夜间保温装置，与当地采暖期度日数和太阳辐照量有关。采暖期度日数小、太阳辐照量大的地区，宜用单层玻璃加夜间保温；采暖期度日数大、太阳辐照量小的地区，宜用双层玻璃加夜间保温；采暖期度日数大、太阳辐照量大的地区，宜用单层或双层玻璃加夜间保温。

5. 重质材料的设置

附加阳光间内设置一定数量的重质材料，可以起到蓄热作用，防止温度波动太大。重质材料面积与透光面积之比应≥3∶1。重质材料应主要设在公共墙和地面上，砖砌体的公共墙厚度选择120～370mm。

四、空气集热器

空气集热器是设在太阳房窗间墙或窗下墙上获取太阳能的装置。一种是由透明盖板（玻璃或其他透明材料）、空气芯道、上下通风口、夏季排气口、吸热板、保温板等几部分构成，这种空气集热器主要是通过传导和对流来进行热交换的，特点是升温快；还有一种没有上下通风口的空气集热器，它主要是通过辐射的方式来进行热交换，特点是升温较慢，但是室内温度相对比较均衡。

设计带空气集热器的太阳房，主要是确定“空气集热器”的位置、形式、尺寸、循环风口尺寸、表面涂层的种类等。

1. 空气集热器的位置

空气集热器的位置最好放在窗间墙上，因为空气集热器竖向高度越高，空气在其中通行的时间越长，接收太阳能越多，温度越高，室内外温差越大，循环也就越快，室内温度也就越高。

2. 空气集热器的形式、大小

空气集热器主要形式：可以只在南墙前面覆盖一层透明玻璃，而把南墙自身作为吸热面；在玻璃和南墙之间也可以放置一个平板吸热体；如果在玻璃和南墙之间放置一个折板吸热体，在最需要采暖的冬至前后，太阳的入射光能垂直投射在吸热板上，以提高对太阳辐射的吸收率；在玻璃和南墙之间放置一个铁屑吸热体，也是提高吸热体的热容量和导热性能的好办法。

空气集热器的大小取决于当地的气候条件、地理纬度和房屋构造等情况。在可能的情况下，应尽量充分占用南墙面积。

3. 循环风口的尺寸

上下风口的尺寸根据房间的使用性质确定，一般为集热器面积的1%～3%。循环风口应设置开关自由的风门，在夜间或非采暖季节关闭风门，防止空气倒流。

4. 表面涂层

空气集热器吸热板表面涂层以黑色吸热效果最好，但并不美观，因此推广受到限制。人们往往喜欢效果较好的墨绿色作为涂层的颜色。

五、窗、门与其他设计

1. 窗

窗的功能除了具有一般房屋的采光、通风和观察作用以外，主要是收集太阳能，以满足房屋采暖的需要。在直接受益被动式太阳房中，窗甚至起着决定性的作用。

窗是获得太阳辐射能的主要构件，同时也是热损失最大的构件，处理好各朝向窗的配置、尺寸、构造、隔热措施是被动式太阳房设计中关键的问题。

一般窗户的保温能力比墙体小得多。白天，透过玻璃的这部分光所占的百分数称为透过率，国产3mm玻璃的透过率约为80%，这就是说大部分阳光能透过玻璃用来提高室内温度。夜间或阴天，窗玻璃以热辐射和对流传热方式把热量散到室外。有关专家计算得知，冬天从窗户散失的热量占整个房间热量损失的30%以上。

从保温角度来看，在保证房间采光的条件下，似乎窗户开得越小越好。但实际上直接受益被动式太阳房的南立面都有很大的窗户，主要是要利用窗户的温室效应来为房间采暖。温室效应是否真正有效，这还要看通过窗户的能量得失情况。冬天，对北京地区南向单层玻璃木窗来说，晴天收集到的太阳能少于全天散失的能量，所以要使窗户真正具有采暖作用，就要设法增加阳光的收集量，减少窗口的热损失。

为了增加阳光的收集量，首先应正确选择窗户的朝向。因为冬天太阳高度角低，南立面的阳光强烈，北立面照不到阳光。所以，在满足抗震要求的情况下，尽量大开南窗，减少并缩小北窗。如果没有特殊要求，尽量不要开东西窗。

因窗体构件的不同和选用透明材料的不同，其总热阻也有很大变化，但一般均比其他围护结构（墙体、屋面、地面等）的热阻小。墙、窗热阻比参考值见表1-11。

表1-11 墙、窗热阻比参考值

窗的热阻	墙的热阻	
	240墙 $R_0=0.492$	370墙 $R_0=0.652$
单层木窗 $R_0=0.203$	2.4	3.2
单层钢窗 $R_0=0.160$	3.0	4.1
双层木窗 $R_0=0.416$	1.2	1.6
双层钢窗 $R_0=0.31$	1.6	2.1

注：R_0——维护结构总热阻。

所以，改善和提高窗户的保温性能，要在构造上和材料上加以解决。

① 做密缝处理，防止窗缝透风。窗缝冷风渗透的热损失约占窗户总热损失的1/3～1/2。为减弱窗缝冷风渗透的影响，被动式太阳房的窗户在选型时应尽量做到：采用正方形窗；选用分格少、玻璃面积大的窗；在满足通风和使用要求的前提下，尽量采用固定窗；非南向在满足采光和通风要求的情况下，采用面积小的窗户。在构造上应做密缝处理，较好的办法是在缝隙处设置橡胶、毡片做成的密闭防风条，或在接缝处外面盖压缝压条等。

② 减少通过窗框的热损失。主要是金属窗框和混凝土窗框，在窗户中形成极易透霜的“冷桥”。为了减少这一部分的热损失，可将金属窗框做成空心断面，中间填塞保温材料。最好采用保温性能良好的塑钢窗。

③ 提高窗玻璃的保温能力。玻璃层数不同时窗户的传热系数和透过率见表1-12。增加玻璃的层数，热阻增大，散热减少，透过率降低。玻璃层数由2层变为3层，透过率相对降低9.7%，传热系数相对降低34%。而采用双层玻璃加保温窗帘效果更好。

表1-12 玻璃层数不同时窗户的传热系数和透过率

窗玻璃层数	传热系数/［W/（m^2·K)］	透过率
2层	3.5	0.72
3层	2.3	0.65
4层	1.7	0.59
双层加保温窗帘	1.0	0.72

近年来，中空玻璃在建筑上得到越来越广泛的应用。它与单层玻璃几乎具有相同的采光性能，但比单层玻璃有高得多的隔热、保温、隔声、防结露等优点。中空玻璃的内部结露点低于－40℃，在室温为20℃、相对湿度为40%、室外温度为－25℃时仍不结露。采用中空玻璃可有效地降低结露温度。

在采暖季节，环境温度较低，室内外温差大，采用单层窗时，其效率是负值，即南窗的热损失大于南窗的太阳得热；采用双层窗时，一般窗的效率都可达到20%以上。如果夜间加聚苯乙烯保温板或保温窗帘，可以使其效率提高到50%左右。因此，在被动式太阳房设计中，保温窗帘的作用是不容忽视的。

2．门

被动式太阳房的外门应采用密封、保温性能良好的材料制作，如果有条件，可以采用塑钢材料制作，外门应采用两道门。如果门开设在北墙和东西墙，应设置门斗，避免冷空气直接侵入室内；如果门开设在南墙，两道门之间应有 800～1000mm 的间距作为缓冲区，防止冷风直接进入室内。

3．屋顶的做法

屋顶是房子热损失最大的地方，占整个房屋热损失的 30%～40%，因此，屋顶保温尤为重要。

农村房屋顶基本上有两种类型：一种是坡屋顶，另一种是平屋顶。虽然大多有不同程度的保温层，但保温效果远远不够。被动式太阳房平屋顶一般采用在预制板上铺 100mm 厚苯板或 180mm 厚的袋装珍珠岩；坡屋顶是在室内吊顶上放 80mm 厚苯板或 100mm 厚的岩棉板。

4．地面的做法

被动式太阳房地面除了具有普通房屋地面的功能以外，还具有贮热和保温功能。由于地面有保温层、贮热层和防寒沟，散失热量较少，仅占房屋总散热量的5%左右，因此，被动式太阳房的地面与普通农村房屋的地面稍有不同。其做法如下。

① 素土夯实，铺一层油毡或塑料薄膜用来防潮。

② 铺 150～200mm 厚干炉渣用来保温。

③ 铺 300～400mm 厚毛石、碎砖或砂石用来贮热。

④ 防寒沟法。在房屋基础四周挖 600mm 深、400～500mm 宽的沟，内填干炉渣保温。

5．其他

在被动式太阳房设计中，有一些构件虽然不像集热窗、复合墙体、空气集热器那么重要，但也不容忽视，要在整个设计中通盘考虑。

（1）挑檐（阳台）挑出长度设计 在一些被动式太阳房建筑中，南立面因使用功能或装饰的需要，往往有一些挑出墙面的阳台或挑檐。这些挑出部分，如果设计合理，能达到夏季遮阳、冬季不影响采光的目的。因此，在设计挑出长度时，应考虑当地不同季节的太阳高度角，使其下层的房间在夏季时阳光能够得到一定程度的遮挡，而到冬季又能充分进到室内去。

挑出长度（L）根据太阳房的所在地纬度的不同而异，由下式计算：

$$L=I\coth \tag{1-10}$$

式中：I——集热窗下沿至挑出构件根部的距离（m）；

h——太阳高度角，一般按夏至日中午 12 时太阳高度角计算。

为了简化计算，挑出长度可按下面的经验公式计算：

$$L=\text{窗口高度}/F \tag{1-11}$$

式中：F——系数，与所在地纬度有关。不同纬度的 F 值见表 1-13。

表 1-13　不同纬度的 F 值

所在地纬度/（°）	36	40	44
F 值	3.0～4.5	2.5～3.4	2.0～2.7

（2）辅助热源的设置　被动式太阳房不可能完全依靠太阳能达到采暖的目的，因此，配置合适的辅助热源是必要的，而且会使太阳房的使用效果大大提高。这一点在设计中应当充分加以考虑。常用的辅助热源有供暖火炕（北方的架空炕或称“吊炕”）、火墙、火炉、家用土暖气、电加热器等。

架空供暖火炕、火墙等辅助热源具有造价低、砌筑简单、管理方便、使用灵活的特点，在寒冷地区使用比较普遍。

第七节　现有房屋改造为被动式太阳房

既然被动式太阳房能够节能保温，达到冬暖夏凉的效果，那么如何将已经建成的非节能房屋改为被动式太阳房？

因为已建房屋年代长短不同，建筑质量也各有差异，且受到各种条件的限制，不能保证改建的太阳房一定能够达到被动式太阳房的要求，只能通过一些措施对现有房屋在被动式太阳能利用方面进行改善。改建被动式太阳房的具体措施如下：

① 对已建旧房进行技术鉴定，分析其保温性好坏、结构如何、有哪些不利于太阳能利用的地方，因地制宜地做一些调整和改进。

② 根据用户的经济条件和要求，选择适合的改造方案。

③ 根据南墙的大小情况，确定空气集热器是放在窗台下，还是放在窗户之间的墙上，以便向室内送热风。

④ 在墙体保温方面，如果要求不缩小室内使用面积，就可以采用外保温。在墙外侧贴一层聚苯乙烯，再抹水泥砂浆或砌 120mm 墙以防雨水。假若墙外已设有作为保温层的余地，施工不方便，也可做内保温，在墙内贴一层聚苯乙烯，内抹水泥砂浆。

⑤ 在有可能的条件下，在房屋顶棚做吊顶，以增加房屋的保温性能，减少热损失。

⑥ 在南墙或屋顶设置空气集热器向室内送热风，这种空气集热器在辽南地区到冬季下午，集热器向室内送的热风温度可达 30℃～40℃。

⑦ 可以根据条件增设附加阳光间。

通过以上措施，可以减少室内的热损失，也能增加收集的太阳能，改善房屋的采暖效果，提高房屋的居住舒适度。

第八节 被动式太阳房的发展概况

从 20 世纪 30 年代起，美国建筑师试图吸收、储存和分配太阳能，把太阳能作为提供建筑舒适的主要热源，成为节能建筑。1933 年芝加哥世界博览会的水晶宫是早期直接应用“暖房”节能效应的实例，玻璃墙成为收集太阳能能源的“设备”。1939—1956 年，美国麻省理工学院设计并建造了第一批有完整设计图样的太阳能节能住宅，通过一系列正规的太阳能收集器和储存装置获得所需的大部分热量。以后相关太阳能建筑如雨后春笋般不断涌现，各种形式的节能建筑设计方案推陈出新，积累了丰富的经验。

由于我国地域广阔，各地经济、文化基础不尽相同，对被动式太阳房的认识也有所不同，发展也不平衡。

1977—1980 年，主要是对被动式太阳房的研究探索阶段。甘肃省民勤县重兴公社建成我国第一栋被动式太阳能采暖房。经过一年多考核，基本达到设计要求，并通过甘肃省的技术鉴定。随后，青海、天津等地建起各具特色的首批实验被动式太阳房。在此期间，还对被动式太阳房热工特性的数字模型进行了研究，为后期的优化设计创造了条件。

“六五”计划期间是被动式太阳房的研究中试阶段，其特点是中外结合、点面结合、研究与应用相结合。这期间被动式太阳房发展较快，1985 年全国修建的被动式太阳房的建筑面积约相当于前些年的总和，其范围遍及我国东北、西北、华北、西南的 15 个省区。“六五”期间，理论研究工作也有较大的进展，清华大学、天津大学、中国农业工程研究设计院、中国建筑科学院空调所、北京市太阳能研究所、甘肃能源所、辽宁能源所、河北能源所、河南能源所和其他科研单位建立了几种被动式太阳房采暖形式的数学模型，编制了热工设计程序，对相变蓄热材料、外表面选择性涂层等新材料也进行了研究，这些都促进了太阳能建筑的发展。根据不完全统计，至1988年年底，我国太阳房建筑面积达179826m^2。

“七五”期间是太阳房从理论到实践不断完善、提高的阶段，并逐步向实用、推广阶段过渡。在总结“六五”期间被动式太阳房各项工作的基础上，国家安排了一些科研攻关项目，如编制我国被动式太阳房热工设计手册，制定被动式太阳房测试标准及对集热部件的深入研究，还在全国部分地区安排建造了几十栋典型的被动式太阳能采暖房屋，为今后大面积推广被动式太阳房摸索经验。

到“八五”期间，被动式太阳房建筑的计算理论已趋于完善，设计理论已基本成熟，被动式太阳房建筑已从试点型向实用推广型发展。在设计方面，已由天津大学、清华大学等单位编制了《被动式太阳房建筑构造图集》；在理论计算方面，由清华大学李元哲、狄洪发主编了《被动式太阳房热工设计手册》；在实验测试方面，由清华大学、天津大学、中国农业工程研究设计院的李元哲、陈晓夫、高援朝等负责起草了《被动式太阳房技术条件和热性能测试方法》；在程序设计方面，由甘肃省科学院能源所、清华大学和中国建筑科学院空气调节研究所编制了相应的计算程序，并由中国建筑科学院空气调节研究所负责编制了被动式太阳房CAD设计软件包。

目前，世界上的发达国家对节能建筑和太阳能应用都非常重视，他们不再停留于独立式住宅类型建筑的太阳能应用，而拓展到公共建筑应用太阳能，以达到建筑节能的目的，并通过利用太阳能光感系统调节阳光，达到室内舒适水平，如美国Hooker化学大楼的“双层外壁”系统，日本大林组株式会社的超节能大楼，都对能源建筑的发展方向进行了探索。我国在南京、常州、杭州、无锡等地相继建造和改造多层节能住宅，将注意力放在适应量大、面广的多层住宅中，并有许多符合我国国情的建筑节能技术对策。

到目前为止，我国有关被动式太阳房的原理及相关技术虽然已经基本成熟，但还是存在一些问题有待于解决。

① 我国的被动式太阳房发展速度缓慢，基本处于停滞不前的状态。

② 大部分被动式太阳房建在城郊、农村和牧区，且多数是中小学校，城市的应用范围很小。

③ 被动式太阳房的保温措施还不是很理想，室内的温度波动相对较大，尤其在夜间，居住者会有明显的不舒适感，而且能源的利用率比较低。

④ 被动式太阳房发展与建筑节能技术和新型材料的发展有差距，应该将围护结构的保温蓄热技术与被动式太阳房集热部件有机地结合在一起。

⑤ 虽然各个地方的气候条件、生活习惯都有很大的差别，但是被动式太阳房的差异性不大，没有因地制宜地和当地建筑相结合。应设计出不同类型的被动式太阳房加以推广。

⑥ 被动式太阳房在使用过程中，使用者不注意门窗的夜间保温措施，夜间热损失严重。太阳能利用知识不够普及，不能很好地利用太阳能，造成大量的能源浪费。

⑦ 被动式太阳房在建筑市场上的产业化还没有形成一定的规模，缺乏市场的开拓和引导，没有真正的市场竞争能力。

第二章

太阳能供热采暖

第一节 概 述

一、太阳能供热采暖系统的组成

在我国北方严寒和寒冷地区，以及南北供暖分界线——秦岭淮河一线的周边地区，建筑能耗所占比例大，采暖空调能耗在建筑能耗所占比例高达65%。另有数据显示，小城镇和农村的建筑在全部建筑中所占比重超过70%。在东北、华北、西北的“三北”地区，约占3/4的城镇和农村，目前仍以火炉供暖为主，火炉的供暖效率低、烧煤多、污染严重，供暖效果差。

我国太阳能资源丰富，因为供暖面积和集热面积比例的关系，太阳能主动供暖更适用于3层及以下的建筑。如果太阳能集热技术与节能建筑技术、暖通技术等综合利用，在“三北”地区新建和改造太阳能供暖住宅，这将有利于扩大内需，实现大面积节能，改善百姓生活质量，惠及国计民生，具有极大的政治意义和战略意义。

太阳能供热采暖系统是指将太阳能转换成热能，供给建筑物冬季采暖和全年其他用热的系统。整个供热采暖系统是以一种能控制的方式，通过太阳能集热系统、蓄热系统、末端供热采暖系统等，来完成集热、贮热、传热和散热的过程。太阳能集热系统又由太阳能集热器、贮热换热系统、自动控制系统、辅助加热系统、管路系统等组成。

如前所述，由太阳能供热采暖的建筑称为太阳房，可分为被动式和主动式。被动式太阳房是根据当地的气象条件，只依靠建筑物本身构造和材料的热工性能，使建筑物尽可能多地吸收太阳能并储存热量，以达到采暖的目的。主动式太阳房则要有专门的集热、贮热传输和散热的设备，以供给建筑物更多的热量，满足更高的温暖舒适度要求。本章主要介绍太阳能主动供暖的相关内容。

首先通过对太阳能热水系统和太阳能供暖系统的异同比较，了解太阳能集热系统在太阳能供暖应用中的特殊要求；再通过对太阳能被动供暖和主动供暖的比较，了解主动供暖的意义；接下来是对各个关键环节和技术的介绍，包括太阳能供暖负荷计算，太阳能集热器面积计算，集热器安装倾角、方位角和前后距计算，以及集热器、散热器、辅助热源、控制系统的基本知识。各运营商和服务商在这些基本知识的基础上，能够根据客户的要求自由组合各部件，进行系统设计和安装，从而满足客户的要求，这样就有了服务市场的能力。

二、太阳能供热采暖系统的运行原理

太阳能供热采暖与常规能源供热采暖系统的主要区别，在于它是以太阳能集热器作为热源，替代或部分替代以煤、石油、天然气、电力等作为能源的锅炉。太阳能供热采暖系统的主要组成部分是太阳能集热器。需要根据建筑物所在地区的太阳能资源、建筑物的保温节能状况和供热采暖需求等基本数据，来计算太阳能集热器的面积，并选择适合的太阳能集热器类型和型号。

除严寒地区外，太阳能集热器使用的介质主要是水。太阳能集热器将太阳辐射能转化为热能，冷水变成中高温热水，被运输到贮热水箱，再由管道将热水输送到终端散热系统。散热器将热量通过对流或辐射传递给供热空间，回水再输送到集热器。这里会运用循环泵作为循环系统的动力。太阳能主动供暖原理如图 2-1 所示。

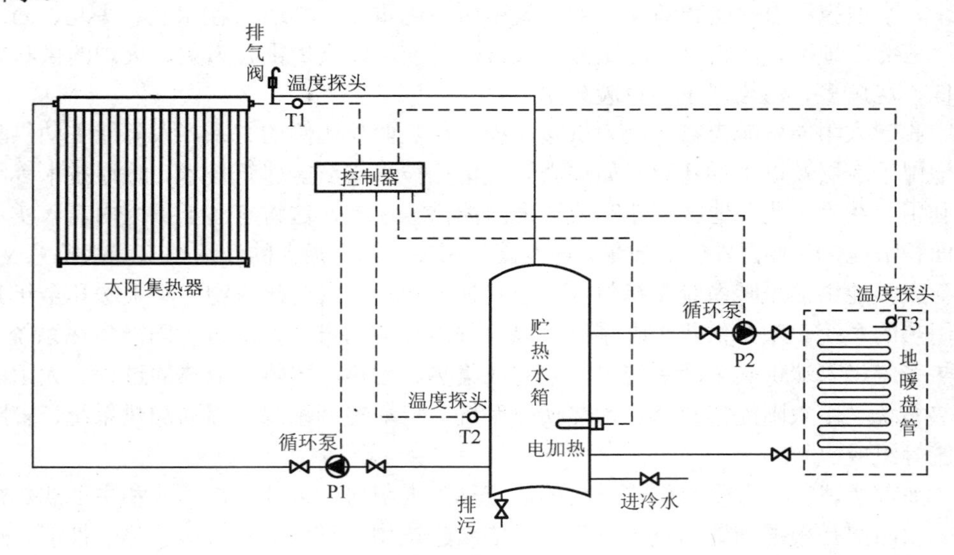

图 2-1 太阳能主动供暖原理

太阳能供热采暖系统可安装自动上水系统和控制循环泵的温控器，使系统成为自动控制系统或半自动控制系统，还可以根据用户的需求，设计安装辅助加热系统，以备阴雨雪天气和冬至前后极冷天气辅助加热使用。

三、太阳能供热采暖系统的技术基础

1. 建筑节能技术为太阳能供热采暖提供建筑基础

建筑节能标准和技术的推行，为进行太阳能供暖提供了建筑基础。我国住房和城乡建设部批准了《夏热冬冷地区居住建筑节能设计标准》和《严寒和寒冷地区居住建筑节能设计标准》等行业标准。目前，符合标准的保温节能建筑逐年增加。在节能建筑或被动式太阳房基础上进行主动式供暖的安装，会提高供暖效果。

2．太阳能热水系统技术为太阳能供热采暖提供技术基础

近些年来，我国太阳能光热行业获得长足发展，几吨、几十吨甚至上百吨的太阳能热水系统在宾馆、酒店、学校、医院等建筑广泛应用，日产几百吨热水的大型太阳能集热系统已经开始应用于工业企业，国家也陆续出台了相关的行业标准和国家标准。

在太阳能热水系统应用发展的基础上，许多科研单位、企业组织工程技术人员研究光热在供热采暖方面的应用，并进行了大量的实验。北京周边地区和西北地区，也建设了大面积的太阳能供热采暖试点。太阳能供热采暖的技术逐渐成熟，并有《太阳能供热采暖工程技术规范》为依据，太阳能供热采暖因此逐步被推广开来。

四、太阳能供热采暖系统的应用特点

太阳能供热采暖系统与常规能源采暖系统相比，有如下几个特点。

1．系统运行温度低

由于太阳能集热器的效率随运行温度的升高而降低，因此，相对较低温度的运行会使集热系统的效率得到发挥。如果太阳能供热采暖系统的散热末端是地面辐射供暖，因为民用建筑地面辐射供暖系统的最佳供热水温度为35℃～50℃，那么太阳能集热器的集热效率就能在最佳状态。如果供热末端是普通散热器，需要供热水温度为60℃～80℃，这样就不能使用平板太阳能集热器，因为冬季的太阳辐射能量相对要低，所以太阳能集热器的运行需要辅助热源。以前我国常规能源建筑中，应用普通散热器比较多，所以建议在主动式太阳房建筑中，尽量采用地面辐射供暖方式，不采用普通散热器供暖。

2．需要有储存热量的设备

因为太阳能源具有不稳定性，即使在太阳能资源较好的地区，也存在着白天6～8h太阳能集热时间与建筑24h恒温供暖需求的匹配问题，所以，太阳能供热采暖系统必须有储存热量的设备。对于太阳能系统，贮热设备可以采用贮热水箱；对于空气源太阳能供热采暖系统，贮热设备可以是岩石堆积床。

3．与辅助热源配套使用

如果因为受成本或安装集热器面积的局限，太阳能集热系统提供的热量不能满足建筑物24h供暖的需求；或阴雨雪天根本没有太阳辐射能，不能满足建筑物恒温供暖的要求，那么辅助热源就是必不可少的。太阳能供暖的辅助热源可采用电力、燃气、燃油和生物质能、燃煤锅炉等。

4．适合在节能建筑中应用

在地面上，单位面积能够接收到的太阳辐射能有限，因此要满足建筑物采暖的需求且达到一定的太阳能保证率，就必须安装足够多的太阳能集热器，太阳能集热器的集热能力和建筑物供暖的需求成正比。

为了保证供暖需求，超过最佳安装比例安装太阳能集热器，就会增加系统成本。如果能够尽量降低建筑的采暖负荷，则对太阳能集热器的集热要求就会相应降低，所以，采用保温节能技术的建筑和被动式太阳房建筑，是应用太阳能主动供暖的最佳建筑选择。

5．经济适用性原则

在可再生能源的使用和推广过程中，除了技术原因之外，遇到的最大阻力是与常规能源相比，是否具有经济性的问题。如果太阳能供热采暖系统的设计和安装成本经济适用性高，系统稳定、供暖品质高，则会利于其大面积的推广。目前太阳能供热采暖系统在国内的实验，大部分还存在着系统成本高、系统稳定性差、供暖品质差、对辅助能源依赖性大等多方面的弊端。

第二节 太阳能供暖与太阳能热水工程的异同

太阳能供暖系统与热水系统都是太阳能热利用工程，都是利用太阳能集热器收集太阳热能用于工程上，二者之间的确有许多相同之处，但是二者在应用目的、应用对象等方面有很大不同，因此在实际的设计安装中有着许多不同的特点。了解它们的异同，可以加深对太阳能供热采暖的理解。

1．两者的集热和蓄热技术基本相同

太阳能热水系统和太阳能供暖系统的集热器、蓄热水箱和管道安装等方面基本相同。平板太阳能集热器、真空管太阳能集热器、聚光型太阳能集热器等都可以根据项目需求，用来作为它们的集热设备。保温贮热水箱的原理和制作方法也基本相同，甚至在管道、管材、管件，保温层厚度和材料选择等方面，也有着相同之处。

2．两者的应用目的和使用客户不同

普通太阳能热水系统的用户一般是集体用户或企事业、行政单位用户， 集热系统的集热目的是满足生产或生活需要的热水，这些热水就是最终的产品，会被直接用掉。而太阳能供暖主要是面对家庭或小型公用建筑，集热器的集热目的主要是收集太阳热能，并把这些热能传输到室内，热水在这里只是工作介质，并不是最终产品。这就决定了二者在循环管路、集热温度、换热部件等多方面的不同。

3. 两者的稳定性与经济性不同

太阳能热水系统中的集热器成本占总成本的50%以上，因为一般是四季使用，应用率比较高，相对于常规能源经济性更高。若是为酒店、学校、洗浴中心等需要集中洗浴的地方提供所需的热水，一般都是商业或公共建筑，他们的一次性投入能力比较高，又因为太阳能热水系统的技术相对稳定和成熟，所以现在已经被广泛接受和应用。

太阳能供暖系统的太阳能集热目的主要是满足建筑物冬季供暖的需求，集热器成本占系统总成本的30%以上，而建筑物其他季节的供热水需求如果远远小于集热器的集热能力，这些多余的热量又暂时没有其他的应用技术配套，那么平均起来，经济性就不如热水系统高。

面对非经营性的用户，如果太阳能供暖系统比常规能源供暖的经济性较好，才容易被市场所接受。所以太阳能供暖系统的主要技术发展方向是增加系统稳定性的同时，降低太阳能系统的初投资成本和运行成本，并需要解决夏季太阳能供暖设备的出路，就是太阳能供暖系统在夏季如何应用的配套设备问题。

4. 两者的安装工艺要求不同

太阳能热水工程大多是给单位安装的太阳能热利用工程，一般有较完整的安装场地或安装平台，故比较容易排布太阳能集热器阵列。在安装方面，太阳能热水工程与建筑结合比较容易。而太阳能供暖工程一般是家庭太阳能热利用工程，太阳能集热器阵列的排布必须与用户的房屋建筑相适应，这就加大了安装排布的难度。不仅如此，如果是坡屋顶建筑，对集热系统构件和工艺的要求就会相应提高，以达到既要集热效果好，又要满足建筑物外观协调和美观的要求。

5. 两者的基本功能设计不同

太阳能热水工程因为是全年使用，所以设计时以系统的全年效益最大化为原则。太阳能集热器的选择、安装角度都要考虑四季的平衡，尤其是夏季阳光充足时的使用效率。太阳能供暖则以冬季使用效率的最大化为原则，其太阳能集热器的选择、安装角度都与太阳能热水工程不同。其他如隔热保温措施、控制系统、循环系统、防冻系统，特别是防太阳能供暖系统过热措施，也会有很大不同。

6. 两者对贮热水箱的储存量要求不同

普通太阳能热水工程根据定温或定时用水的要求，要求贮热水箱能把每天产生的热水储存下来供用户使用，集热面积与贮热水箱贮水量成正比。例如，北京地区17～18m^{2}的真空管集热器集热面积，需要匹配1t的水箱。根据集热面积大小，设计热水系统贮热水箱的大小，从600kg到几吨，甚至大到几十吨、几百吨。而太阳能供暖工程一般并不要求很大的水箱，因为过大的贮热水箱会大大增加系统的造价，增加热量损失，而其供热效果却不明显。

对只需要日储存的采暖系统，只要利用好房间内部的墙壁、地板、衣物、家具等的贮热功能即可，不需要设置大水箱，只需要设置小的膨胀水箱。

为应对几天、十几天甚至更长时间无阳光天气的供热问题，一般的贮能方法在技术、经济上都不合算，而只能采用地下贮能系统。

7. 两者的运行循环模式不同

太阳能热水工程中一般只包括集热和贮热两个系统，其使用设施作为末端装置，只是分散到各用热水处把热水用掉，一般不与上游的集热和贮存两系统发生反馈性关联。

太阳能供暖系统一般是一个三元系统，包括太阳能集热系统、贮热系统、散热系统（用热系统），3个系统相互关联，相互影响。有的在总系统中省掉贮热装置，因此，太阳能供暖可以组合成几种不同的循环系统。

通过以上比较可以看出，太阳能供暖系统与太阳能热水系统工程有很大的区别，在设计时不能照搬热水系统的设计，应该用逆向思维设计满足供暖需求的集热、贮热、传输和散热的设备型号和运行模式。

第三节 被动式和主动式采暖的关系

在很多方面或者说在主要方面，太阳能被动式采暖和主动式采暖两者在设计上、技术上是共同的、一致的，了解这些特点，并在设计太阳能供暖时注意把两者的技术有机地结合起来，可最大限度地充分利用太阳能资源，获得最佳的供暖效果。

一、主动式供暖需要被动式太阳房的建筑基础

1. 墙壁的隔热和贮热

因为两种供暖方式是完全一致的，所以都需要对墙壁实施很好的隔热措施。最好采用外墙保温方法，即在墙外吊挂聚苯乙烯泡沫板后再抹水泥砂浆，这种方法保温效果好，也能避免热桥的产生，整个墙壁都可成为贮热体，增强了房屋的贮热能力，降低了室内温度的波动性，增加热稳定性。本方法适宜旧房改造。

另一种方法是采用泡沫板夹心墙。这种方法也有较好的保温效果，主承重墙内墙也能成为贮热体，也有较好的贮热效果。这种方法的优点是不需要对外墙另做饰

面处理，耐久性高，但其保温隔热性能和贮热性能比外墙保温法差些，因此，在旧房改造中不宜采用。

2．窗户的透光性和隔热性

无论是被动供暖还是主动供暖，两者都需要窗户有较好的隔热保温作用，一般要求采用双层玻璃或中空玻璃；窗框应采用隔热较好的塑钢材料，尽量不采用铝合金或钢窗框；要尽量用整块玻璃，以减少缝隙，对缝隙要采取密封措施。

对透光性的要求二者有差异。对于被动式太阳房供暖，窗户不仅用来采光照明，更重要的是靠南向窗户透过太阳辐射能供暖，因此，需要面积尽量大的南向窗户。但对主动式供暖来说，窗户主要用来采光照明，因为其在屋顶上有大面积的太阳能集热器供热，故对窗户接收太阳辐射能供暖的功能没有特别的需求。同时都应该注意窗户的保温性能，玻璃窗是房屋最大的散热处，可加保温窗帘或加保温窗。

3．门的隔热性

两种供暖方式对门的隔热性要求是完全一致的，门缝要尽量密封，减少由于室内外空气对流造成的热损失。要采用门斗和双道门，中间有一个过渡，防止室外的冷空气直接进入室内，降低室内温度。

4．屋顶的隔热和贮热性能

屋顶是房间的主要散热面和贮热体，因此，两种供暖方式都要求对屋顶采取好的隔热措施，且隔热层最好放置在屋顶承重混凝土板的外侧，以提高室内的贮热性能，也可加厚屋顶的隔热层。

5．设置阳光间

两种供暖方式对设置阳光间的要求是相同的，由于阳光间的缓冲作用，减少了房屋的热损失，同时还可以增加室内温度，也避免了开房门时外部的冷空气直接进入房间内。

6．挑檐（阳台）设计

两种供暖方式对南立面有着共同的设计要求，平房挑出墙面的屋檐、楼房的阳台设计要求是一样的。这些挑出部分，要求能达到夏季遮阳，避免室内温度过高；冬季不影响采光，不减少室内接收的太阳辐射能，用以提升室内温度达到供暖要求。

二、被动式太阳房供暖和主动式太阳房供暖的差异

虽然被动式太阳房的主要设计理念在主动式太阳房供暖系统中同样适用，而且很多设计思想是共同的、一致的。但是，由于主动式太阳房太阳能供暖主要不是依靠房

间自身直接吸收阳光供暖，而是主要依靠安装在房屋外面的太阳能集热器来供暖，因此在不少方面还是有差异的，有的方面还有较大的差别，甚至是相互矛盾的。了解这些不同，对我们科学合理地设计、建造主动式太阳能供暖系统是有意义的。

1．对窗户的采光要求不同

主动式太阳房供暖并不要求一定要加大南向窗户的面积，能满足采光要求即可，尤其是对于单层大窗，虽然能够在白天接收较多的阳光，但在晚上和阴天、雨天，散失的热量也会相应增多，综合考虑其对室内热量的贡献是负值，所以有人提议减小窗户面积。对于双层玻璃窗，虽然其对室内热量的贡献是正值，还要采取对边框缝隙的密封、夜间需要覆盖窗帘或保温窗等措施，且其绝对贡献值有限，因此对主动式太阳房供暖，一般要求窗户面积能满足采光要求即可。

2．对地板样式的要求不同

在被动式太阳房中为了使地板能直接吸收照射来的太阳辐射能，一般要求不要采用木地板，也不要铺地毯，因为木地板和地毯的导热性能很差，不能把热能传导进地板内，地板没有更多的贮热作用。

但是对主动式太阳房供暖，尤其是采用地面辐射方法向室内供暖的，对地面没有特殊要求，因为换热盘管埋在地面下的混凝土层内，不管是水泥地面、木质地板还是地毯，都不影响房屋地面内部混凝土层和土壤层的贮热性能，只是热量向房间内传递的速度慢一些，这反而减少了房间内部温度的波动量，使温度更加趋于平衡。

3．对南墙太阳能空气集热器的要求不同

在被动式太阳房中，为了增加房间接收太阳辐射能的热量，提高室内温度，仅开大南向窗口面积还不够，往往还要在南墙窗口以外的面积上设置太阳能空气集热器。但由此带来的问题是影响南墙的外观美观。

对于主动式太阳房供暖系统，主要靠屋顶大面积的太阳能集热器，南墙太阳能空气集热器所起的作用有限，综合考虑造价、外观等因素，一般不采用南墙太阳能空气集热器。

但在某些特殊情况下还是可以采用太阳能空气集热器。某些地理位置原因，有的房屋朝北向，如公路南侧建房，为朝向公路而建造朝北的房屋，南墙就成为后墙，若南墙外有日照空间，则可以采用太阳能空气集热器以增加室温。对于一些楼房，仅依靠楼顶排列太阳能集热器面积不够用，则可以在南墙上设置壁挂式太阳能集热器以增加集热器面积，从而获得更多的太阳能热量。

4．对辅助热源的需求有差异

一般来说，单靠被动式太阳房供暖不能完全解决冬季的供暖问题，因此都要采

用辅助热源。辅助热源都是能独立运行的设施，与太阳能供暖不形成一个统一的运行系统，如火炕、火墙、火炉、电暖器、土暖气等，这些设施的运行一般要靠人工操作管理。

对于主动式太阳房供暖，有的设计了完善的贮热系统，如设计了地下储存太阳能热量的系统，则有可能不需要辅助热源，而完全靠太阳能独立完成供暖任务。有的太阳能供暖系统虽然需要辅助热源，但一般要求辅助热源和太阳能供暖系统组成一个统一的运行系统，通过自动控制仪表和手动阀门来调节辅助热源的启动和循环回路，增加室内温度。

第四节　太阳能供暖负荷计算

供暖设计热负荷指标，是指在供暖室外计算温度条件下，为保持室内计算温度，单位建筑面积在单位时间内需由锅炉房或其他供热设施供给的热量。这是确定太阳能集热面积的主要因素。

例如，北京地区节能建筑设计负荷指标为 43.82W/m^2，即北京地区供暖室外的计算温度为－9℃的条件下，为保持室内计算温度 18℃，1m^2 的建筑面积每小时需要由供热设施提供的热量为 43.82W/m^2。在工程设计中，我们一般采用 44W/m^2。室内计算温度城市一般取值为 18℃，而严寒与寒冷地区的农村建筑，根据相关规定，可选择 14℃～16℃。在针对性的主动式太阳房供暖设计时，最好是在参照标准和规定的基础上，根据客户的需求和实际的条件确定。

主动式太阳房供暖负荷是确定太阳能集热器面积的主要依据之一。建筑物的热负荷主要包括通过围护结构向环境的散热损失和通过空气渗透的散热损失。主要计算公式可以参照第一章被动式太阳房的热工设计计算说明。

一、建筑围护结构和室内换热系统的热工计算

建筑围护结构是指那些包围在需要进行空气调节的空间的建筑物部件，如屋顶、墙体、门、窗等。建筑围护结构主要用于与室外环境进行热量交换，或者阻止与室外环境进行热量交换。

据统计，建筑中热量（或者冷量）损失的 70%与建筑围护结构有关。建筑围护结构的改善可以相应地减少制热和制冷的能源消耗，使建筑设备在低负荷下运行，有助于选用低成本的制冷、制热设备，减少运行强度和运行时间，以延长设备使用寿命，同时也是提高居住舒适度的一个关键因素。

在建筑围护结构的能量损失中，门、窗损失占 50%，其中大约 20%的损失是由于密封不好室外空气透入所致；大约 30%的损失是由墙体、屋顶和地板造成。即使现代建筑中拥有高效的围护结构，这些能量损失的分布也大致相同。

低层建筑的热传导损失和渗透负荷占主要权重，而内部负荷所占比例较低。高层建筑，如商业、工业和公共设备，由设备、照明及人身体所产生的热量相对较大，所以围护热传导损失仅影响围护结构的附近区域。

二、室内外空气计算参数

1. 室外空气计算参数

室外空气计算参数是指现行的国家标准 GB 50019—2003《采暖通风与空气调节设计规范》（简称《规范》）中所规定的用于供暖通风与空调设计计算的室外气象参数。

室外空气计算参数的取值大小，将会直接影响室内空气状态和暖通空调费用。因此，设计规范中规定的室外空气计算参数是按全年有少数时间不保证室内温湿度标准而制定的。若室内温湿度必须全年保证时，需另行确定。

《规范》规定历年平均不保证 1 天的日平均温度作为冬季空调室外空气计算温度，采用历年 1 月份平均相对湿度值作为冬季空调室外空气计算相对湿度。

《规范》规定冬季供暖室外计算温度取历年平均不保证 5 天的日平均温度，冬季通风室外计算温度取历年最冷月平均温度。冬季供暖室外计算温度用于建筑物用供暖系统供暖时计算围护结构的热负荷，以及用于计算消除有害污染物通风的进风热负荷。冬季通风室外计算温度用于计算全面通风的进风热负荷。

我国各地冬季室外空气计算温度可以参照本书附录一确定。

2. 室内空气计算参数

室内空气计算参数的选择主要取决于两个方面。

（1）建筑物房间使用功能对舒适性的要求 影响人舒适感的主要因素首先是室内空气的温度、湿度和空气流动速度，其次是衣着情况、空气新鲜程度、室内各种陈设物的表面温度等。

（2）地区、冷热源情况、经济条件和节能要求等因素 根据《规范》的要求，对舒适性供暖的室内计算参数见表 2-1。

表 2-1 舒适性供暖的室内计算参数

民用和工业辅助建筑		生产车间	
房间名称	室温/℃	车间工作性质	室温/℃
民用建筑主要房间		每名工人占用面积不超过 $50m^2$ 时	
高级民用建筑	20～22	轻作业	15～18
中级民用建筑	18～20	中作业	12～15
普通民用建筑	16～18	重作业	10～12
辅助建筑用房			

续表 2-1

民用和工业辅助建筑		生产车间	
房间名称	室温/℃	车间工作性质	室温/℃
盥洗室	14～16		
厕所	12～14	当每名工人占用面积较大（50～100m²）时	
食堂	14～16		
厨房	10～12		
办公室、休息室	16～18	轻作业	≥10
技术资料室	16	中作业	≥7
存衣室	16	重作业	≥5
哺乳室	22		
淋浴室	25		
淋浴换衣室	23		
女工卫生室	23		
托儿所、幼儿园	20		
医务室	20		

三、建筑热负荷的组成及说明

对于民用建筑，冬季采暖热负荷应包括两项：围护结构的耗热量和加热由门窗缝隙渗入室内的空气耗热量。对于生产车间还应包括由外面运入的冷物料及运输工具的耗热量、水分蒸发耗热量，并应考虑车间内设备散热量、热物料散热量等获得的热量。

《规范》所规定的“围护结构的耗热量”实质上是围护结构的温差传热量，加热由于外门短时间内开启侵入的冷空气的耗热量及一部分太阳辐射热量的代数和。为了简化计算，《规范》规定围护结构的耗热量包括基本耗热量和附加耗热量两部分。

1．围护结构的基本耗热量

围护结构的基本耗热量按下式计算：

$$Q_j = A_j K_j (T_r - T_{o,w}) a \tag{2-1}$$

式中：Q_j——j 部分围护结构的基本耗热量（W）；

A_j——j 部分围护结构的表面积（m^2）；

K_j——j 部分围护结构的传热系数［W/（m^2·℃）］；

T_r——冬季室内计算温度（℃）；

$T_{o,w}$——冬季室外空气计算温度（℃）；

a——围护结构的温差修正系数。

2. 围护结构的附加耗热量

（1）朝向修正率 不同朝向的围护结构，受到的太阳能辐射量是不同的；同时，不同的朝向，风的速度和频率也不同。因此，《规范》规定对不同的垂直外围护结构进行修正，其修正率如下：

北、东北、西北朝向为 0；

东、西朝向为－5%；

东南、西南朝向为－10%～15%；

南向为－15%～25%。

选用修正率时，应考虑当地冬季日照率和辐射强度的大小。冬季日照率＜35%的地区，东南、西南和南向的修正率宜采用 0～10%，其他朝向可不修正。

（2）风力附加 在《规范》中明确规定：在不避风的高地、河边、海岸、旷野上的建筑物以及城镇、厂区内特别高的建筑物，垂直的外围护结构负荷附加 5%～10%。

（3）外门开启附加 为加热开启外门时侵入的冷空气，对于短时间开启无热风幕的外门，可以用外门的基本耗热量乘以表 2-2 中对应的各种建筑的围护结构耗热附加率。阳台门不应考虑外门附加。

表 2-2 各种建筑的围护结构耗热附加率

建筑物性质		附加率（%）
公共建筑或生产厂房		500
民用建筑或工厂的辅助建筑物，当其楼层为 N 时	无门斗的双层外门	$100N$
	有门斗的双层外门	$80N$
	无门斗的单层外门	$65N$

（4）高度附加 由于室内温度梯度的影响，往往房间上部的传热量加大。因此规定：当房间净高超过 4m 时，每增加 1m，附加率为 2%，但最大附加率不超过 15%。应注意，高度附加率应加在基本耗热量和其他附加耗热量（进行风力、朝向、外门修正之后的耗热量）的总和上。

（5）门窗缝隙渗入冷空气的耗热量 由于缝隙宽度不一样，风向、风速和频率不一，因此由门窗缝隙渗入的冷空气量很难准确计算。《规范》规定，对于 6 层以下的民用建筑以及生产辅助建筑物按下式计算门窗缝隙渗入冷空气的耗热量：

$$Q_i = 0.278 L i \rho_{ao} C_p (t_r - t_{o,w}) m \tag{2-2}$$

式中：Q_i——为加热门窗缝隙渗入的冷空气耗热量（W）；

L——经每 1m 门窗缝隙渗入室内的冷空气量，根据冬季室外平均风速计算，详见表 2-3；

ρ_{ao}——室外空气密度（kg/m^3）；

C_p——空气定压比热，C_p＝1kJ/（kg·℃）；

m——冷风渗入量的朝向修正系数见表 2-4。

表 2-3 民用建筑每 1m 门窗缝隙渗入空气量 L ［m³/（h·m）］

风速	1	2	3	4	5	6
单层木窗	1.0	2.5	3.5	5.0	6.5	8.0
单层钢窗	0.8	1.8	2.8	4.0	5.0	6.0
双层木窗	0.7	1.8	2.5	3.5	4.6	5.6
双层钢窗	0.6	1.3	2.0	2.8	3.5	4.2
门	2.0	5.0	7.0	10.0	13.0	16.0

表 2-4 各地区冷风渗入量的朝向修正系数

地区	北	东北	东	东南	南	西南	西	西北
齐齐哈尔	0.90	0.40	0.10	0.15	0.35	0.40	0.70	1.00
哈尔滨	0.25	0.15	0.15	0.45	0.60	1.00	0.80	0.55
沈阳	1.00	0.90	0.45	0.60	0.75	0.65	0.50	0.80
呼和浩特	0.90	0.45	0.35	0.10	0.20	0.30	0.70	1.00
兰州	0.75	1.00	0.95	0.50	0.25	0.25	0.35	0.45
银川	1.00	0.86	0.45	0.35	0.30	0.25	0.30	0.65
西安	0.85	1.00	0.70	0.35	0.65	0.75	0.50	0.30
北京	1.00	0.45	0.20	0.10	0.20	0.15	0.25	0.85

四、建筑围护结构的改进

1. 减少空气渗透

通过建筑围护结构和门窗缝隙渗透的空气一般是不可控的。建筑围护的空气渗透主要影响各种建筑的热负荷，对于那些老旧建筑影响尤为明显。如果出现大量空气从门窗或管道、配线、固定设备渗透到室内，则在冬季较寒冷地区会导致室内的人员体感不舒适。

在住宅和商业建筑中，通过墙体的渗透占了总渗透的主要部分。对于高层建筑，如商厦的其他方面的空气渗透，主要体现在内部和外部通道的空气渗透。

渗透没有一个严格的定义，只可以概括其普遍特征。没有空气过滤的旧式建筑在制热时，我们认为每小时空气交换的经验系数为 1.0。对于结构紧凑的新建建筑，其每小时空气交换系数均值为 0.3～0.5。对于低层建筑，用来弥补渗透的热负荷是比较重要的，据估计，对于那些绝缘性能好的住宅建筑，弥补渗透的热负荷能占总负荷的 40%。

大型商业建筑的渗透比小型商业建筑或住宅建筑要复杂得多，风速和对流都会影响渗透。局部风速会因为海拔、周围地形的差异而不同。风所带来的压力由局部风速、风向、建筑的纵横比决定，那些正面来的风会撞击建筑物，在一些特殊地方也可能受到温度、距离建筑物中心的远近、建筑围护结构的几何特征、内部区域及所有这些因素的综合影响。

为了改善建筑围护结构的密封性，可参照如下几种方法和技术。

（1）堵住缝隙 可以用不同类型的物质（如氨基酸脂、乳胶、乙烯聚合物等）堵住缝隙，如门窗及墙体的漏洞、水管漏洞等。

（2）挡风条 用泡沫乳胶加上黏合剂，增加门窗的密封性。

（3）种植护林带 这是一个长期规划，在建筑物周围种植灌木或树木可以减少风的影响和空气渗透。

（4）空气阻滞层 由一种或多种不透气的成分组成，均匀地涂于建筑物的外表面。可使用的材料包括液体沥青、液体橡胶、沥青薄层、橡胶薄层。AR 隔膜也能阻止建筑围护结构的热蒸发。

2. 建筑围护结构的绝缘

建筑围护结构可以通过增加绝缘程度以减少热传导所带来的损失，这项措施具有较高的经济性。

（1）安装管线通路的狭小空间绝缘 安装管线通路的狭小空间在某些区域里是占主导的基本类型，在很多不同的区域习惯被认为包含在建筑附属物之内。一般来说，它们建有通风孔，以便减小湿度，并且与那些有绝缘层的建筑有所不同。

其绝缘改造包括堵住通风口、对墙体绝缘、分段建筑周界、使用聚乙烯护墙板或相似材料覆盖暴露泥土的地基，以防止土壤中的水蒸气进入。有时候也使用给安装管线通路狭小空间增压的方法，使其压力高于室外。

（2）地下室墙体的绝缘 在现存建筑中，对地下室墙体适当位置进行绝缘改造是很具有市场潜力的。大多数在 1990 年以前建造的地下室墙体和地板没有很好的绝缘，可在墙体表面安装简单便宜的装置，达到一个合适的绝缘程度，并达到审美、防火要求。这种墙体改造方法必须不改变墙体结构、不易发潮，且对环境的变化具有很强的抵制力。

（3）绝缘压缩版 有些类型的结构墙体由于太贵重或不便进行空穴绝缘改造，可以使用相对较薄的内部板来改造。例如，在现存的墙体或顶棚上加装 9.5mm 的石膏和 12.7mm 的泡沫材料。这样的改造将增加墙体的热阻值，同样也会降低空气的渗透。适当的密封盒设计细节也允许使用密封油漆的压缩版，它可以根据具体场合剪切成小的部分使用，这样可以尽可能减少剩余废料。这种产品可以用于不具备绝缘能力的建筑墙体，如框架或混凝土墙体。

（4）顶棚防辐射涂料　用一种高反射率的油漆或涂料喷洒在屋顶甲板下面，能在热的时候保存冷量，也可以限制太阳能辐射进入顶楼，其应用于紧凑空间中的改造尤为重要。新建筑可以用一个具有反射效用的结构表面，但对于现存的建筑却不太实用。

五、供热采暖系统负荷计算

（1）设计负荷　对供暖热负荷和生活热水负荷分别进行计算后，应选两者中较大的负荷确定为太阳能供热采暖系统的设计负荷，太阳能供热采暖系统的设计负荷应由太阳能集热系统和其他能源辅助加热、换热设备共同负担。

（2）供暖热负荷　其他能源辅助加热、换热设备负担在采暖室外计算温度条件下，建筑物供暖热负荷的计算应符合下列规定。

① 采暖热负荷应按《规范》中的规定计算。

② 在标准规定可不设置集中供暖的地区或建筑，宜根据当地的实际情况，适当降低室内空气计算温度。

（3）热水供应负荷　太阳能集热系统负担的热水供应负荷为建筑物的生活热水日平均耗热量。热水日平均耗热量应按下式计算：

$$Q_W = mq_r c_W \rho_W (t_r - t_1)/86400 \tag{2-3}$$

式中：Q_W——生活热水日平均耗热量（W）；

m——用水计算单位数，人数或床位数；

q_r——热水用水定额，根据 GB 50015—2003《建筑给水排水设计规范》（2009年版）规定，按热水最高日用水定额的下限取值[L/（人·d）或 L/（床·d）]；

c_W——水的比热容，取 4187 J/（kg·℃）；

ρ_W——热水密度（kg/L）；

t_r——设计热水温度（℃）；

t_1——设计冷水温度（℃）。

第五节　太阳能集热器面积计算

一、太阳能集热器面积的确定

1. 直接系统太阳能集热器总面积

直接系统集热器总面积应按下式计算：

$$A_C = \frac{86400 Q_H f}{J_T \eta_{cd}(1-\eta_L)} \tag{2-4}$$

式中：A_C——直接系统太阳能集热器总面积（m^2）；

Q_H——建筑物热负荷（W），根据计算或参照当地指标确定；

f——太阳能保证率（%），根据设计要求确定；

J_T——当地太阳能集热器采光面上的平均日太阳辐照量[J/（m^2·d）]，根据相关资料数据确定；

η_{cd}——基于太阳能总面积的集热器平均集热效率（%），无量纲，一般按 50%计算；

η_L——管路及贮热装置热损失率（%），无量纲，一般按 10%～15%计算。

2. 间接系统太阳能集热器总面积

间接系统太阳能集热器总面积应按下式计算：

$$A_{IN}=A_C\left(1+\frac{U_L \cdot A_C}{U_{hx} \cdot A_{hx}}\right) \tag{2-5}$$

式中：A_{IN}——间接系统太阳能集热器总面积（m^2）；

A_C——直接系统集太阳能热器总面积（m^2）；

U_L——太阳能集热器总热损系数[W/（m^2·℃）]，测试得出；

U_{hx}——换热器传热系数[W/（m^2·℃）]，查产品样本得出；

A_{hx}——间接系统换热器换热面积（m^2）。

3. 太阳能集热系统的设计流量

太阳能集热系统的设计流量应按下列公式和推荐的参数计算。

① 太阳能集热系统的设计流量应按下式计算：

$$G_S=gA \tag{2-6}$$

式中：G_S——太阳能集热系统的设计流量（m^3/h）；

g——太阳能集热器的单位面积流量[m^3/（h·m^2）]；

A——太阳能集热器的采光面积（m^2）。

② 太阳能集热器的单位面积流量应根据太阳能集热器生产企业给出的数值确定。在没有企业提供相关技术参数的情况下，根据不同的系统类型，宜按表 2-5 给出的太阳能集热器单位面积流量范围取值。

表 2-5　太阳能集热器单位面积流量

系统类型		太阳能集热器的单位面积流量/[m3/（h·m^2）]
小型太阳能供热水系统	真空管型太阳能集热器	0.035～0.072
	平板型太阳能集热器	0.072
大型集中太阳能供暖系统（集热器总面积＞100m^2）		0.021～0.06
小型独户太阳能供暖系统		0.024～0.036
板式换热器间接式太阳能集热供暖系统		0.009～0.012
太阳能空气集热器供暖系统		36

二、太阳能供暖保证率

由于太阳能具有间歇性、不稳定性、能量密度较低等特点，因此建筑供暖单靠太阳能不能独立完成任务，一般要配备辅助热源，所以就提出保证率问题，即太阳能所提供的热量占所需总热量的百分比。

在进行集热面积计算时，建筑面积、热负荷、倾斜面上太阳辐射能、集热效率、热损系数等数值的确定，都有相对比较固定的参照值，但是太阳能供暖保证率则需要综合多方面的因素来确定。

1. 我国太阳能供暖保证率标准与实际状况

（1）相关标准的推荐值 到底太阳能的保证率应是多少合适？不同的地区、不同的条件、不同的节能理念有很大的不同。建设部编写的《太阳能供热采暖工程技术规范》中提出的不同地区太阳能供热采暖系统的太阳能保证率 f 的推荐值范围见表 2-6。

表 2-6 不同地区太阳能供热采暖系统的太阳能保证率 f 的推荐值

资源区别	短期蓄热系统太阳能保证率（%）	季节蓄热系统太阳能保证率（%）
Ⅰ类资源丰富区	≥50	≥60
Ⅱ类资源较丰富区	30～50	40～60
Ⅲ类资源一般区	10～30	20～40
Ⅳ类资源贫乏区	5～10	10～20

这个推荐值应该是综合地域、建筑普遍条件、集热器效率、建造成本、四季应用、技术局限等方面提出的数值，具体的针对性不强，仅供项目设计时参考，不作为正式推荐，因为太阳能的保证率只有 5%，在Ⅱ类地区的太阳能保证率也只有 30%～40%，不能称为主动式太阳房。主动式太阳房在Ⅱ类地区的太阳能保证率应在 50%以上。

（2）一些项目的实际取值 《北京地区太阳能供暖工程现状调研报告》中的调研数据截至 2008 年 4 月，对北京地区太阳能供暖的工程按建筑物的不同性质进行了分类统计。其中公共建筑 12 项，分户民宅 21 项。报告的分析总结中数据显示，这些项目的太阳能供暖系统安装的比例范围（太阳能集热面积：建筑面积）基本在（1∶6）～（1∶8），整个采暖季太阳能供暖的平均保证率在 20%～40%。这是不太理想的太阳能保证率。太阳能安装比例，建议改成（1∶2）～（1∶3）为好。辅助热源也应该改为再生能源的炉具，这样太阳能保证率可在 70%～80%。夏季多余的热量可以另找出路，如用来烘干农副产品。

① 北京市平谷区太平庄村太阳能采暖项目。

建设时间：2007 年；项目规模：69 户；每户建筑面积：111m^2；

太阳能集热器面积：14.4m^2；安装倾角：55°；太阳能保证率：30%。

② 北京市平谷区挂甲峪村太阳能采暖项目。

建设时间：2005 年；项目规模：152 户；每户建筑面积：172～207m^2；

太阳能集热器面积：28m^2；安装倾角：30°；太阳能保证率：40%。

这些项目的太阳能保证率理论设计的数据如果是在 30%～40%，那么其实际应用效率会更低。有专家指出，实际太阳能保证率应该在 20%～30%。该项目住户对主动式太阳房的设计也表示不太满意。辅助热源大部分采用低谷电源加热。

（3）低太阳能保证率的弊端 如果太阳能供暖的保证率过低，低于一个相应的范围，那么不管基于什么原因，都会使太阳能供暖失去基本意义，就不能称为主动式太阳房项目，太阳能保证率应该在 50%以上。

① 太阳能保证率低，系统造价的经济性也会降低。不管采用哪种类型的太阳能集热器，造成太阳能保证率低的原因主要是太阳能集热器集热面积较少。但是，在太阳能供热采暖系统中，太阳能集热器的成本只占很少的一部分，如果是 30%的保证率，太阳能集热器部分的成本可能只会占到 20%以下。其余的贮热水箱、保温管道、控制系统、散热末端，甚至建筑节能保温，都是一个很大的基数，如果仅仅是为了节省成本，肯定是本末倒置了。

为了主动式太阳房项目建设，投入了很多基本的设施，但是因为太阳能集热面积小造成保证率低，系统的经济性明显会降低，普通消费者就会怀疑太阳能供暖的技术是否成熟和太阳能的供暖能力，就会阻滞主动式太阳房供暖的可靠性和太阳房的商品化。

② 辅助热源比例太高，系统运行成本增加。过低的太阳能保证率必然要求增加其他辅助热源，当辅助热源所占的比例超过 50%时，辅助热源就成了主要热源，而太阳能则成了辅助热源，“主”、“辅”倒置了。

新农村建设过程中，建筑用能是很重要的一项指标。如果安装了主动式太阳房供暖的建筑，还需要柴草和煤炭等费时、费力、耗能的传统方法辅助，可以想象，太阳能并没有解决根本问题。

如果采用使用方便的电能作为辅助热源，辅助热源所占比例大于 50%，系统将消耗大量宝贵的高品位的能源——电能，就是利用低谷电供热也会大大增加用户的用电成本，阶梯电价的实施会使人望而却步，这完全不符合我国百姓消费用电的习惯，而且大量用电，国家电网也不能承受。

因此，在太阳能供暖设计中，太阳能保证率的确定应该打破这些束缚，科学的配比才能达到经济性和实用性的统一，才能促进主动式太阳房供暖的推广和主动式太阳房应用的商品化。

2. 影响太阳能供暖保证率确定的因素

（1）系统成本 减少太阳能集热器的集热面积，确实能够降低系统初安装成本，因为系统的组件中，其余部分相对固定和稳定，没有办法增减。但是从整体的运行来看，反而增加了成本，因为太阳能供暖的经济效益的评估，要将初安装成本和以后每年运行费用相加，它们的综合性能和常规能源相比较，单方面的减少集热面积反而会降低太阳能供暖的经济性。

增加太阳能集热面积，提高太阳能保证率，会大大降低系统的运行成本，会增加与常规能源的竞争力。

（2）运行技术　因为运行技术还不成熟，控制系统还不科学的现状下，单方面减少太阳能集热面积还不如放弃设计和安装。如果运营商和服务商在小范围内试验、研究、改进，解决了关键环节的关键问题，那么，就不会因此影响太阳能集热面积的确定。

（3）夏季系统防过热　夏季系统防过热可以根据建筑特点和用户要求，采用多种方法解决，如采用调节水箱、遮盖、体外循环、跨季节蓄热、利用太阳能提供的热量进行农副产品的烘干，甚至利用太阳能的热量在夏季进行制冷应用等方式，都可以解决过热问题。不能因为考虑太阳能在夏天过热，就降低保证率，因噎废食同样不可取。

（4）与建筑一体化　在单体建筑中，尤其是以屋顶作为安装太阳能集热器的地点来说，大面积的铺设太阳能集热器就有与建筑结合的技术和美观的问题。太阳能集热器的构件选择，安装太阳能的角度、色彩、工艺等，都要一一考虑和改进，要与建筑形成一体化。

根据实际情况，也可以考虑建筑物周围空地安装，或者采用与建筑结合的集热器竖直安装，或安装在阳台和露台等部位。

除了考虑上述因素，还要根据建筑物状况、用户供暖需求等具体情况，来确定太阳能供暖保证率的比例，以满足建筑供热采暖的要求。

第六节　太阳能集热器安装倾角、方位角和前后距计算

一、太阳周日视运动规律

在确定安装倾角、方位角和前后距计算之前，先了解一下我国太阳周日视运动规律，这是确定这些数据的理论基础。

北纬 40° （北京）、23.5° （北回归线）和 18.5° （海南岛某地）两分日和两至日日落时间及其方位见表 2-7。北纬 40° 和 18.5° 的太阳高度角（简称太阳高度）日变程见表 2-8，太阳方位角日变程见表 2-9。

表 2-7 日落时间及其方位

季节 \ 时间 \ 纬度（Φ）	40°		23.5°		18.5°	
	日落时间	方位	日落时间	方位	日落时间	方位
两分日	18:00	90°	18:00	90°	18:00	90°
夏至	19:20	121°	18:47	115.7°	18:25	115°
冬至	16:40	59°	17:13	64.3°	17:25	65°

表 2-8 太阳高度角日变程

纬度（Φ）	季节 \ 时间	5:00 19:00	6:00 18:00	7:00 17:00	8:00 16:00	9:00 15:00	10:00 14:00	11:00 13:00	12:00
40°	两分日	4°	0°	13°	23°	33°	42°	48°	50°
	夏至		14°	26°	37°	48°	59°	69°	73.5°
	冬至				5°	14°	21°	25°	26.5°
18.5°	两分日		7°	14°	28°	42°	55°	66°	71.5°
	夏至			21°	34°	48°	62°	75°	85°
	冬至			6°	18°	29°	39°	46°	48°

表 2-9 太阳方位角日变程

纬度（Φ）	季节 \ 时间	5:00	6:00	7:00	8:00	9:00	10:00	11:00	12:00
40°	夏至	−118°	−109°	−100°	−90°	−80°	−65°	−37°	0°
	两分日			−82°	−72°	−57°	−42°	−23°	0°
	冬至				−53°	−42°	−29°	−15°	0°
18.5°	夏至		−112°	−109°	−106°	−104°	−105°	−112°	180°
	两分日			−85°	−80°	−72°	−61°	−40°	0°
	冬至			−65°	−56°	−48°	−36°	−20°	0°

纬度（Φ）	季节 \ 时间	13:00	14:00	15:00	16:00	17:00	18:00	19:00
40°	夏至	37°	65°	80°	90°	100°	109°	118°
	两分日	23°	42°	57°	72°	82°		
	冬至	15°	29°	42°	53°			
18.5°	夏至	112°	105°	104°	106°	100°	112°	
	两分日	40°	61°	72°	80°	85°		
	冬至	20°	36°	48°	57°	65°		

（1）说明

① 由于春分、秋分两天里，太阳运动规律相同，故表 2-7～表 2-9 中均以两分日代表，不再单列春分秋分。

② 每日里太阳日出时刻和日落时刻相对于当日中午间隔时间相等（在计算时，时角ω仅是符号不同），知道了日落时间，也就能知道日出时间。例如，下午 5 时日

落，则日出时间是 12－5＝7，即上午 7 时日出。因此我们在表 2-7～表 2-9 中只列出日落时间（下午时数），日出日落的方位角也只是正负不同，故只列出日落的方位角。

这里时间均指真太阳时，即把当地中午太阳最高点时作为 12 时。各地真太阳时是不同的，只有在同一经度上的地点，真太阳时才相同。真太阳时与钟表指的时间是不同的。

（2）我国太阳周日视运动规律

① 我国绝大部分地区位于北回归线（北纬 23.5°）以上，太阳从东方升起斜倾偏南而上，到中午达到最高位置（其高度随纬度增加而降低），下午转向西方，斜倚偏北而下，其位置恰和上午对称，最后沉没于西方。

两分日时，太阳从正东升起，至正西落下。

在冬半年里（秋分—冬至—春分），太阳从东偏南升起，从西偏南落下。

在夏半年里（春分—夏至—秋分），太阳从东偏北升起，从西偏北落下。

一年四季正中午，太阳总在南方，不会过天顶［太阳高度角（简称太阳高度）$h<90°$］。在一年中，正中午太阳高度呈单峰曲线变化。从冬至到夏至，中午太阳高度逐日增加，其增量等于赤纬角的增量；从夏至到冬至，中午太阳高度逐日降低，其减少量也等于赤纬角的减少量。

② 我国南方纬度＜23.5° 的少数地区，太阳周日运动规律与北方有明显的差异，其主要特点是在中午太阳可以在天顶以北。

在北回归线上的一带地区（北纬 23.5°），夏至时正中午太阳恰在天顶（$h=90°$），在这天的其余时间里太阳都在北面天球运行。

在北纬 23.5° 以南地区，春分后，太阳逐渐北行，太阳高度逐渐升高，一天中太阳在北面半球运行的时间逐渐增多。当太阳赤纬角等于当地纬度时（$\delta=\Phi$），正中午太阳高度达到最大值（$h=90°$），太阳位于天顶，该日可称为天顶日。这日内除中午外，其余时间太阳都在北面天球运行。

然后，太阳继续北行，正中午太阳高度反而逐日下降，全日太阳都在北面天球运行，到夏至才停止北行下降，而后太阳南行，高度逐日回升，并再次到天顶，然后继续南行，高度又下降，一直到冬至才终止。一年内太阳正中午高度呈双峰曲线。

从以上分析可以看出，在我国北方和南方、冬季和夏季，太阳运行轨道是不同的，差异很大。因此太阳能集热器的放置方向也不能相同，必须适应太阳运行情况。

③ 每日的日照时间也是不同的，夏至最长，超过 12h；夏至以后，日照逐日缩短；到秋分时，日照时间是 12h，恰是一昼夜的 1/2；秋分以后日照进一步减少，到冬至减至最小。

而冬至—春分—夏至，则与上述过程相反。

④ 在同一天里，南方和北方的日照时间也是不同的。在冬半年里，南方每日日照时间比北方长。例如，冬至时，北纬 40° 地区，日照仅 9 小时 20 分，而北纬

18.5° 地区，日照是10小时50分。在夏半年里，北方比南方日照时间长。例如，在夏至日，北纬40° 地区日照时间为14小时40分，而在北纬18.5° 地区，日照时间仅为12小时50分。这是因为当太阳光照在地球上时，受日照的一面和背阴的一面的交界线（阴影线）并不与地球的经线重合，而是有一定的夹角。

作为一种极端情况，在北极附近，夏季全日24h日照，没有黑夜，太阳总在地平线附近转动；而在南极，却全日24h没有日照。到了冬季，又翻转过来，在南极附近，全日24h日照，没有黑夜，太阳总在地平线附近转动；而在北极，却全日24h没有日照。

在赤道上，一年中每天的日照都是12h，总是一天的1/2。

⑤ 虽然太阳周日视运动是绕天轴以每小时15° 的角速度匀速转动（地球自转速度），太阳的方位角和高度角的变化速率是不同的，它是随着季节、地点、时间的不同而变化的。

纬度小的地区比纬度大的地区一般太阳高度角变化率大。例如，在春分日，从11～12时的1h内，北纬40° 地区，太阳高度变化了2°；而在18.5° 地区，则变化了5.5°。在同一地区，冬半年比夏半年变化率小。例如，在北纬40° 地区，9～10时的1h内，夏至日太阳高度角变化11°；冬至日的同一时间区间内，太阳高度角变化了7°。在同一地区的同一天内，这一变化率以日出日落时大、中午时小。例如，在北纬40° 地区的春分日，7～8时的1h内，太阳高度角变化了20°；而在11～12时的1h内，太阳高度角仅仅变化了7°。

就方位角来说，大致有与高度角相反的情况。一般来说，太阳的方位角在日出日落时变化率小，中午变化率大。例如，在北纬40° 地区的夏至日，7～8时的1h内，方位角变化了9°，而在中午11～12时的1h内则变化了37°。

由以上分析，我们决不可把方位角和高度角变化与地球匀速自转速度等同起来。在设计太阳能集热器时要注意这点。

二、太阳能集热器安装倾角的确定

由于我国位于北半球，一般情况下太阳总是在南方，而在一天中太阳的东西运动轨道是对称的，因此我国的太阳能集热器都是面向南方东西放置的。

但是，一天中不仅太阳的高度角时时在变化，而且由于赤纬角的变化，一年中每天同一时刻的太阳高度角也不同，也是天天在变化中。集热器安装不仅要面向南方而且要与地面有一个倾角。

1. 全年使用的太阳能集热器安装倾角

很显然，全年使用的太阳能集热器兼顾冬季和夏季的使用，所以应按全年中午太阳高度角的平均值来安装，这个平均值即两分日中午的太阳辐射角。太阳能集热器的收集平面应与两分日中午的太阳光相垂直，因此，太阳能集热器与地面的夹角

（安装倾角）Ψ应等于当地地理纬度Φ。

2. 偏向冬季或偏向夏季使用的太阳能集热器的安装倾角

对于偏向冬季使用的太阳能集热器，其安装倾角可在地理纬度上再加 10°，即 $\Psi=\Phi+10°$

而偏向夏季使用的太阳能集热器，其安装倾角可在地理纬度上再减去 10°，即 $\Psi=\Phi-10°$

3. 冬季采暖用平板型和竖排真空管型太阳能集热器的安装倾角

对于冬季采暖，太阳能集热器的安装倾角应保证最需要太阳辐射的时刻有最佳的集热效果。我们知道，在冬至日前后几天太阳赤纬角在－23.5°附近，太阳高度角最低，赤纬角从－20°～－23.5°占了冬至前后共约两个月的时间，约占采暖期的1/2，且是最冷的一个时期，所以太阳能集热器的安装倾角Ψ应是$\Psi=\Phi+20°$；甚至可以采用$\Psi=\Phi+23°$

这样就保证了在最需要太阳辐射能的近 1/2 的采暖期，有最好的收集效果。

实际上，采用这样大的倾角还有另一方面的好处，即在夏季不太需要太阳能时，降低了集热器的集热能力。若取$\Psi=\Phi+23°$，夏季中午集热器与太阳光的交角为 23°×2＝46°，则夏季集热器的有效集热面积与冬季集热面积之比为 cos46°≈0.7，大大缓解了夏季热量过剩的问题。

4. 冬季采暖用横排真空管集热器的安装倾角

横排管集热器中真空玻璃管间有间隙，当太阳高度角在一定范围内变化时，不影响其集热面积，所以其安装倾角可以取当地地理纬度。全国部分城市纬度数据见表 2-10。

表 2-10　全国部分城市纬度数据

城市	北纬	城市	北纬	城市	北纬
北京	39° 57′	天津	39° 07′	上海	31° 12′
石家庄	38° 04′	保定	38° 53′	太原	37° 55′
大同	40° 00′	运城	35° 00′	呼和浩特	40° 49′
多伦	42° 12′	哈尔滨	45° 45′	齐齐哈尔	47° 20′
长春	43° 52′	延吉	42° 54′	沈阳	41° 46′
丹东	40° 05′	济南	36° 41′	青岛	36° 04′
南京	32° 04′	徐州	34° 19′	合肥	31° 53′
蚌埠	32° 56′	杭州	30° 20′	宁波	29° 54′
南昌	28° 40′	赣州	25° 52′	福州	26° 05′
厦门	24° 27′	基隆	25° 09′	高雄	22° 36′
郑州	34° 44′	信阳	32° 08′	武汉	30° 38′

续表 2-10

城市	北纬	城市	北纬	城市	北纬
襄樊	32° 02′	长沙	28° 15′	衡阳	26° 56′
广州	23° 00′	湛江	21° 02′	海口	20° 00′
南宁	22° 48′	桂林	25° 15′	西安	34° 15′
延安	36° 36′	银川	38° 25′	兰州	36° 01′
酒泉	39° 45′	西宁	36° 35′	玉树	32° 57′
乌鲁木齐	43° 47′	喀什	39° 32′	成都	30° 40′
重庆	29° 30′	贵阳	26° 34′	遵义	27° 41′
昆明	25° 02′	个旧	23° 22′	拉萨	29° 43′
昌都	31° 11′				

5. 聚光型真空管集热器的安装倾角

对于全年使用的聚光型真空管集热器，各聚光器要季节性地调整倾角，故对整个集热器框架的安装倾角应等于当地地理纬度。

对主要在冬季采暖使用的固定式聚光型真空管集热器，其安装倾角要受聚光器的主要设计参数如收集角、收集时间的制约，一般安装倾角等于地理纬度加15°～18°。

三、太阳能集热器方位角的确定

对方位角的确定一般不存在困难，朝南向即可。太阳能集热器的安装朝向可以稍微偏离正南向，但一般不要超过15°左右。cos15°≈0.966，即当偏离15°时，其集热面积约等于正南向安装时集热面积的96.6%，偏离越大影响越大。当偏离30°时，cos30°≈0.866，这时，其集热面积约等于正南向安装时太阳能集热面积的86.6%。

四、太阳能集热器安装的前后间距

大面积太阳能集热器都采用阵列连接方式，为使太阳能集热器前后排不出现遮阳现象，两排集热器之间要有一定的距离，两排集热器间的最小间距可由下式计算：

$$D=H\left(\tan\Phi-\frac{\sin\delta}{\sin a_{s}\cdot\cos\Phi}\right) \tag{2-7}$$

式中：D——两排集热器不遮阳的最小距离（m）；

H——集热器顶高（m）；

Φ——地理纬度角（°）；

a_s——太阳高度角（°）；

δ——太阳赤纬角（°）。

我国冬至时太阳高度角最低，只要冬至日不遮阳，全年就不会出现遮阳现象，所以排列集热器时，只考虑冬至不遮阳即可，太阳能供暖是在冬季进行，所以要特别注意这点。我国部分冬至上午 9 时到下午 5 时地理纬度不遮阳的 D/H 值见表 2-11。

表 2-11　我国部分地理纬度不遮阳的 D/H 值

地理纬度	D/H 值
25°	1.52
30°	1.85
35°	2.31
40°	3.00
45°	4.19

第七节　太阳能供暖集热器的选择

太阳能供暖的关键部件是太阳能集热器，选择合适的太阳能集热器类型，是太阳能供暖成功的关键。这里介绍目前市场常见的一些太阳能集热器的性能特点，供大家在太阳能供暖系统设计时参考。

一、平板型太阳能集热器

1. 平板型太阳能集热器结构和原理

典型平板型太阳能集热器的结构如图 2-2 所示，由集热板、透明盖板、保温层和外壳 4 部分组成。

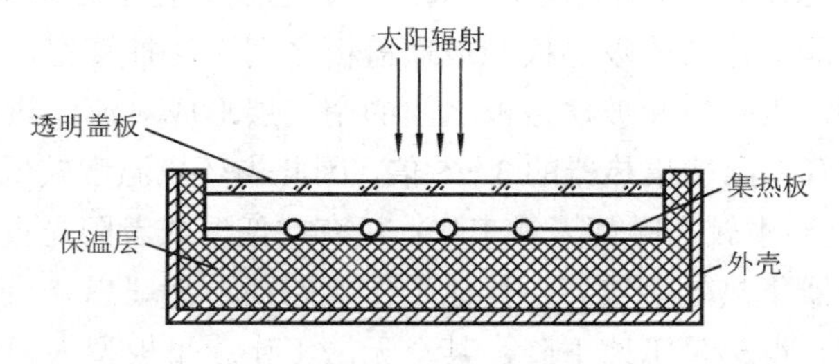

图 2-2　典型平板太阳能型集热器的结构

如图 2-3 所示，平板型太阳能集热器都是根据“热箱”原理设计的。

图 2-3 平板型太阳能集热器

平板型太阳能集热器工作原理是当太阳光透过透明盖板照射到表面涂有吸收涂层的吸热板上时，吸热板吸收太阳的辐射能，将其转换成热能，并将热能传给吸热板流道内的工质，使流道内的工质温度升高。从太阳能集热器进口进入吸热板的较低温度的工质，在吸热体流道内被太阳能加热升温后，从太阳能集热器出口流走，并将有用的热能带走。与此同时，集热板温度升高，透过透明盖板和外壳向周围环境散失热能，为减少散热，在平板型太阳能集热器底部和边框四周填充保温材料。

2. 平板型太阳能集热器的特点

平板型太阳能集热器一直以来都是太阳能集热器家族内的一支主要力量，在欧美国家和我国南方都被广泛应用。其主要优点是：大部分都采用强度高的钢化玻璃盖板，耐撞击性能好，安全运行系数高；结构平整，容易与建筑结合，美观、大方，易于安装；工质在平板型太阳能集热器的通道管内运行，可以承压运行。

虽然平板型太阳能集热器具有这些特点，但它也具有不可弥补的缺点。

平板型太阳能集热器的吸热板和玻璃盖板之间无法抽真空，当吸热板吸收太阳能温度上升后，吸热板和玻璃盖板之间的空气层形成对流，热损大大增加，其热损系数是真空管太阳能集热器的 3～5 倍，因此当环境温度较低时（北方地区冬季），或工作温度要求较高时都无法工作；只有在低温或者阳光直射的状态下，平板型太阳能集热器集热效率较高，其他工作状态则不甚理想。当阳光斜射时，接收面积迅速减小，得热量迅速下降，甚至无法工作。平板型太阳能集热器热流向如图 2-4 所示。

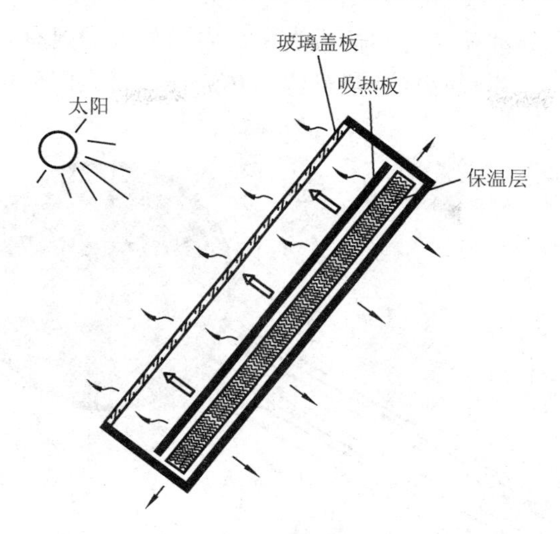

图 2-4 平板型太阳能集热器热流向

3. 平板型太阳能集热器供暖的应用建议

如果在秦岭淮河一线附近或以南的地区，可采用平板型太阳能集热器进行太阳能供暖，并作为主动式太阳房的设计，因为在这类地区，平板型太阳能集热器的集热效率较高，冬季不需要采取很多的防冻措施。

在一些较寒冷的地区，只有在 3 种情况下可以选择平板型太阳能集热器：一是考虑与建筑结合的外观；二是建筑有比较宽裕的安装面积可以尽量多地安装太阳能集热器，以达到一定的太阳能保证率，尽量降低系统运行成本；三是客户能够接受相对比较高的初安装成本。

平板型太阳能集热器的主要缺点是抗冻能力差，采用平板型太阳能集热器要特别注意防冻问题，尤其要预防可能出现的天气突然降温，要做好防冻准备。一般防冻措施有以下两种：

① 夜间或阴天把系统内的循环水放到贮热水箱内储存起来，使用时再抽回系统内。

② 增设辅助热源和贮热装置，在夜间或阴天定期强制循环，提高循环管道的温度。

二、全玻璃真空管型太阳能集热器

1. 全玻璃真空管型太阳能集热管结构和原理

全玻璃真空管型太阳能集热器的主要部件是全玻璃真空太阳集热管，所以先介绍集热管的结构和原理。

全玻璃真空太阳集热管的工作原理如图 2-5 所示，它由内、外两根同轴的玻璃管构成，内玻璃管和外玻璃管之间抽成真空，内管外表面镀有高吸收率和低发射率的选择性吸收涂层，作为吸热体加热管内传热流体，将太阳光能转换为热能。外管为透明玻璃。

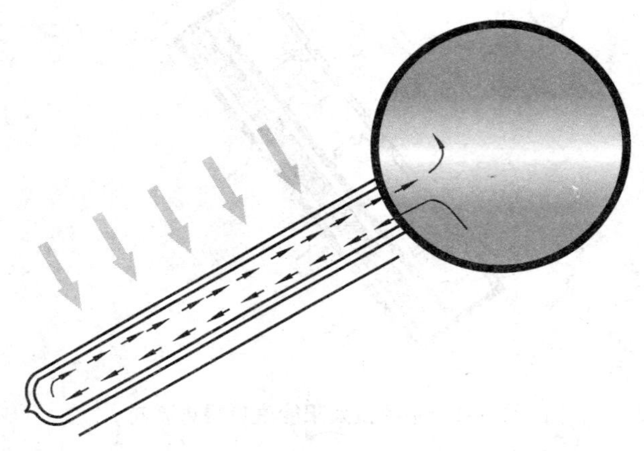

图 2-5 全玻璃真空管型太阳能集热管工作原理

它采用单端开口设计，开口端将内、外管熔封连接，其内管另一端是密闭半球形圆头，由弹簧卡子支撑，可以自由伸缩，以缓冲当吸热体吸收太阳辐射而使内管温度升高时热膨胀引起的热应力。弹簧卡子上带有消气剂，消气剂蒸散后能吸收真空管运行时产生的气体，保持管内真空度。

全玻璃真空太阳能集热管的质量与选用的玻璃材料、真空性能和选择性吸收涂层有重要关系。

2. 全玻璃真空太阳能集热管的特点

全玻璃真空太阳能集热管具有真空夹层，空气对流换热和传导热量几乎为 0，保温性能非常好，再加上选择性吸收涂层的低发射比特性，因此热损系数很低，热损系数一般≤0.85W/（m^2 • ℃），仅为平板太阳能集热器热损系数的 17%～21%。真空太阳能集热管具有空晒温度高的特点，可达到 200℃以上，部分管可达到 280℃左右。同时真空太阳能集热管具有耐热冲击性。

全玻璃真空太阳能集热管优良的低热损性能，可以在冬季寒冷和辐照低的地区应用，可用于四季热水供应、建筑供暖、高温消毒、工业用热、除湿、干燥、温室大棚、养殖和海水淡化等领域。

真空太阳能集热管的圆柱形管状结构，太阳从不同方向入射时其截面不变，因此具有准跟踪性能，即早晚阳光较偏时得热量也较高。同时对各个角度的光线都有吸收，对散射光吸收也较好，因此在散射光较多的多云天气和略阴的天气效率也较高。从瞬时效率曲线就可以看出，它是一条较为平直的直线。

3．全玻璃真空管型太阳能集热器的类型

（1）竖排真空管型太阳能集热器　如图 2-6 所示，竖排真空管型太阳能集热器由集热联箱、全玻璃真空太阳能集热管、支架、尾托组成。联箱横置，下有插孔，真空管竖直插入联箱。

图 2-6　竖排真空管型太阳能集热器

其工作原理是太阳照射在带有选择性高效吸收涂层的全玻璃真空太阳能集热管上，选择性涂层吸收太阳能量后加热全玻璃真空太阳能集热管内的水，全玻璃真空太阳能集热管内水的温度随之升高，同时水的密度发生变化，由于冷水密度大，热水密度小，热水从上层上升至联箱，联箱内的冷水从下层进行补充，形成自然对流循环的效果。竖排真空管型太阳能集热器供暖如图 2-7 所示。

图 2-7　竖排真空管型太阳能集热器供暖

（2）横排真空管型太阳能集热器 如图 2-8 所示，横排真空管型太阳能集热器也是由集热联箱、全玻璃真空太阳能集热管、支架、尾托组成。联箱竖直放置，两侧有均匀插孔，分别将真空太阳能集热管横向插入联箱。

图 2-8 横排真空管型太阳能集热器

其工作原理是联箱上端有热水出水管，下端有冷水进水管，当太阳能集热管中的水被太阳辐射加热时，上部朝太阳的一面得到的能量多，温度相对较高，水的密度变小，由于浮力的作用而斜向上流入联箱，而联箱下部的冷水由于密度较大将自动沿真空管下部向真空管内部流动。从真空管出来的热水一部分沿联箱上升，一部分流入上面的真空管，依此类推，最后出来的热水由联箱出口进入水箱。横排真空管型太阳能集热器供暖如图 2-9 所示。

图 2-9 横排真空管型太阳能集热器供暖

4. 全玻璃真空管型太阳能集热器供暖的应用建议

一般供暖地区可使用真空管型太阳能集热器，真空管型太阳能集热器隔热性能好，尤其在低温条件下，一般比平板型太阳能集热器集热效率高。另一方面，真空管型太阳能集热器在冬季抗冻能力强，成千上万户真空管太阳能热水器用户多年的使用实践证明，在我国北纬 40° 线以南大部分地区，真空管太阳能热水器都能越冬使用。但管道要加强隔热保温，最好除保温外，增设电伴热带，必要时可对管道加热防冻。

同等太阳能集热面积的横排真空管型太阳能集热器和竖排真空管型太阳能集热器，在集热效果上的差异不是很大，但是对安装角度的要求不同，另外管道布置和阵列排布都会不同，要根据建筑物特点来匹配相适应的真空管太阳能集热器。竖排管的太阳能集热器的安装倾角要按照冬季太阳能集热器的安装倾角进行安装。横排管的太阳能集热器，可以不必按照冬季安装倾角安装，甚至可以平铺在屋顶。因为太阳能集热器的集热管是圆形管，太阳从各个角度都可以照射在太阳能集热器上，所以不必考虑角度。

三、U 形管式真空管型太阳能集热器

1. U 形管全玻璃真空太阳能集热管结构和原理

U 形管全玻璃真空太阳能集热管结构及传热如图 2-10 所示，在普通全玻璃真空管内插入 U 形铜管，U 形铜管外包铝型翅片。铝型翅片与真空管内壁接触，起到传递热量的作用，U 形铜管与管路系统、水箱内的换热盘管组成封闭的环路，通过介质的强制循环进行换热。

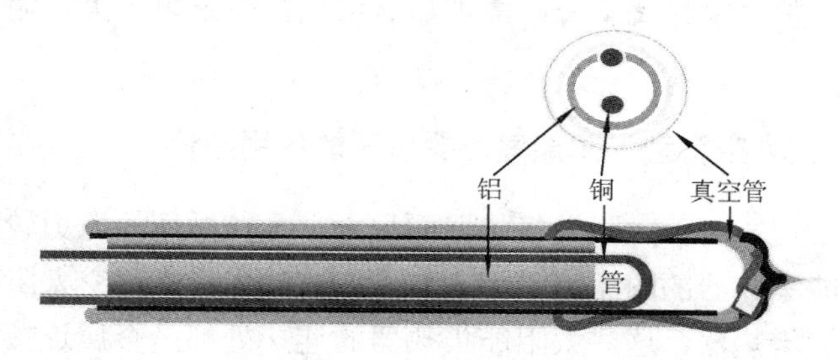

图 2-10　U 形管全玻璃真空太阳能集热管结构及传热

U 形管全玻璃真空太阳能集热管工作原理是在太阳光照射下，全玻璃真空管内管吸收太阳辐射能，内管内壁及内管内的空气被加热达到较高的温度，铝型翅片将热能传递给 U 形铜管外壁，再传给 U 形铜管内的液体介质（一般为防冻液），通过联箱内液体介质的循环流动，将热能带走。

2. U形管式真空管型太阳能集热器的特点

如图 2-11 所示，U 形管式真空管型太阳能集热器由集热联箱、U 形管全玻璃真空太阳能集热管、支架和尾托组成。

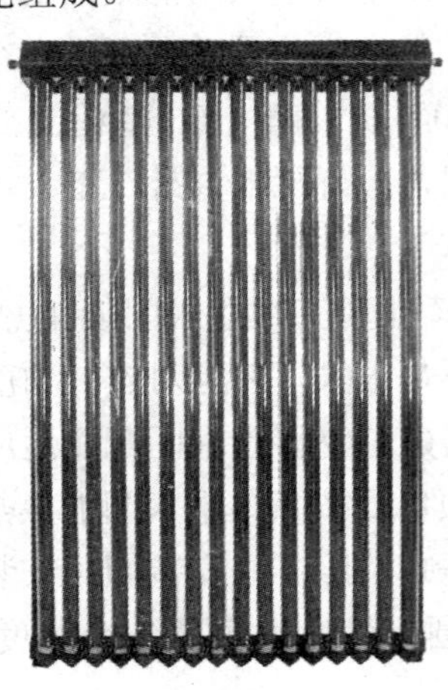

图 2-11 U 形管式真空管型太阳能集热器

U 形管式全玻璃真空太阳能集热管的真空管内装配了 U 形铜管或者热管，所以太阳能集热管集热方式是对集热器进行空晒，通过循环在 U 形铜管或热管中的工质将热量带出，直接加热水或者在水箱内经过盘管换热加热水。

其优点是：真空管内不走水，不存在炸管泄漏问题；可以承压运行；可以任意摆放。该系列集热器主要用于高档产品，系统可以实现间接换热、承压运行，水质更卫生，主要用于高档住宅和特殊的用水环境。

其缺点是：热效率显著下降；成本显著增加；系统阻力大，循环介质容易过热汽化。

3. U形管式真空管型太阳能集热器供暖的应用建议

某些供暖工程，由于太阳能集热器面积大，系统循环的压力较大，而普通插管式真空管太阳能集热器的耐压力小，因此可采用 U 形管式真空太阳能集热器或热管式真空管太阳能集热器，这些太阳能集热器的连接处都是金属连接件，可以承受较大的压力。

四、聚光型真空管太阳能集热器

1. 聚光型真空管太阳能集热器结构和原理

聚光型真空管太阳能集热器由聚光器、全玻璃真空太阳能集热管、联箱、支架、尾托等组成。

聚光型真空管太阳能集热器聚光原理如图2-12所示，即利用光线的反射和折射原理，采用聚光器把太阳光聚集，集中照射在吸热体较小的面积上，增大单位面积的辐射强度，从而使太阳能集热器获得更多太阳辐射，使太阳能热水器获得更高的温度。

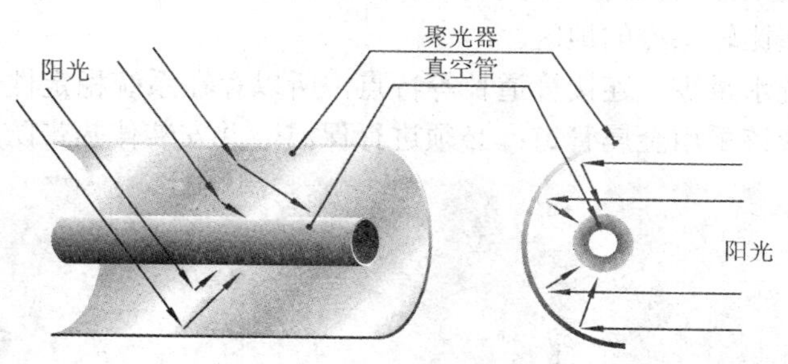

图2-12 聚光型真空管太阳能集热器聚光原理

聚光器有内置于真空太阳能集热管和外置于真空太阳能集热管之别，目前以外置于真空太阳能集热管偏多。聚光器的材质采用玻璃钢或不锈钢，上覆高反射率的反光材料。目前使用的固定式聚光器的聚光倍数为4倍左右，可根据不同的需求专门设计。

固定式聚光型真空管太阳能集热器在冬季供暖期有非常好的聚光作用，聚光倍数为3～4倍，其采用真空管数量只有普通密排式真空管集热器的1/3。由于固定式聚光器除冬季外，其他季节可把汇聚的太阳光反射到其他地方，不参加集热，因此在夏季其集热面积只有冬季的1/3，只有1根真空管参加集热，从而解决了夏季太阳能热量太多无法利用，甚至可能因过热问题造成太阳能供热系统损坏的问题。

2. 聚光型真空管太阳能集热器的特点

与平板太阳能集热器、全玻璃真空管太阳能集热器相比，采用聚光型真空管太阳能集热器供暖能有更多的优越性。

① 可以适当增加集热器与供暖面积的配比比例。

② 可降低成本。每1单元聚光器配1根真空管，采光面积相当于目前普遍使用的真空管太阳能集热器3根真空管的采光面积，即同样的采光面积，普通真空管太阳能集热器是用3根真空管密排，而聚光型真空管太阳能集热器为1单元聚光器配1根真空管。

③ 由于这种设计在冬季供暖期有非常好的聚光作用，而在其他季节又能调整聚光，因此可有效解决普通真空管太阳能集热器夏季热水产量过剩问题。

聚光型真空管太阳能集热器具有热性能好、热效率高、管内水的温差大、自然循环热量传递速度快、管内水升温速度快、末端散热器启动快等优点，比较适用于主动式太阳房的供暖系统。

3. 聚光型真空管太阳能集热器供暖的应用建议

聚光型真空管太阳能集热器供暖如图 2-13 所示。因为与其他太阳能集热器相比，同等太阳能集热面积的聚光型真空管太阳能集热器，能够有较好的集热效果，所以适宜应用在比较寒冷的地区。

因为其系统水量少、连接管道长等特点，所以存在系统稳定性差的问题；水温高，连接管道应该采用金属管道；必须进行保温，并安装伴热带防止管道冻坏。

图 2-13 聚光型真空管太阳能集热器供暖

为防止灰尘影响反射率，在采暖期可每月进行一次擦拭维护，设计时要考虑防风问题。聚光器的选材和工艺也是一项值得研究的课题。

五、太阳能空气集热器

1. 太阳能空气集热器运行原理

太阳能空气集热器是由吸热板芯、保温壳、透光盖板、集热器外壳、空气滤清器等组成。

太阳能空气集热器运行原理如图 2-14 所示。其核心是太阳能吸热板芯，吸热板的向阳表面涂有黑色吸热涂层，它的功能是吸收太阳的辐射能，并向传热介质传递热量。进气管道上设置有进气口，出气管道一端伸出透光罩体之外与安装有泵体的管道连接。空气经太阳能空气集热装置加热后汇集在出气管道，经泵体吸入输送管道，输送至热空气所需之处。太阳能空气集热器可多组并联安装组合成热风系统，产生 80℃～100℃温度的热风，供烘干物料或供暖之用。

2. 太阳能空气集热器的特点

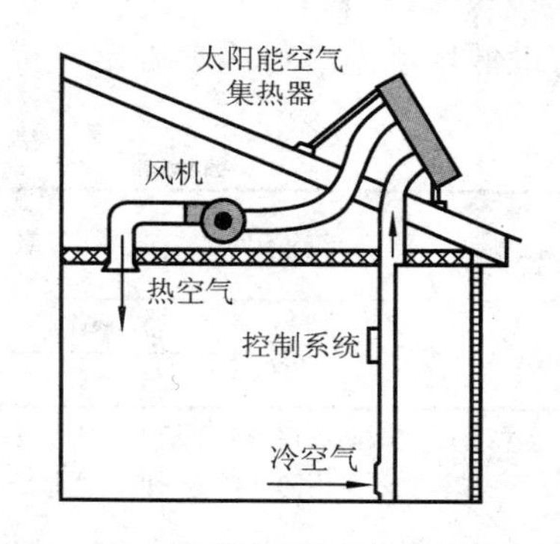

图 2-14　太阳能空气集热器运行原理

① 太阳能空气集热器出口空气温度变化范围大，相对热水介质能达到更高的温度，在供暖、通风、制冷方面扩大了使用范围。

② 空气热容小，加热速度快，增加了可利用时间。

③ 空气介质对结垢、腐蚀、密封性要求不高，结构相对简单，可降低成本，产品的正常使用寿命一般应在 10 年以上。漏气相对于漏水对建筑的损害较小，容易与建筑结合。

④ 热空气密度小，易形成自然对流，与建筑结合可加强室内自然通风；热风与热泵结合，可以减轻冬天热泵的结霜问题。

⑤ 屋面辐照面积大，可充分利用太阳能资源；通过太阳能空气集热器与屋面系统的一体化，使集热构件建材化成为可能；较热水集热器而言，空气重量大大降低，并且节省了安置水箱，屋面荷载基本只有原重的 1/3。

⑥ 由于热水集热器中常有残留水而消耗额外能量，使用效率下降，太阳能空气集热器则没有此类隐患。

当然，太阳能空气集热器也有缺点，其主要缺点是热效率较低。由于空气的热容量较小，与集热器的换热能力较差，且需要风机强制换热。

3. 太阳能空气集热器供暖的应用建议

① 在高寒地区，如冬季最低气温在－20℃以下的地区，在夜晚或连阴天气，有可能会把用水做工质的太阳能集热系统冻坏，因此在这些地区可以采用太阳能空气集热器。太阳能空气集热器系统内流动的工质是空气，其抗冻性能最好，没有结冰问题。

② 在偏远的山区、小村庄，若当地没有维修力量，或距维修点很远，不宜采用以水为工质的太阳能集热器。因为采用以水为工质的集热器，一旦出现小的运行故障，如真空玻璃管漏水，若不能及时维修，整个系统的水就可能会漏光，从而造成大的故障。而由外地人员去维修，则会产生很大的维修成本，综合费用更高。

在这类地区宜采用太阳能空气集热器，因为太阳能空气集热器不宜产生故障，即使出现漏气等小故障，一般也不影响整个系统的正常运行。

六、如何选择太阳能集热器类型

确定太阳能集热器的类型应根据太阳能集热系统在一年中的运行时间、运行期内最低环境温度等因素确定，推荐的集热器类型选用见表2-12。

表2-12 集热器类型选用

运行条件		集热器类型		
		平板型	全玻璃真空管型（含聚光）	热管式真空管型
运行期内最低环境温度	高于0℃	可用	可用	可用
	低于0℃	不可用①	可用②	可用

注：① 采取防冻措施后平板型太阳能热水器也可用。

② 如不采用防冻措施，应注意最低环境温度及阴天持续时间。

不同地区不同建筑太阳能供热采暖系统选型推荐见表2-13，仅供参考。

表2-13 太阳能供热采暖系统选型

建筑气候分区			严寒地区			寒冷地区			夏热冬冷、温和地区		
建筑物类型			低层	多层	高层	低层	多层	高层	低层	多层	高层
太阳能供热采暖系统类型	太阳能集热器	液体工质集热器	●	●	●	●	●	●	●	●	●
		空气集热器	●	—	—	●	—	—	●	—	—
	集热系统运行方式	直接系统	—	—	—	—	—	—	●	●	●
		间接系统	●	●	●	●	●	●	—	—	—
	系统蓄热能力	短期蓄热	●	●	●	●	●	●	●	●	●
		季节蓄热	●	●	●	●	●	●	—	—	—
	末端采暖系统	低温热水地板辐射采暖	●	●	●	●	●	●	●	●	●
		水一空气处理设备采暖	—	—	—	—	—	—	●	●	●
		散热器采暖	—	—	—	●	●	●	●	●	●
		热风采暖	●	—	—	●	—	—	●	—	—

注：表中“●”为可选用项。

第八节 太阳能供暖散热末端

一、散热器的类型

散热器按照传热方式不同分为辐射散热器和对流散热器。散热器按材质不同分为铸铁散热器、钢制散热器、铝合金散热器和塑料散热器等。

1. 铸铁散热器

如图2-15所示，铸铁散热器用灰口铸铁浇铸而成，由于其结构简单、耐腐蚀、使用寿命长、水容量大而沿用至今。它的金属耗量大、外形笨重，金属热强度比钢制散热器低。目前国内应用比较多的铸铁散热器有柱型和翼型两大类。

2. 钢制散热器

如图 2-16 所示，钢制散热器有柱型、板式、扁管式、串片式等。新型钢制散热器的出现晚于铸铁散热器，它由钢材制成，制造工艺先进，适于工业化生产，外形美观，易于实现产品多样化、系列化，适应于各种建筑物对散热器的多功能要求。其金属耗量少，安装简便，承压能力较强，占地面积小。但它耐腐蚀能力差，要求供暖系统进行水处理，非采暖期满水养护。施工安装时要防止磕碰。钢制散热器水容量小，热惰性小。在间歇供暖时，停止供热后，再延续供暖效果差，因此不适宜与铸铁散热器混用在同一个间歇供暖的采暖系统中，不宜用于有腐蚀性气体的生产厂房和相对湿度较大的房间。

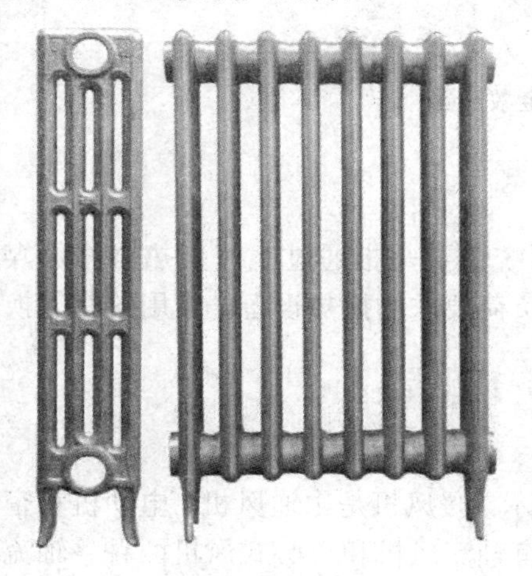

图 2-15　铸铁散热器

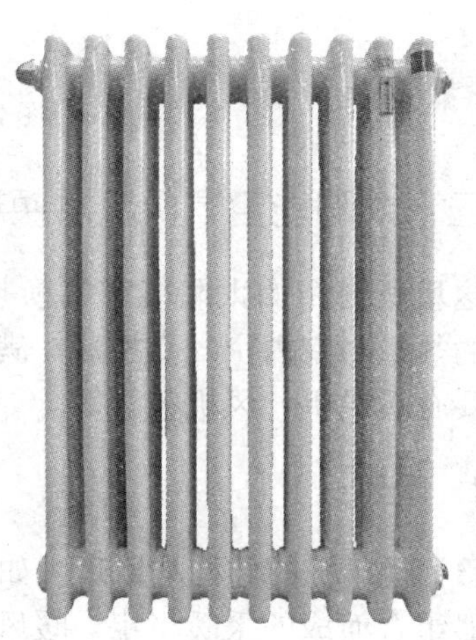

图 2-16　钢制散热器

3. 铝合金散热器

铝合金的高效导热性是保持良好散热功能的决定因素和热能转换的最理想介质。其特点是用时少、供热快、效率高。

如图 2-17 所示，铝合金散热器的导热性好，耐压高，金属热强度高，散热量大，散热快，散热强度是铸铁的 4 倍，质量是铸铁的 1/10。其美观大方，占用居室空间小，环保节能，很符合我国发展散热器的“轻型、高效、环保、节能”八字要求。

4. 塑料散热器

在实现按户热计量要求的同时，有可能出现单户小系统（自设小锅炉或换热器）。这时散热器就有可能在低温、低压的条件下使用，对此，塑料散热器是很适宜的。塑料散热器也可以做成竖式和水平式两大类，其传热强度约比钢制散热器低

20%，工作压力在 0.2MPa 以下。塑料散热器也有可能按住宅供暖的特殊要求，设计成各种尺寸和规格。

图 2-17 铝合金散热器

二、太阳能空气换热器换热系统

这里所介绍的太阳能空气换热器换热系统主要是指通过空气换热器将热媒所携带的热量与室内空气交换后，满足房间热负荷要求的换热设备。常用的空气换热器主要有暖风机、风机盘管等。

1. 暖风机

（1）暖风机的结构与原理 如图 2-18 所示，暖风机是由通风机、电动机和空气换热器组合而成的采暖机组。暖风机的风机有轴流风机和离心式风机两种。轴流风机常用于小型机组，离心式风机主要用于大型机组，暖风机所用热媒可为水和蒸汽。

图 2-18 暖风机

使用时，暖风机直接安装在采暖房间内。在风机作用下，室内空气由吸风口进入机组，流经空气换热器被加热，从出风口送入室内，并形成室内空气循环。

（2）暖风机的特点 暖风机供暖的优点是供热量大、占地小、启动快，能迅速提高室内温度。缺点是风机运行时有噪声，如全部采用室内循环空气时，不能改善室内空气的质量。

暖风机常用于空间大、要求供热负荷大、间歇工作、允许循环使用室内空气的厂房或场馆。室内空气中含有剧毒性物质，工艺过程产生易燃易爆气体和纤维、粉尘的厂房，如空气不能循环使用，则不能采用暖风机供暖。

（3）暖风机供暖应用　采用暖风机采暖有两种方案：一种方案是暖风机供给全部采暖耗热量，适用于气候比较温暖的地方；另一种方案是暖风机供给部分采暖耗热量，用散热器采暖系统维持最低室内温度（一般不得低于 5℃，称为值班采暖），其余热量由暖风机供给。

后一种方案的优点是非工作时间可以不开启暖风机，节省电能和热能，不需要管理；正常使用时间开启暖风机可迅速提高室温。暖风机提供的供热量为采暖设计热负荷和扣除值班采暖系统的设计供热量。

暖风机的送风温度不宜低于 35℃，以免有吹冷风的感觉；不得高于 70℃，以免热射流上升，不利于有效利用。室内空气循环次数，每小时不宜少于 1.5 次。每台暖风机的热媒进出口应设阀门（蒸汽为热媒时，还应在出口设置疏水器），以便调节、维修和管理。

（4）暖风机的安装　小型暖风机的安装高度（指出风口离地面的高度）与出口风速有关。当出口风速≤5m/s 时，宜采用 3.5m；当出口风速＞55m/s 时，宜采用 4～4.5m。大型暖风机的安装高度应根据厂房高度和回流区的分布位置等因素确定，不宜低于 3.5m，不宜高于 7m。送风口的风速可采用 5～15m/s。当厂房高、送风温度较高时，送风口处宜设置向下倾斜的导流板。生活地带和作业地带的风速一般不宜＞0.3m/s。

2. 风机盘管

（1）风机盘管的结构与原理　如图 2-19 所示，风机盘管机组简称风机盘管。它是由小型通风机、电动机和盘管（空气换热器）等组成的空调系统末端装置之一。

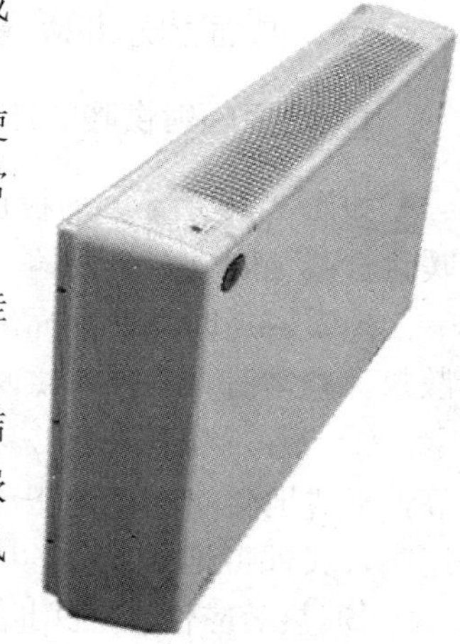

图 2-19　风机盘管

盘管管内流过冷冻水或热水时与管外空气换热，使空气被冷却去湿或加热来调节室内的空气参数。它是常用的供冷、供热末端装置。

风机盘管机组按结构不同可分为立式、卧式、壁挂式、立柱式、卡式等，按安装方式不同可以分为明装、暗装和半明装 3 种。壁挂式机组全部为明装机组，其结构紧凑，外观好，直接挂于墙的上方。卡式（天花板嵌入式）机组，比较美观的进、出风口外露于顶棚下，风机、电动机和盘管置于顶棚之上，属于半明装机组。

（2）风机盘管的选择与安装要求　应选择质量好的风机盘管以免增加维修工作量。应根据房间具体情况和装饰要求选择明装或暗装，确定安装位置、形式。立式机组一般放在外墙窗台下，卧式机组吊挂于房间的上部，壁挂式机组挂在墙的上方，立柱式机组可靠墙放置于地面上或隔墙内，卡式机组镶嵌于天花板上。

明装机组直接放在室内，不需要进行装饰，但应选择外观颜色与房间色调相协调的机组。暗装机组应配上与建筑装饰相协调的送风口、回风口，有时需要在回风口加配风口过滤器。还应在建筑装饰时留有可拆卸或开启的维修口，便于拆装和检修机组的风机和电机。

目前卧式暗装机组多藏于顶棚上，其送风方式有两种：上部侧送和顶棚向下送风。如采用顶棚向下送风，应选用高静压风机盘管，机组送风口可接一段风管，其末端接若干散流器向下送风。卧式暗装机组的回风有两种方式：在顶棚上设百叶或其他形式回风口过滤器，用风管接到机组的回风箱上；不设风管，室内空气进入顶棚，再被置于顶棚上的机组所吸入。

（3）风机盘管供暖应用 选用风机盘管时应注意房间对静音的要求。为了防止盘管堵塞，应在其供水管上安装水过滤器。进、出水管最好采用橡胶软连接。风机盘管进、出水管上均需要安装阀门，以便检修。从凝结水盘引至排水系统的凝结水管应有较大的坡度，一般不宜小于 0.01。凝结水管管径应大些，避免污物堵塞，同时要定期清理凝结水管。其管外壁可能结露，因此也应保温。

风机盘管风机的供电电路应为单独的回路，不能与照明回路相连接。要连到集中配电盘，以便集中控制操作，在不需要系统工作时可集中关闭机组。

当风机盘管用于冬季供暖时，热水的供水温度一般以 60℃为宜，最高不超过机组生产厂家所规定的使用温度（大多数厂家规定供水温度不得超过 80℃）。

三、低温热水地板辐射供暖

1．地板辐射供暖的结构和优势

如图 2-20 所示，地板供暖热水系统全称低温热水地板辐射供暖，包括热源、地暖盘管或地暖宝、分水器、温控系统。

地暖管道暗埋在地面地板下，利用地暖盘管和铝板散热，热量从地板均匀辐射散热，非常符合人体对供暖的舒适需求。地板辐射供暖优点很多。

① 不占层高和空间。节省墙面空间，室内洁净，湿式地暖需占层面 6～8cm 层高，干式地暖安装在地塄层间隙内，高度为 2.5～3cm，和地塄高度相等，既不影响层高，又保持地板良好的脚感。

② 热效应快。干式地暖模块上面直接铺设地暖地板，实现了地暖热量的辐射、传导和对流的有机结合，热效应一般为 30～50min 即可达到地暖设计温度（18℃以上）。而普通湿式地暖的热效应时间一般要 4～5h。

(a) 铜质型材分水器

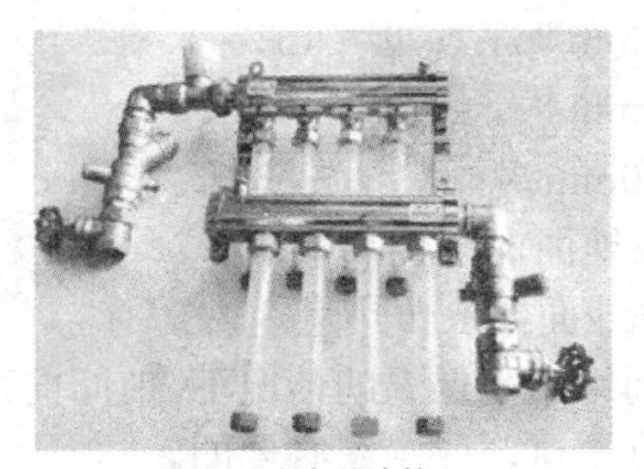
(b) 分水器连接

(c) 铜质过滤器

(d) 铜质球阀

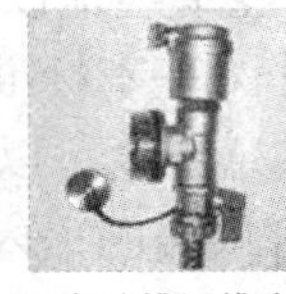
(e) 自动排污排汽阀

(f) 铜质截止阀

(g) 布管图

图 2-20　低温热水地板辐射供暖

③ 节能舒适保健。室温由下而上逐渐递减，热量梯度分布合理，比暖气片平均节能约 20%；且给人以头爽脚暖的舒适感觉，理论上保健卫生。

④ 可靠寿命长。采用 PE-RT 地暖专用管，整根盘管安装，根除漏水隐患质量可靠，寿命可达 50 年。

⑤ 供水温度低。由于地暖的辐射面大，供水温度相对要求低，只需 30℃～50 ℃的供水，如果选用 16℃参数设计，可达到 20℃的供暖效果，是一种高效节能的供暖系统。此外，地板加热系统可以改善一般传统供暖片安放在窗户下，因窗户密封不良散失部分热量，影响供暖效果的现象。

2. 低温热水地板辐射供暖设计

① 根据《低温热水地板辐射供暖工程技术规程》的规定，敷设加热管的地面是房间的放热源，所以不计算供暖热负荷。

② 按常规的做法，当地面的绝热层采用导热系数为 0.034W/（m·K）聚苯板时，不同的苯板厚度与向下传热量的关系为

当δ=30mm 时，$q_x/q_s \leqslant 15\%$；

当δ=45mm 时，$q_x/q_s \leqslant 10\%$；

当δ=100mm 时，$q_x/q_s \leqslant 5\%$。

式中：q_x——地面向下传热量；

q_s——地面向上传热量。

在楼层间地面不保温的情况下，地面向下的传热量占向上传热量的30%～50%，从热计算角度来讲，保温是必要的。

③ 在辐射供暖中，既不能单纯地以辐射强度作为供暖效果的标准，也不能一成不变地仍以室内设计温度作为基本标准，通常以实感温度作为衡量辐射供暖的标准。在人体的舒适范围内，实感温度可以比室内环境温度高2℃～3℃，因此，在保持相同舒适感的前提下，辐射供暖的室内空气温度可以比对流供暖时低2℃～3℃，或取对流供暖时热负荷的0.9～0.95。

④ 根据节能设计标准要求，所有供暖系统均应按连续供暖设计，即达到供暖室外设计参数时，必须按设计热媒参数昼夜连续供热才能保证室温；但是，在集体供热系统中，低温热水地板辐射供暖具有容易实现分户计算、分室控制室温的特点，供暖的连续与否决定于居民的作息条件等因素。

而在太阳能地板辐射供暖系统中，目前基本上以户为单位供暖，由于太阳能本身的间歇性，常常采用白天供暖、晚上停止的间断性供暖方式。即使采用辅助热源或贮热系统，由于地板辐射供暖的贮热功能和室温上升的滞后性，人们也常采用间歇式供暖方式，因此应按间歇供热考虑，地板辐射采暖的热负荷也要计算间歇附加。

根据陆耀庆主编的《暖通空调设计指南》提供的数据，仅白天供暖者，应将基本耗热量附加20%。此外，地板辐射供暖热惰性很大，供热后温升较慢。综合考虑各种因素，参考其他地区编写的相关规程，得出修正系数。

分户独立热源不可能像集中热源一样连续供热，所以修正系数较大，此系数只修正房间的基本耗热量，修正后的耗热量只作为房间布置加热管和选择独立热源设备的依据，不得将修正后的耗热量累加后作为集中供热管网、供热锅炉的计算依据。

⑤ 进深>6m的房间，如果按一个房间计算热负荷，并按一个房间均匀布置加热管，会使得远离外墙的区域由于地面的辐射强度偏大而感觉过热，临近外墙的区域辐射强度偏小而感觉过冷。因此宜以外墙6m为界分区，当做不同的房间，这样可使临近外墙的区域加热管布置较密，远离外墙的区域加热管布置较疏，使得整个房间的实感温度较为均匀，从而更加舒适。地面散热量按下式计算：

$$Q=q\beta_1\beta_2\beta_3 \tag{2-8}$$

式中：q——各房间的热负荷；

β_1——热源修正系数；

β_2——材料修正系数；

β_3——地采暖修正系数。

⑥ 当加热管为塑料管或铝塑复合管，公称外径为 20mm，填充层厚度为 60mm，供回水温差为 10℃时，不同的加热管间距、平均水温 PEX 管单位地面面积的地板散热量和向下传热损失可按表 2-14 选取。当公称外径为 16mm，其他做法相同时，表中的散热量应乘以 0.85 的修正系数。

表 2-14　PEX 管单位地面面积的散热量和向下传热损失　（W/m²）

平均水温/℃	室内空气温度/℃	加热管间距/mm									
		300		250		200		150		100	
		散热量	热损失	散热量	热损失	散热量	热损失	散热量	热损失	散热量	热损失
35	16	84.7	23.8	92.5	24.0	100.5	24.6	108.9	24.8	116.6	24.8
	18	76.4	21.7	83.3	22.0	90.4	22.6	97.9	22.7	104.7	22.7
	20	68.0	19.9	74.0	20.2	80.4	20.5	87.1	20.5	93.1	20.5
	22	59.7	17.7	65.0	18.0	70.5	18.4	76.3	18.4	81.5	18.4
	24	51.6	15.6	56.1	15.7	60.7	15.7	65.7	15.7	70.1	15.7
40	16	108.0	29.7	118.1	29.8	128.7	30.5	139.6	30.8	149.7	30.8
	18	99.5	27.4	108.7	27.9	118.4	28.5	128.4	28.7	137.6	28.7
	20	91.0	25.4	99.4	25.7	108.1	26.5	117.3	26.7	125.6	26.7
	22	82.5	23.8	90.0	23.9	97.9	24.4	106.2	24.6	113.7	24.6
	24	74.2	21.3	80.9	21.5	87.8	22.4	95.2	22.4	101.9	22.4
45	16	131.8	35.5	144.4	35.5	157.5	36.5	171.2	36.8	183.9	36.8
	18	123.3	33.2	134.8	33.9	147.0	34.5	159.8	34.8	171.6	34.8
	20	114.5	31.7	125.3	32.0	136.6	32.4	148.5	32.7	159.3	32.7
	22	106.0	29.4	115.8	29.8	126.2	30.4	137.1	30.7	147.1	30.7
	24	97.3	27.6	106.5	27.3	115.9	28.4	125.9	28.6	134.9	28.6
50	16	156.1	41.4	171.1	41.7	187.0	42.5	203.6	42.9	218.9	42.9
	18	147.4	39.2	161.5	39.5	176.4	40.5	192.0	40.9	206.4	40.9
	20	138.6	37.3	151.9	37.5	165.8	38.5	180.5	38.9	194.0	38.9
	22	130.0	35.2	142.3	35.6	155.3	36.5	168.9	36.8	181.5	36.8
	24	121.2	33.4	132.7	33.7	144.8	34.4	157.5	34.7	169.1	34.7
55	16	180.8	47.1	198.3	47.8	217.0	48.6	236.5	49.1	254.8	49.1
	18	172.0	45.2	188.7	45.6	206.3	46.6	224.9	47.1	242.0	47.1
	20	163.1	43.3	178.9	43.8	195.6	44.6	213.2	45.0	229.4	45.0
	22	154.3	41.4	169.3	41.5	185.0	42.5	201.5	43.0	216.9	43.0
	24	145.5	39.4	159.6	39.5	174.3	40.5	189.9	40.9	204.3	40.9

3. 地板辐射供暖系统的安装注意事项

① 根据房间的热工特性和保证温度均匀的原则，各房间加热管分别采用“S”

形或双“回”字的布管方式，热损失明显不均匀的房间一般宜将高温管段优先布置于房间热损失较大的外窗或外墙侧。

② 同一热媒集配装置系统各分支路的加热管长度应尽量一致，并应≤120m，不同房间和住宅的各主要房间应分别设置支路。

③ 加热管内热媒流速应≥0.25m/s，供回水阀之间的系统阻力应≤30kPa，在各户入口应安装压力平衡阀。

④ 地面施工应按下列顺序进行：抹水泥砂浆找平层→铺设保温材料→铺设窗纱和夹筋钻箔→按设计要求敷设加热管并加以固定→回填细卵石混凝土→按设计要求铺设地面材料。

地板辐射供暖工程施工时，环境温度≥10℃。

⑤ 热媒集配装置的安装。热媒集配装置应固定于墙壁或专用箱体内，当水平安装时，一般宜将分水器安装在下，集水器安装在上，间距应为200mm，集水器距地面应为350mm；当垂直安装时，集分水器下端距地面应≥150mm。

加热管末端在地面外，不应超出集配装置外皮的投影面，与集配装置分支路阀门的连接，应采用专用卡箍式连接件。加热管始末端的适当距离内，应设置套管等保护措施，以防止局部地区温度过高，当采用PEX管时，套管应为黑色。

加热管与热媒集配装置牢固连接后，应对每一道路逐一进行冲洗，直到出水清净为止。

⑥ 混凝土填充层的浇捣和养护。房屋采暖面积＞30m^{2}时应设伸缩缝，当地面短边长度≤6m时，沿长度方向每隔7m设一道5～8mm宽的伸缩缝，缝中填充弹性膨胀膏，加热管穿越伸缩缝外，应设长度≥100mm的柔性套管。当采用大理石和花岗岩等不允许留有明显缝隙的地面时，可将沿缝外板下部的角切去40°，以留出变形空间。

填充层的养护周期应≥48h。混凝土填充层浇捣和养护过程中，系统应保持≥0.6MPa的压力。

四、太阳能供暖散热末端选择建议

1. 太阳能供暖最佳匹配——地板辐射供暖

（1）舒适度高 地面辐射供暖系统的温度均匀性、保湿性、风速适应性与常规的散热器、风机盘管相比较，人们普遍认为地面辐射供暖系统是最为舒适的采暖方式。

（2）低温供水 因为普通的太阳能集热系统提供的是80℃以下的低温水，在冬季辐射度较低的时候，产水温度更低，这就和地板辐射供暖对进水温度要求较低的情况相匹配，二者达到供需一致。

（3）蓄热功能　地板辐射供暖一般有60～80mm的水泥回填，这部分重质材料正好有强大的蓄热功能，能够缓解太阳能短时集热和长时用热的矛盾，增加热的稳定性。

2．普通散热器

如果是新建建筑或已安装地暖条件的旧建筑，在安装太阳能供暖时，最好是用地板辐射供暖匹配。

如果是旧建筑，室内已经安装好传统的暖气片，并且地面已经铺装好瓷砖或木地板，不想再改造为地暖，那么太阳能采暖系统就要采用其他蓄热方式，以便均匀匹配热量，还要匹配辅助热源，以满足散热器对较高进水温度的要求。

3．风机盘管

太阳能供暖和空气源热泵或地源热泵结合，为建筑物提供冬季供暖和夏季制冷时，最匹配的散热末端应该是风机盘管，尤其是学校等偏向于白天使用的公用建筑，最好不要选择地暖，因为学生下课去操场活动，回来后会增加地面灰尘，地面温度高容易污染空气，对学生健康不利。

第九节　太阳能供暖辅助热源

冬季房间供暖必须保持连续性，房屋本身的贮热性能和采用水箱等短期贮热技术，基本上可以解决晚上的供暖问题。但是在我国不少采暖区，冬季供暖季节常常会出现连续几天甚至十几天的阴天，对没有或不适宜采用长期贮热技术的用户，就需要采用辅助热源以补充太阳能的不足。

常用的辅助热源有电加热，热泵，生物质能或燃气、燃煤、燃油锅炉等。

一、电加热

用电辅助直接加热的优点是设备简单，使用方便，安装便捷。面积比较大的公用建筑，采用一定比例的太阳能供暖，那么系统就会对辅助热源的功率要求较高，如果当地有峰谷电，可以配备电极锅炉或其他形式的电锅炉，最好有相应的蓄热装置，在低电价的时候加热蓄热，保证建筑热源的稳定使用。

小型的家庭用太阳能供暖系统，在太阳能资源的一类二类地区，冬季晴好天气多，连续阴雨雪天气少，并且系统设计时，太阳能理论保证率在60%～80%，最好是没有应用阶梯电价的地区，可以优先选择电辅助加热。

电加热功率要与供暖所需功率相匹配，可利用下列公式进行计算（假定水箱无热损失）：

$$N=nA \tag{2-9}$$

式中：N——辅助电加热功率（W）；

n——单位采暖面积所需供热功率（W/m^2）；

A——采暖面积（m^2）。

例如，100m^{2}的房屋供暖面积，每1m^{2}需供暖30W，则电加热管的功率N为

$$N=30\text{W/m}^2\times100\text{m}^2=3000\text{W}$$

下面就介绍两种简单的电加热形式。

1．电热管

如图2-21所示，电热管是一种简单地将电能转化为热能的工具，将电热管安装在太阳能蓄热水箱中，对蓄热水箱中的水进行加热，在阴雨天太阳辐射量不够的情况下，只要通过电加热给水提高温度就能达到供暖水温要求，从而达到全天候供暖的目的。

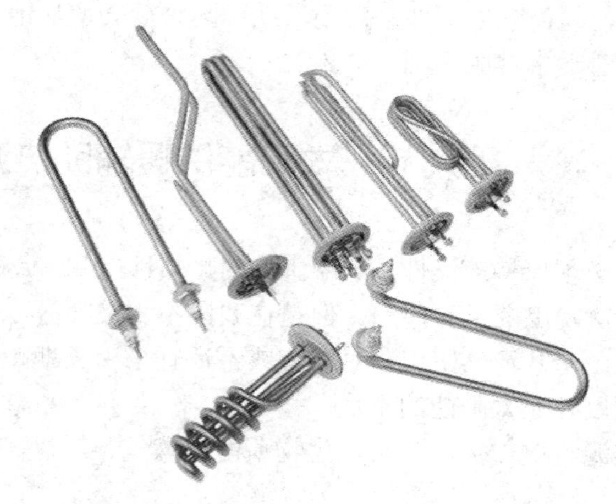

图2-21 电热管

电加热辅助系统的控制系统根据控制方式的不同，可分为手动控制、自动控制和半自动控制。

一般家庭对房间内的温度平稳程度要求不是很高，允许有一定的波动，建议采用手动控制，这样一则系统稳定可靠，不容易发生故障；二则可节省电能。

对于温度平稳程度要求较高的房间，建议采用自动控制系统，其温度探头可以放在室内，根据室内温度来控制；也可放在水箱内，根据水箱温度来控制。两种方法各有特点，根据室内温度控制更有利于保持室内温度的稳定平衡；而根据水箱水温控制有利于与其他控制器如水泵控制装置等相配合。

2. 电壁挂炉

这是一种小型的电锅炉，功率在10kW以下和功率在10～20kW这两个区间段的比较常用。这种壁挂式的电锅炉，是一种新型即热式电加热体，它的发热元件可通过材料自控温度，并且设置加热挡位、自动控温、定时定温加热、超温、干烧、漏电保护、低水压保护等自动控制系统，功能齐全，也比较安全。

电壁挂炉的类型如下。按功能不同分为单采暖型和采暖洗浴两用型。按泵的连接方式不同分为内置泵和外置泵。按系统运行方式不同分为敞开式和封闭式。

如果和太阳能采暖系统结合使用，最好选择单采暖型；如果是开放式的系统，选择开放式匹配；承压系统选择封闭式。外置泵在维修和系统的稳定性方面更好些。总之，使用电壁挂炉辅助太阳能系统，运行方式越简单越好，功能能分开的就分开，这样便于维修和维护，系统运行相对稳定。

二、热泵

1. 热泵的原理

可以打个比方来辅助理解热泵的原理。水泵是“泵”水的机械，它利用电力把水从低处“泵”向高处；同样，热泵是“泵”热的机械，它利用电力把热从低温处“泵”向高温处，从而获得可以利用的高温热源。

普通的泵都是对接触的物质直接做功。一般人认为“热”不是物质，而是一种能，不可能通过泵来提高位能。那么，热泵究竟是个什么概念，又是怎样工作的呢？在这里用最浅显的理念、最简单的实例介绍热泵。

热一般要通过载体来携带并传递，载体可以是固体（如金属），可以是液体（如水），也可以是气体。热的传递主要方式只有对流传热、传导传热和辐射传热3种。

近年来已被广泛运用的一种传热方式——热管，能把热从一端迅速传到另一端，几乎没有阻力，传热速度是铜的1000倍以上，它是通过工质在真空中相变传热来实现的。热泵也是通过在闭合回路里对工质进行冷热交换相变循环，高效地实现热量传递的。热泵热水机组释放到水中的热量不是用电加热器产出来的，而是通过热泵热水机组从其他热源如水、空气、土壤等搬运到水中去的。热泵工作原理如图2-22所示。

工作介质简称工质。气态工质通过压缩机压缩，温度和压力都升高，高温高压工质进入冷凝管，将热量放给周围的高温冷源，如把热量放给水箱，即给水箱加热使水箱水温升高，同时工质的温度降低，凝结成高压液体。

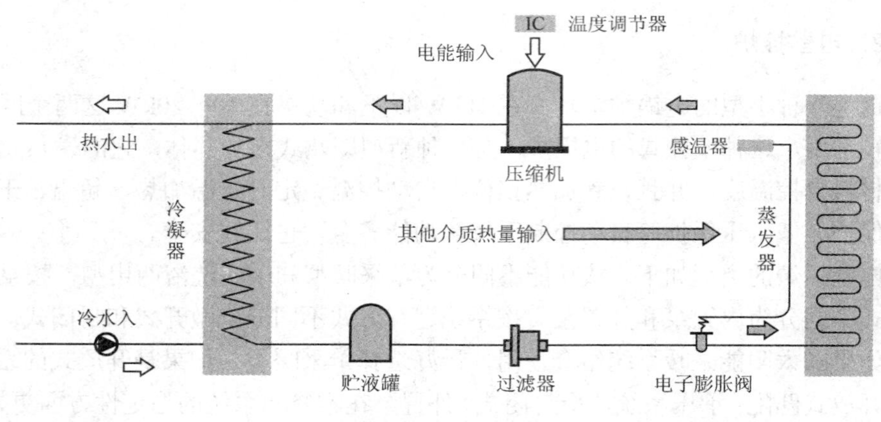

图 2-22 热泵工作原理

工质在这个由气体变成液体的过程要放出大量的凝结热。一般物质由气态变液态放出大量的凝结热都传给了周围的水（高温冷源）。高压液态工质通过节流阀成为低压液体，进入蒸发器。由于液体汽化需要大量的汽化热，进入蒸发器的低压液态工质迅速蒸发汽化吸收大量热量，这些热量来自于周围的低温热源，如空气、水、土壤等，从而实现了从低温热源吸收热量的过程。蒸发器吸收的热量加上消耗的电功能，与冷凝器散出的热量是相互平衡的，符合能量守恒定律。

汽化的工质再一次进入压缩机被压缩，进入下次的循环。如此周而复始，不断循环，就不断地把热量从低温热源（空气、水、土壤）传输到高温冷源（水箱），以用于房间的供暖。这是一个逆卡诺循环的过程。

在上述过程中，并不是靠消耗电能直接转化成热能，而是依靠电力驱动压缩机使工质流动，再通过工质在流动过程中的反复相变来传输热量，即把热量从温度较低的空气等低温热源处，搬运到温度较高的水箱内等高温冷源处。热泵的这种搬运能力，即投入热泵的电能与其搬运的热量之比称为能效比，用 COP 表示。

在水泵系统中，水位差越大，泵同样量的水所消耗的电能也越大；同样，在热泵系统中，冷热源的温差越大，泵同样量的热量所消耗的电能也越大。一般热泵的能效比（COP）值都＞3，即每消耗 1kW 的电能，可以得到 3kW 的热能。

2. 热泵的形式

目前我国的热泵主要有地源（土壤源）热泵、水源热泵、空气源热泵 3 种形式。

地源热泵和水源热泵的低温热源段温度较稳定，总保持在十几摄氏度以上，热泵蒸发端不结霜，运行平稳，效率较高。但是水源热泵要求用户备有两眼水井，一个用来抽水，一个用来回灌水，且还存在回灌水能否尽快渗下的问题。而地源热泵需要安装大量地下换热管道，其工程量更大，建造成本太高。因此两者作为辅助热源都不适合。同时由于地源热泵和水源热泵用的都是土壤内的资源，对资源是一种消耗，对环境的破坏是无形的，从长期看将影响地面上的植物生长。

只有空气源热泵成本低，安装简单，对环境的破坏较小，适合作为辅助热源。空气源热泵的主要问题是当环境温度低于 5℃时，其蒸发端容易结霜，造成换热受阻，热泵效率急剧下降，甚至不能工作。现在有不少生产厂家的热泵通过化霜技术可以解决结霜问题，虽然系统的效率会降低些，但一般能效比也达到 2 左右，也比直接使用电热管加热节电 50%，因此仍是较好的选择。

对于水源热泵，如果用户恰好具备某些有利条件，也可考虑使用。例如，自家院旁恰有河流流过可供利用；或恰有排污水道在附近流过可以利用；或家有抽水井和回灌井，抽水井水量充足，可以利用，回灌井能把抽出的水回灌渗回土壤内。在具备这些条件并不增加太多投资的情况下，采用水源热泵，其性能会大有改善，供热能力会有保证，且节省电能。

3. 热泵的安装

单机热泵的安装，只需把热泵串联入供暖系统管路即可，并安装好控制装置。可以采用定温控制装置，即把温控仪的温度探头放在水箱的出水口，当出水口水温低于设定的温度时，热泵即起动向系统供热。但出口水温高于设定值时，热泵停止运行。

采暖用热泵根据用户对热量需求的大小，可单机运行也可多台组合运行，多台热泵热水机组合运行，一般都采用并联运行方式，但每个并联机组最好不要超过 4 台。为使每台热泵的流量均匀，热泵的管路也遵行太阳能热水系统的“等程原则”。

4. 太阳能供暖系统配备热泵的优缺点

热泵的本质是从水、空气、土壤等低温热源处获取能量来利用。热泵最显著的优点是节能，与纯电阻加热相比，一般可节电 70%左右，在冬季供暖至少可节电一半。且热泵安装使用方便，占地面积小。如果是 $500m^2$ 以上的偏向白天应用的建筑，尤其是兼顾夏季制冷和冬季取暖的系统设计，可以考虑太阳能加热泵加风盘的方式。

使用热泵的主要缺点是初投资较大，热泵的造价比电热管要大得多。而且，在太寒冷的地区不适宜用热泵，在这些地区热泵的能效比会大大降低，散热器会结霜严重，造成热泵不能正常工作。

三、生物质能

生物质能是太阳能以化学能形式储存在生物质中的能量形式，是以生物质为载体的能量，是太阳能利用的另外的一种形式，即光化学利用。在太阳房的利用中包括了太阳能的 3 种利用形式，即太阳能光热利用、太阳能光电利用、太阳能光化学利用。它直接或间接地利用来源于绿色植物的光合作用，并可转化为常规固态的绿色植物的直接能源，也可以转化为液态的和气态的燃料，可以取之不尽、用之不竭，是一种非常好的可再生能源。

1．生物质能的优势

生物质能和太阳能一样也是重要的可再生能源，是扩大的太阳能利用，太阳能、生物质能等可再生能源的开发利用优势具有不可替代性。

生物质资源是通过植物、微生物对太阳能的光合作用吸收、转化并储存下来的化学能，一般是指作物秸秆、人畜粪便、树木、水生生物等，是太阳能光化学的利用最典型的方式之一。

生物质能的载体——生物质，是以实物的形式存在的，相对比于风能、水能、太阳能和潮汐能等，生物质能是唯一可存储和运输的可再生能源。生物质的组织结构与常规的化石燃料相似，它的利用方式与化石燃料也类似，常规能源的利用技术无需做大的改动就可以应用于生物质能，并且在燃烧过程中只有少量的排放，对保护环境大有好处。

① 生物质能分布广泛，是地球陆地和水体最普及的资源，全球每年生长的生物质约有 1200 亿 t，是当前世界能源总消耗量的 5 倍。

② 从生物质能资源中提取或转化得到的能源载体更具有市场竞争力。生物质资源经深度转化后生成的甲醇、汽油、柴油、液氢等燃料不含有害成分，而若从石油或煤中提取出零排放的液体燃料，其生产成本会大大提高。

③ 开发生物质能源可促进农林废物的利用，促进农民增收和农村经济繁荣，是太阳能光化学利用的一种表现。

④ 在贫瘠的土壤上种植能源作物或能源树种，可改善土壤和生态环境，提高土地利用率。

⑤ 利用海水、淡水、地面咸水水面生产水生植物或藻类植物，可提高国土利用面积。

⑥ 在城市交通和供热中使用由生物质转化而来的生物质燃料，有利于减排废气，更有利于保护环境。生物质含硫量较低，平均是煤含硫量的 1/7，燃烧后二氧化碳和灰尘的排放量比化石燃料要小得多。同时，生物质在其利用过程中，对大气环境二氧化碳净排放为零，不像化石燃料的燃烧那样形成额外的温室气体。

2．生物质能在太阳能供暖系统中的应用

太阳能的直接热利用和生物质能源化利用相结合，不仅可解决太阳能利用中的储存、运输、高温难题，而且可使广大城镇生活采暖用能中可再生能源的供给比例提高到 80%以上。

用生物质能作为辅助热源与太阳能配合冬季供暖，是很多地区最佳的选择。两者配合有很多优势。首先，不管是太阳能还是生物质能，两者都是可再生的绿色能源，可实现低碳经济，甚至实现零碳经济；其次，柴草、作物秸秆都是农业生产的

附带产物，基本上为零成本，现在的问题只是如何把它们充分利用；另外，作物秸秆性能上的重要特点是易点燃、产能快，可随时与太阳能相配合。当突然阴天无阳光时，点燃燃柴锅炉可很快供暖。

四、燃气、燃煤、燃油锅炉

1. 燃气锅炉

若建筑面积比较大，对辅助能源的功率要求比较高，如果没有峰谷电，但有燃气资源，可以配备燃气锅炉。家庭式太阳能供暖在有燃气资源的地区，小型燃气锅炉也是不错的选择。

2. 燃煤锅炉

在农村地区，如果原来有燃煤锅炉，冬季锅炉还用来做饭和烧水，太阳能供暖就可以直接和燃煤锅炉连接，用它来做辅助热源。

3. 燃油锅炉

根据项目所在地实际资源状况和对项目经济性、实用性的考量，如果燃油锅炉更适合项目使用，就选择燃油锅炉匹配。

第十节 太阳能供暖控制系统

太阳能供热采暖控制系统应包括太阳能集热系统循环控制、供热系统循环控制辅助热源运行控制、供热系统定温自动控制、变流量控制、水箱水位控制、防过热保护控制和运行工况的切换。

控制系统依据温度、压力和水位传感器获得的信号控制水泵、阀门的开启或改变阀门的开度。此外，系统一般设计温控阀、自动排气阀、止回阀和安全阀等控制元件以保证系统安全、稳定运行。

太阳能供暖系统的强制循环主要是通过利用水泵和自来水压力来实现系统的工质循环。

一、太阳能供暖系统的控制特点

太阳能供暖系统的热源有两个：一是来自太阳能集热系统的集热蓄热水箱或集热器；二是来自辅助热源。系统设计运行的原则是在满足供热功能的基础上，选择最节能、最经济、最稳定的运行方式。

因为建筑的特点各异，建筑所处地区不同，客户的经济承受能力及客户的供暖需求不一，种种差异导致太阳能供暖的服务具有一对一的特征。

首先，集热系统可以有3种形式：一是仅有补水水箱，没有贮热水箱；二是有小型平衡水箱，贮热功能不大；三是有相对比较大的贮热水箱。

其次是辅助热源的形式，可以是自身带控制系统的，如电锅炉、燃气锅炉；或是不能设计自动控制的，如燃煤锅炉、生物质炉；还可以是单独或整体控制的电热管加热、电锅炉、燃气锅炉。根据用户的用热需求，怎样节能和经济安全，这些是在控制系统设计时都要考虑到的。

整体的控制系统要根据热源形式、辅助加热的形式、散热末端的形式，以及用热的需求，具体项目具体设计，什么时候要让热量进水箱，什么时候要让热量进散热末端，什么时候启停辅助热源，做到合理匹配是考量运营商和服务商的一个重要指标。

二、集热系统循环控制

太阳能供暖系统的集热系统循环一般采用自然循环和强制循环方式相结合的运行方式，强制循环的运行控制主要包括温差控制、定温控制、定时控制等循环控制方式。

1. 温差循环控制

温差循环控制是太阳能集热系统中最常用的控制方式。

温差循环的运行控制方式是在集热系统出口和贮热水箱底部分别设置温度传感器，当集热器出口端和水箱底部的温差大于设定温度时（通常设定为5℃～10℃），控制器发出信号，循环泵起动，系统运行，将热量从集热器传输到贮热水箱；当温差小于设定值时（通常设定为2℃～5℃），循环泵停止运行。

温差控制系统的优点是根据贮水箱温度来调整集热器运行温度，即使在辐照较低的情况下也可以将太阳能转换成热能，系统热效率高。

太阳能供暖系统温差自动控制设计的基本原则是：只有当集热系统工质出口温度高于贮热装置底部温度（贮热装置底部的工作介质通过管路被送回集热系统重新加热，该温度可视为返回集热系统的工质温度）时，工作介质才可能在集热系统中获取有用热量；否则，说明由于太阳能辐照过低，工质不能通过集热系统得到热量，如果此时系统再继续循环工作，则可能发生工质反而通过集热系统散热，使贮热装置内的工质温度降低。

2. 定温放水控制

定温放水与强制循环的不同点在于系统的水不循环，而是通过温度控制器将集热器内达到控制温度的热水用水源压力或水源加压水泵输送到蓄水箱。其方法是在集热器的上集管上安装感温探头，当集热器内水温达到设定温度时，通过控温仪起动水泵或开启电磁阀，将在集热器内闷晒的水输送到蓄水箱内，此种运行方式也称为直流式。

也可直接用温控阀门代替电磁阀，当水温达到设定温度时，温控阀门自动打开，通过自来水压力将热水顶出。

定温放水式系统结构简单，热水箱可置于集热器上方，也可置于集热器下方，而且只要有太阳照射，蓄水箱内就可有热水供使用，特别适合于间断用水。

三、供热系统循环控制

1. 定温方式控制

由集热系统热源到散热器的工质循环，一般采用定温控制式循环。

若控制从集热器到贮热水箱到室内散热器的循环，可采用定温控制器，在水箱的上部安装感温探头，测量水箱中的水温。温控器上设定两个温度：启动温度和停止温度，高温启动，低温停止。当水箱中的水温达到设定的启动温度时，控温仪启动循环泵运行，水箱中的热水被泵入室内换热器，向房间散热。当水箱中的水温降到设定的停止温度时，控温仪发出信号，循环泵停止运行。控制温度人为设定，为避免水泵频繁起动，控制温度可设定为一个温度段，例如，启动温度设定为 40℃，停止温度设定为 30℃，温度达到上限 40℃，水泵起动运行，温度达下限 30℃，水泵停止运行。

2. 定时自动控制

贮热系统向房间供热可采用定时循环控制方式。通过温差控制的循环泵使太阳能集热器向地下贮热系统供热，把热量储存起来。该系统可全年在白天工作。连通阀门也可使集热器和小水箱形成一个集热自然循环系统。到冬季起动定时循环泵向房间供热，可根据房间用热量的多少来设定定时的间隔。

四、辅助热源定温自动控制

为保证太阳能供暖系统的稳定运行，可采用辅助热源低温启动、高温停止型定温自动控制系统。当太阳辐照较差，通过太阳能集热系统的工作介质不能获得相应的有用热量时，为使工质温度达到设计要求，辅助热源加热设备可启动工作。温控器设定低温启动温度和高温停止温度。

当太阳辐照较差，由于太阳能供热系统不断向房间供热，系统内工作介质的温度会逐渐降低，当工质温度降到温控器设定的低温启动温度时，温控器发出信号，辅助热源加热设备可启动工作，向系统供热。而当太阳能辐照较好时，工质通过太阳能集热系统加热温度会逐渐升高，当工质温度上升到温控器设定的停止温度时，温控器发出信号，辅助热源加热设备即停止工作，完全由太阳能集热器提供热量，从而实现了优先使用太阳能，提高了系统的太阳能利用率。

可见，采用定温自动控制，可完成太阳能集热系统和辅助热源加热设备的相互切换，既保证了向房间正常供热，又最大限度地利用了太阳能。

五、变流量控制

在较大型的太阳能供热采暖工程中，采用系统变流量运行可实现系统的优化运行。传统的定流量控制，即使负荷很小，水泵仍然保持原有设计流量（最大流量），水泵的能耗不能随负荷的减少而降低，导致能量浪费严重。采用变流量控制后，把供回水温差固定在一个较高值上，通过改变流量来满足负荷的变化，当系统处于部分负荷时，水泵的做功可以减少，系统能耗降低。具体控制方式可以根据太阳能辐照条件的变化直接改变系统流量，或因太阳辐照不同引起的温差变化间接改变系统流量。

变流量系统的流量调节通常采用调节管路阀门的开启度和水泵的转速两种方法来实现。但是，由于阀门节流会导致管路阻力增加，水泵负担加重，因此，大都使用阀门全开系统而用水泵调速的方法调节流量，这样系统最为节能。

水泵变流量控制是根据采暖负荷的改变，控制系统把负荷变化信息转换成控制水泵转速的信号，根据信息和控制方式分为压差控制、供回水温差控制和流量控制几种。

1. 压差控制

在部分负荷工况下，室内温度传感器根据室内温度的变化来改变末端空调设备的二通阀开度，供、回水管间压差传感器通过变送器将感受到的压差变化传到控制器，控制器根据它与设定压差间的偏差输出信号，改变循环水泵的频率，以此达到调节循环水泵流量，满足部分负荷要求的目的。与此同时，供回水管间的压差也回到设定值。根据压差测定部位的不同，压差控制又分为末端压差控制和总管压差控制两种。

（1）末端压差控制 末端压差控制将压差传感器设在系统最末端，这是目前变流量系统用得较多的一种控制方式。压差的设定值为设计流量时的压差值，这样无论工况怎样变化，都能保证最不利设备的正常工作，所以该控制方法相对比较安全可靠。

水泵扬程由恒定压差和可变压差两部分组成，恒定压差为传感器控制回路的压差，控制回路由盘管和控制阀等组成，其压差值不随流量变化而变化；可变压差为输配管网压降，与管网流量平方成正比。若将管网曲线向上平移一个恒定压差ΔP，即可得到系统的工作点位控制曲线和水泵特性曲线的交点。恒定压差越小，系统由末端恒压控制造成的能耗损失越小。

实际上，采用小压差控制（如恒定压差为某单个阀门的压降），理论上也是可行的，但在一定流量下一个阀门的压降比较小，这样控制信号的数值相应较小，控制精度和控制能力降低，影响到控制效果；与此相反，控制压差愈大，控制精度、可调节性越好，但节能效果会降低。

采用末端定压差控制，系统运行时水泵的转速比理论工况要快，因此耗能要比理论值大。这是因为自动控制阀门的调节对系统阻抗有影响，当阻抗值变化明显时，管道特性曲线就会变陡，相同流量下水泵的转速就要高。另外，为了保证末端压差的恒定，在较小流量下需要增大末端管网的阻力，设定压差越高，耗能越大。

设定值的大小受综合因素影响。变流量系统是一个十分复杂的过程，影响因素往往是随机的，用一种控制方法很难解决。由于阀门开启度的变化在一定程度上反映了负荷的大小，因而也可作为调节的参数，为此可以综合考虑压差设定值和阀门的开启度，把设定值考虑成一个可变值。例如，当所有的末端两通阀开启度都小于90%时，并且这种状态连续保持 10min 后，就可以把压差传感器的设定值减少 10%；当所有的末端两通阀开启度都大于 95%，并且这种状态保持 8min 以后，就可以把压差传感器的设定值增加 10%。

（2）总管压差控制 供回水管压差控制是将压差传感器设在供、回水干管间（通常设备分集水器间），压差的设定值根据系统的最大流量确定。在这种控制方式下，水泵的可变扬程变得更小，而且主管之间的压差不变，水泵所提供的扬程也就恒定，系统的节能效果将受到很大影响。

采用总管恒压控制变频控制时，系统的总压差保持恒定，水泵克服的阻力不变，总恒压控制时水泵扬程比水泵恒速运行时降低很少，整个流量范围的节能效果有限。

当变流量系统以压力为信号采用恒压控制时，虽然总管恒压差控制的节能效果比末端恒压差控制时要差，但由于供、回水干管定压控制简单，布线方便，很适合用于系统较小的工程或者旧系统的循环泵改造。对于最不利环路不容易确定的太阳能采暖系统，如最不利环路靠近冷源端，或系统由于使用功能差异而造成最不利环路不易确定的场合（如室外温度下降，大多数用户处于部分负荷下，而个别用户仍需保持设计流量而成为最不利环路），采用供、回水干管定压控制具有明显的优势。

实际上，在总管恒压控制系统的运行中，如果设定的压差根据负荷情况调节，系统的节能效果将更好，盲目设置一个恒定压差，不管什么工况都不发生改变，也不能充分发挥变流量系统的优越性。

从上面的分析可以看出，利用压差可以较好地控制变流量系统，单变流量系统的节能效果在一定程度也受到了限制。如果根据实际负荷改变设定压差，可以改善它的节能效果。

变流量系统在运行时，如果能做到在满足负荷要求的情况下所有两通阀的开启度最大，即管网阻力系统达到最小，此时设备运行就是最合理、最节能的。为此，设定的恒压控制值应当能让系统中两通阀开启度一直保持较大，水泵的频率也将根据这个新的控制压差进行控制。但是两通阀开度与用户的同时使用系数有关。根据同时使用系数，可以分 3 种情况控制运行。

① 系统各部分都在运行，同时使用系数很大。压差设定值应当使绝大部分的空调设备两通阀开度保持在 90%以上（同类建筑中各个末端用户的负荷率非常接近，10%的相差率可以满足要求），否则，对压差设定值进行调整，直至满足这一要求。采用这样的控制措施一定要避免出现供热量不足的情况，当负荷升高，一些两通阀开启度达到 100%时，需要观察这些阀门控制区域的温度是否能降到设定温度，如果不能就应当及时调高控制压差，适当加载；相反，一旦负荷下降，一些两通阀的开启度降低到 90%以下时，就应当及时调低它们的控制压差。在调节控制压差时，变频水泵的运转频率完全按设定压力值来确定。由于系统的阻力始终保持最小，因此水泵的功耗保持最低。另外，这种控制措施的实施也相对简捷易行。

② 系统运行有相当一部分是关闭的，同时使用系数很小，运行中管网阻力与设计值有较大差异。但是这个系统也可以看作是一个具有新的阻力特性的系统，只要利用运行部分的两通阀开启度来设定控制压差，就不会对控制过程产生影响，控制方法与①相同。

③ 系统各设备的负荷率不同，负荷分布不均匀，例如系统内大部分区域的两通阀开启度 90%，但有个别区域开启度仅 50%就可满足要求。此时可以把开度较高的区域作为控制目标，根据开启度情况设定控制压差，低负荷区域的空调效果并不会受到影响，整个系统的负荷要求也可以得到满足。

这样控制的最大优点是直接以设备末端阀门开启度为控制要素，使管路和水泵尽可能在管网阻力最小的状况下运行，系统节能效果更好。但由于压差设定值需要不断重置，系统各区域的地板辐射装置使用情况也要随时监视，这样就对控制人员提出了更高的要求。

2. 供回水温差控制

利用循环水温差控制变流量系统，使供、回水干管温差保持恒定，也是比较常用的一种变流量控制方式。利用温差控制水泵频率时，末端阀门调节度很小。

负荷相同时，温差控制变频水泵的运行扬程低，节能效果好，但是，温差控制不能兼顾整个系统的负荷情况，因为实际运行中，系统各组成部分的负荷率并不一定相同，各用户的供水温度虽然相同，但是回水温度并不完全相同。

例如，变流量控制把总管的供回水温差设定为 5℃，假定供水温度为 45℃，运行中要求某区域的回水温度为 41℃，另一区域的回水温度为 39℃，只要当两个区域的流量相同时，混合后总回水温度才能达到 40℃，确保总温差控制为 5℃。但是，前一个区域的供回水温差为 4℃，说明实际供热能力超过实际需求负荷，需要降低流量；后一个区域的供回水温差为 6℃，实际负荷超过供热能力，需要增大流量；两个区域的回水量不同，回水温度就不能保证为 40℃。

总管温差控制时，各阀门一般是不调节的，这样用户在负荷变化时很难控制区域温度的精度，房间舒适性会受到很大影响。

所以，利用温差控制变流量系统只适于各组成部分负荷率接近的情况，如果各部分负荷率相差较大，系统的各部分就不能满足实际调节要求。

3. 流量控制

利用压差控制水泵频率，虽然能比较准确和有效地控制变流量系统的运行并且有一定的节能效果，但它减少了水泵的可变扬程，节能效果也有限。另外，当水泵多台并联时，水泵特性曲线趋于平缓，流量变化较大时，水泵扬程变化很小，较小的压力变化很难反映出较大的流量变化，这就需要提高控制设备的灵敏度和精度，尤其是采用总管压差控制，问题更突出。

以系统流量为控制信号就可以在一定程度上避免压差控制的缺点，根据系统需要流量来控制水泵的频率，控制非常符合实际负荷的需求。但是采用流量控制也存在一些困难，当系统同时使用系数比较小时，系统中各部分支路阀门关闭，管网流量减少但阻力却降低不多，通常要求系统不能轻易卸载，而利用流量为控制信号就会降低水泵频率让系统卸载，这也是流量控制不能推广的重要原因之一。

不过以末端两通阀开启度为重要控制要素，再通过流量信号对变频水泵系统进行控制，可以解决这个问题，为此可以把末端电动两通阀开启度作为主要控制要素。通常，两通阀的开启度根据控制区域温度自动调节，系统内各电动阀的开启度信息直接反馈到中央控制系统。

系统的流量主要通过水泵变速运行达到调节作用，末端阀门的调节只起到辅助作用。在某一负荷时，水泵的工作频率是根据设定循环水流量来确定的，而设定的水量必须满足末端负荷要求，并使所有两通阀开启度保持在90%～95%。这样，当系统中有部分环路关闭时系统流量下降，以末端两通阀开启度为控制信号，设定阀门开启度保持在90%～95%，系统就可以根据开启度加载和卸载，避免出现单纯的流量控制可能出现的盲目卸载问题。

在实际运行中，负荷的变化一般不会很快，设定值并不需要逐时变化，而可能逐天、逐月、逐季变化，流量设定值的改变虽然不需要频繁进行，但是这种控制方式对自动控制系统和运行操作人员的要求很高。

与恒压控制相比，利用流量作为变频水泵的控制信号，提高了水泵的可变扬程，系统的运行也更节能，同时还可以避免压差控制因多台水泵并联导致特性曲线平缓引起的困难。准确的流量信息可以确保系统的运行正常，避免出现旁通管中流量过大的现象。同时，控制人员能够随时准确了解系统的实际负荷情况，因此这种控制方案可以实现以流量为信号的控制，而且节能潜力较大。不过，现在变流量系统往往只是将流量值作为参考，完全利用流量信号控制的做法还不多，主要原因是受目前流量计流量设备缺陷的制约，流量的测定还不够精确。如能解决流量计的准确度，利用流量控制变流量系统应当是一种值得推广的控制方案。

六、水箱水位控制

对太阳能集热系统中的水箱水位进行长期的显示监控，防止水箱内缺水，这对于系统的正常运行非常重要。

在市场上有各种商品水位控制仪，把水位探头安装在水箱内适当的位置，室内控制仪的小屏幕上就可随时显示水箱的水位。根据水位的变化，可以用手动方法打开阀门向水箱进水。

把水位控制仪与电磁阀连接在自来水管路上，或与水泵连接上，就可根据水位的变化自动上水：当水位低于设定值时，电磁阀自动打开，或水泵起动，开始进水；当水位达到设定值时，电磁阀关闭，或水泵停转。水位控制仪探头有两种。

① 一种探头比较简单，只要用铜导线就可以了。水位线 a 为控制上线，水位线 c 为控制下线，水位线 b 为控制中线。当水的液面到达 a 线时，由于水的导电作用，a 与 b、c 导通，水位控制仪得到信号，停止水泵运行。当水位下降到 c 水位线以下，a、b、c 线都断开，控制仪得到信号，起动水泵抽水。为了增加几根水位线的导电能力，在水位线的线头对折两折，然后用焊锡将其焊满包裹，增加与水的接触面。此种探头线简单易作，水位高低也好调节；缺点是探头线的线头易氧化，造成降低导电能力而失效。

② 另一种探头是将干簧管装在一段密封的铜管内，根据水位上、下限的需要调整好两干簧管的位置，用导线将干簧管接头引到铜管外，再让铜管穿过一内部装有磁铁的一个浮筒，利用干簧管遇到磁铁导通、离开磁铁断开的原理，达到控制水位上、下限的目的。此种探头的优点是导线不与控制液接触，可靠性高；缺点是控制上、下限一旦确定，就不容易改变。

七、太阳能供热采暖规范中的相应规定

1．太阳能供热采暖系统自动控制设计的基本规定

① 太阳能供热采暖系统应设置自动控制。自动控制的功能应包括对太阳能集热系统的运行控制和安全防护控制、集热系统和辅助热源设备的工作切换控制。太阳能集热系统安全防护控制的功能应包括防冻保护和防过热保护。

② 控制方式应简便、可靠、利于操作；相应设置的电磁阀、温度控制阀、压力控制阀、泄水阀、自动排气阀、止回阀、安全阀等控制元件性能应符合相关产品标准要求。

③ 自动控制系统中使用的温度传感器，其测量不确定度应≤0.5℃。

2. 系统运行和设备工作切换自动控制的规定

① 太阳能集热系统宜采用温差循环运行控制。

② 变流量运行的太阳能集热系统，宜采用设太阳辐照感应传感器（如光伏电池板等）或温度传感器的方式，应根据太阳辐照条件或温差变化控制变频泵改变系统流量，实现优化运行。

③ 太阳能集热系统和辅助热源加热设备的相互工作切换宜采用定温控制。应在贮热装置内的供热介质出口处设置温度传感器，当介质温度低于“设计供热温度”时，应通过控制器启动辅助热源加热设备工作，当介质温度高于“设计供热温度”时，辅助热源加热设备应停止工作。

3. 系统安全和防护自动控制的规定

① 使用排空和排回防冻措施的直接和间接式太阳能集热系统宜采用定温控制。当太阳能集热系统出口水温低于设定的防冻执行温度时，通过控制器启闭相关阀门完全排空集热系统中的水或将水排回贮水箱。

② 使用循环防冻措施的直接式太阳能集热系统宜采用定温控制。当太阳能集热系统出口水温低于设定的防冻执行温度时，通过控制器启动循环泵进行防冻循环。

③ 水箱防过热温度传感器应设置在贮热水箱顶部，防过热执行温度应设定在80℃以内；系统防过热温度传感器应设置在集热系统出口，防过热执行温度的设定范围应与系统的运行工况和部件的耐热能力相匹配。

④ 为防止因系统过热而设置的安全阀应安装在泄压时排出的高温蒸汽和水不会危及周围人员安全的位置上，并应配备相应的措施；其设定的开启压力，应与系统可耐受的最高工作温度对应的饱和蒸汽压力相一致。

第十一节　太阳能供暖系统的设计流程和注意事项

太阳能供暖系统设计和安装的服务程序包括售前、售中、售后 3 个部分。

首先是基本项目设计，包括太阳能集热系统设计，太阳能供暖辅助热源选择，确定散热末端设备形式等；然后是确定集热器摆放形式，管路选材和保温方式，系统运行方式；最后是控制系统设计和配备控制柜、信号线，确定循环泵数量和型号。

根据这些考量，写出项目太阳能供暖的基本方案、系统造价和付款形式等相关内容，与用户进行磋商和交流，根据用户要求再次进行调整，最后确定以上内容，书写服务合同。

当双方签订完服务协议后，就要按既定的日期，保证质量地完成系统的安装和调试任务。

用户验收完毕，即可付清全部款项，大型项目可以留有 5%～10%的质保金，半年或一年后付清。这样，主要的服务内容就完成了。

接下来是系统的质保和维护，运营商和服务商根据自身的服务理念和相关的法规，制定出系统的服务内容。

一、基本项目设计

1. 初步确定集热器面积

当接到一个太阳能供暖工程咨询时，首先要了解建筑物的建筑节能状况和计算热负荷；然后根据用户供热需求、集热器安装地点面积、客户的经济承受能力等条件，确定太阳能保证率；最后根据项目所在地域冬季太阳辐射能的辐射量和服务商所供应的太阳能集热器集热特点等，确定太阳能集热器的安装面积。

（1）太阳能保证率的选择 确定太阳能供暖的保证率，主要根据当地的气候条件和用户的家庭情况来综合考虑。如果当地日照条件较好，属于Ⅰ、Ⅱ类地区，一般可以选取 70%～80%的太阳能保证率。若采用贮能措施，尤其是实施地下长期贮能，可以选取高达 100%的保证率。

若是Ⅲ、Ⅳ类地区，因日照强度一般，真正的晴天较少，故太阳能的保证率可选择小一些，不低于 50%为宜，因为低于 50%就不能被称为太阳房了。对于适合搞地下长期储存设施的，也可选取 100%的保证率。

若自家有较充足的生物质能可利用，且有较好的生物质燃烧技术，可以选用 30%左右（最高为 50%）的太阳能保证率。这样既可充分利用可再生的生物质能资源，又可全年充分利用太阳能，提高太阳能设施的利用率，且可以减少太阳能集热器的安装面积，降低太阳能集热器安装的初投资。

若家庭已有集做饭、烧水和供暖等多功能的燃煤炉具，有充足的煤炭供应，但缺乏液化气等其他生活用能源，还主要靠燃烧煤炭来做饭，且没有禁止烧煤的地区，则燃煤在供暖中的比重应能达到 50%以上，故太阳能供暖的保证率可低于 50%。

经济因素也是确定太阳能保证率的一个重要条件。若家庭已有常规的做饭采暖设施，又无力投入较大的资金搞太阳能供暖，可以选用 20%～40%的太阳能保证率，这样既可节省冬季供暖对常规能源的消耗，又可以全年利用太阳能供应生活用热水，达到减少初投资、减少能源消耗和提高太阳能设备的利用率等多重目的。

（2）太阳能集热器面积确定 确定了太阳能保证率后，接下来根据集热面积确定的公式就可以计算出集热器面积，然后综合太阳能保证率、安装地点面积、四季用能状况、用户的具体情况进行增减，最后确定集热器面积。

若系统设计无热能储存设施，需用电直接加热作辅助热源，应尽量采用较大一些的采暖面积。

若系统设计有辅助热源，如热泵、生物质能炉等较节能的辅助热源，为了减少夏季热量过剩问题，可采用较小一些的供暖面积。

若系统设计有热能地下长期储存设施，能把春、夏、秋季的太阳能储存到冬季使用，可采用较小一些的供暖面积。

若系统设计没有辅助热源，有短期热能储存设施，也应尽量采用较大一些的供暖面积。

2. 基本设备确定

根据实际状况和系统要求，确定太阳能集热器类型和型号、水箱大小和位置、辅助热源形式和功率、散热末端形式，参考前面的相关介绍进行综合考量、选择、配型。

二、集热器摆放与管路布置

集热器阵列有并联、串联、串并联等多种排列方式，各种连接方式都各有其特点，各有其利弊，应根据各个采暖工程的集热面积、场地状态等具体情况来确定，一般来说应遵循下述程序或原则（太阳能集热器可以是真空管太阳能集热器或平板型太阳能热水器，都以平板型热水器为例）。

1. 集热器摆放注意事项

① 场地的选择和安排。根据确定的太阳能集热器面积，测量和安排安装场地，测量二层楼的楼顶面积是否够用，若不够用，查看两侧厢房是否可以安装太阳能集热器。一般来说，若两个安装场地高度差＜3m，则可以安装成一个循环系统；若高度差＞3m，最好安装成两个循环系统。因为若装成一个系统，则下部场地的集热器将承受较大的压力，这对插管式的真空管集热器来说，过大的压力容易造成密封圈漏水。

② 集热系统尽量能够自然循环。太阳能集热器阵列都采用强制循环，但是当循环泵因故停止运行时，要使集热系统能够进行自然循环，且要使自然循环和强制循环的方向一致，这样才可提高系统运行的可靠性，降低强制循环的耗电量。

“压头”和“排气”是实现自然循环的两项基本条件。对于“压头”，人们一般容易理解，也较易实现，只要把水箱设置到一定高度即可；但对于“排气”，人们往往注意不够甚至不理解，所以要特别强调这一点。

③ 管路的长度影响系统循环的阻力和系统的成本，因此要尽量采用较短的管路，即遵循最短路径原则。

④ 各太阳能集热器的流量平衡原则，即阻力平衡对称原则或等路径原则。设计管路走向、循环泵安装位置等要保证各太阳能集热器的流量尽量相等，以充分发挥各太阳能集热器的效能。

⑤ 正负压原则。一般管路要尽量采用负压运行，但当管路中设置放气阀时要采用正压运行，防止负压向系统内吸入气体，影响系统的正常循环。

⑥ 可靠性原则。要保证系统运行时稳定可靠，出现运行故障，要便于维修。例如，在太阳能集热系统的循环泵旁侧设置并联支路，当循环泵出现故障时，系统仍能通过支路进行自然循环。

⑦ 根据项目的地点和安装场地要求，还要确定太阳能集热器的安装倾角、间距，以及落实支架的选材与制作方式。

2. 太阳能集热器的连接方式

如何连接太阳能集热器对太阳能集热系统的排空、水力平衡和减少阻力都起着重要作用。一般来说，太阳能集热器的连接方式有 3 种：串联、并联和串并联。对于强制循环系统，以上 3 种连接方式均可采用。集热器组并联时，各组并联的集热器数应该相同，这样有利于各组太阳能集热器流量的均衡。目前一般采用串并联的方式。通过以上方式连接起来的太阳能集热器通常称为太阳能集热器组或太阳能集热器矩阵。为保证各太阳能集热器组的水力平衡，各太阳能集热器组之间的连接推荐采用同程连接。当不得不采用异程连接时，在每个太阳能集热器组的支路上应该增加平衡阀来调节流量平衡。

（1）太阳能集热器串联 太阳能热水系统如何布局，将直接影响系统的热效率和安装成本。自然循环系统连接方式一般采用串联或串联阵列。太阳能集热器串联是将太阳能集热器一端的顶部和底部与另一架集热器的顶部和底部口对口相连，这一组太阳能集热器的顶部和底部又与第三架集热器串联，如此顺序连接，太阳能集热器串联如图 2-23 所示。串联后第一架太阳能集热器与最后一架太阳能集热器各留一个端口，一边留上端口，另一边留下端口，使之形成一个对角通路。

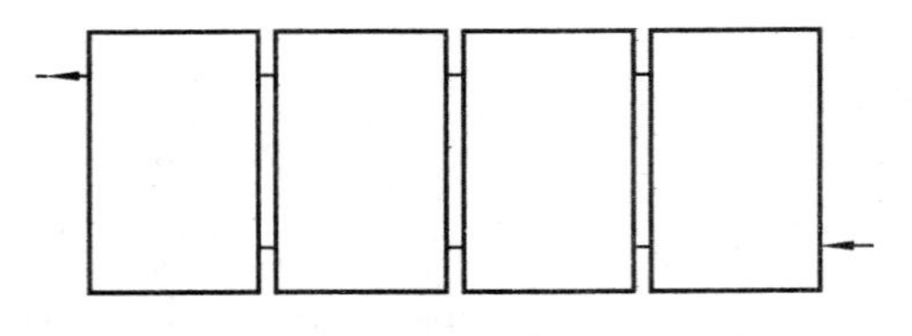

图 2-23 太阳能集热器串联

（2）太阳能集热器并联 对于大面积安装太阳能集热器系统，上述连接往往不能满足系统需要，而需采用太阳能集热器并联阵列的连接方式。如果将上述连接方式作为一个并联单体，将两个以上单体上端口用管道连接，将下端口也用管道连接，形成一个总的对角通路，如图 2-24 所示，该种连接方式称为太阳能集热器并联阵列。大面积系统通常由几个太阳能集热器并联阵列所组成。

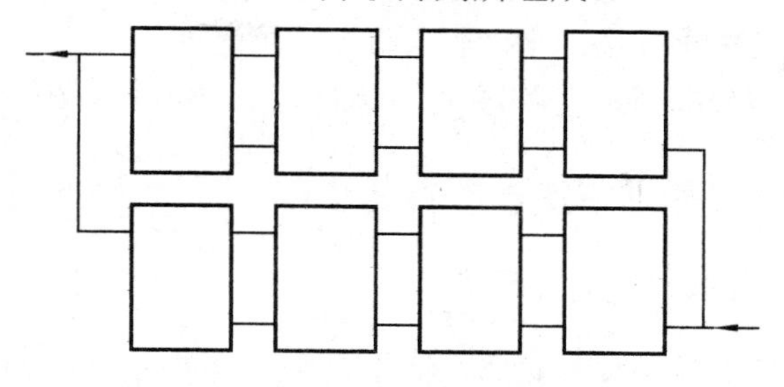

图 2-24　太阳能集热器并联阵列

（3）太阳能集热器串并联　对于强制循环太阳能热水系统，由于太阳能集热面积较大，而且又是由水泵作为循环动力，因此太阳能集热器的连接多采用串并联或并串联混联方式。太阳能集热器的串并联如图 2-25 所示，是将串联成单体的太阳能集热器再并联成单体阵列。太阳能集热器的并串联如图 2-26 所示，是将并联成单体的集热器再串联成单体阵列。

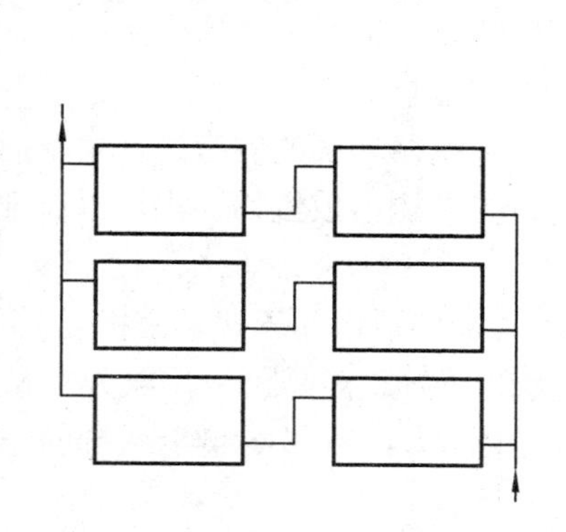

图 2-25　太阳能集热器串并联

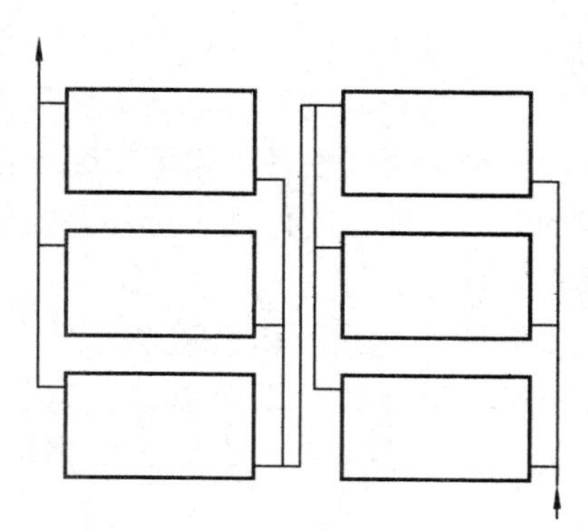

图 2-26　太阳能集热器并串联

（4）注意事项

① 太阳能集热器的连接方式分串联、并联和串并联 3 种。

② 对于自然循环系统，太阳能集热器宜采用并联。每排集热器的并联数目不宜超过 16 个。

③ 对于自然循环系统，每个系统太阳能集热器的数目不宜超过 24 个。大面积自然循环系统，可分成若干个子系统。

④ 东西向放置的全玻璃真空管集热器，在同一斜面上多层布置时，串联的集热器不宜超过 3 个（每个集热器联箱长度≤2m）。

⑤ 对于强制循环系统，太阳能集热器可进行并联、串联和串并联安装。每组并联或串联的太阳能集热器的数量不宜超过 16 个。当集热器数量超过 16 个时，可

以通过太阳能集热器串并联组合连接实现。

⑥ 各太阳能集热器组之间的连接宜采用同程连接，采用异程连接方法在每个太阳能集热器组的支路上应增加平衡阀来调节流量平衡。

⑦ 太阳能集热器并联时，各组并联的太阳能集热器数应相同。

三、系统运行可靠性解决途径

1. 尽量选择“傻瓜式”运行系统

太阳供暖应用的对象主要是家庭，因此太阳能供暖比热水工程要求有更高的系统运行的稳定性和可靠性，要求其有“傻瓜式”运行方式。

2. 采用“代偿性”的循环系统

（1）太阳能集热系统能同时进行自然循环和强制循环 自然循环系统简单、稳定、运行可靠，不受电力的制约，也不受水泵、自动控制设备等易损部件的影响。在长期的运行过程中，系统难免会出现停电、水泵运行出故障等问题，一旦出现这些问题，强制循环停止，但自然循环系统仍可正常运行。把太阳能集热系统设计成可以进行自然循环的系统，可大大提高系统运行的可靠性。

（2）设计“代偿性”循环支路 在太阳能集热系统循环泵的侧旁设计由单向阀构成的并联支路，既保证了循环泵发生故障时可以方便调换或维修，也可以保证系统的正常循环运行。

太阳能集热系统和供暖系统两个系统既相互独立、不相互干扰，又相互联系、互相补充。两个循环泵可以分别为各自分系统提供动力，但是当一个泵发生故障时，另一个泵又可为整个太阳能集热供暖系统提供动力，不影响整个系统的正常运行。

3. 管路排气

在太阳能集热器阵列中，管路内不积聚气体，不形成气塞，是保证系统能正常循环的重要条件，更是保证系统能自然循环的必要条件，为此可从以下几方面加以注意。

① 在串联管路中会出现“山峰”形拐点，为了保证在这种拐点处能随时放出产生的气体，在这里要设置排气结构，必要时可设置双排气结构。

② 强制循环动力较大，可以带走部分管路中的气体，系统要以强制循环为主。

③ 正压循环系统有利于气体的排除，而负压循环却容易使气体进入管道内，所以对循环水泵的安装位置和方向一定要认真考虑，水泵流出的方向是正压，水泵背后水流入处是负压状态。要尽量保证太阳能集热器阵列内和地暖盘管内一直处于

正压状态，尤其是太阳能集热器阵列，一定要处于正压状态，否则，自然循环就可能无法进行。

4．系统防冻

① 对永不见阳光且容易受冻的部位，如从楼顶沿房后侧进入室内的一段室外管路部分，不仅容易受冻，而且受冻后很难维护，对这些部位应在保温层内贴近管道缠绕电伴热带，可随时对其加热防冻。

② 适当提高水箱高度，使其晚上能自然形成倒循环，用水箱中的热水防止冷水下集管道被冻坏。

③ 不管有无太阳，即使是连续阴天，每天也要起动循环泵对太阳能集热器阵列进行几次循环，用室内辅助热源的热能对集热器管路加热防冻。

5．除尘

① 在每年采暖期开始时，要对太阳能集热器进行一次除尘，整个采暖期最好进行 2～3 次除尘。

② 除尘时最好用水冲洗，或用鸡毛掸子轻轻扫，以免损伤玻璃管和反射面。

③ 若有高压喷水设备，最好用高压水定期清洗。

6．抗风

对于供暖用的集热器，因为总是在太阳高度最低的冬季使用，为提高集热器冬季的热性能，集热器与水平面的倾角必须要大很多，因此，一定要注意抗风措施。

① 要和屋顶面连接牢靠。对平顶屋顶面，可以用混凝土或石板预制较重的底托板，用以固定太阳能集热器支架。

② 对于斜屋顶，若坡度不大，也可以用混凝土或石板预制较重的底托板，用以固定太阳能集热器支架。若坡度大，要用角钢、方管等钢材固定好，必要时可在最北侧的集热器处安装防风板。

③ 设计太阳能集热器阵列时要注意留有通风道，以减轻风荷载。

7．稳定可靠的零部件

采用的零部件要质量可靠，且与设计的系统性能相匹配。

① 太阳能集热器的热水上集管要耐 100℃以上的温度，尤其在夏季，上集管的水温可能接近 100℃，故需要用能耐高温的铁管等金属管道。同样，其隔热材料也要能耐 100℃以上的高温，要用聚氨酯或岩棉等耐热隔热材料，而不能用聚苯乙烯泡沫塑料。

② 循环泵、电子温控仪、地暖管、真空玻璃集热管等主要零部件都要用质量可靠的正规产品，以免频频损坏。

四、房屋的设计或旧房改造

在农村低层建筑的供暖过程中，房屋的隔热保温比向其供热更有意义。如果房屋没有好的隔热保温措施，供给它的热量会很快散失掉，也就不能保持房间温度。因此，在农村低层建筑供暖中，房屋的隔热保温更具有重要意义。此外，房屋的贮热性能、太阳能集热设施与建筑一体化等也要考虑。所以太阳房的建设要把旧房改造放在首位。

1. 墙壁和屋顶的隔热保温和贮热功能

① 不管是新房还是旧房，都可采取墙壁的外墙保温法，即在外墙壁上铺挂60～80mm的聚苯乙烯泡沫塑料隔热材料。这种方式隔热性能最好，没有热桥产生，且整个墙壁都能成为贮热体。

② 屋顶也要采取隔热措施，最好在房顶外层铺覆隔热层。对旧房也可采用吊顶的方法铺覆隔热层。

③ 对新房可采用夹芯墙，即把隔热材料放置在内外墙中间。屋顶可根据太阳能集热器安装的需要来设计。

2. 门窗散热问题

① 采用密封和隔热比较好的塑钢门窗，最大限度地抑制对流热损失。

② 对直接向院外开的门，设置双道门，避免室外冷空气直接进入室内。

③ 采用双层玻璃门窗或中空玻璃窗，尤其是中空玻璃窗的经济性和隔热性能都比双层玻璃门窗更好。

3. 增设阳光间

增设阳光间可有效地改善主房间的居住环境。广大农村都有类似的在南墙外设置阳台式小走廊的习惯，把这些阳台或小走廊的南面用大块玻璃密封起来就是很好的阳光间。它既有很好的隔热保温作用，也有一定的存放物品的功能。同时必须在墙上上下打通风口，好让室内空气顺利通过通风口进行交换，给室内加温。

五、贮能系统设计

① 充分利用房屋自身的贮热性能，即利用房屋内的墙壁、地板、家具衣物等来贮存热能，对主动式太阳房进行外墙隔热保温是实现自身贮能的必需措施，从而才能使主动式太阳房中贮能和节能完全一致。

充分利用好房屋自身的贮热功能，可满足当日夜间的采暖需求，即白天利用太阳能供热，晚上太阳能停止供热，仅利用房屋自身储存的热量即可保证昼夜房间温度波动不超过 2℃。

② 对于相变贮能，由于目前还存在一些技术问题，因此一定要在专门技术人员的指导下进行设计安装。相变贮能材料的相变温度非常重要，不能随便设置，一定要能够相变才能起到作用。

③ 对于采用室内散热片采暖的系统，或由于其他原因造成房屋自身隔热保温和贮热性能较差的采暖系统，昼夜温差会较大，可以采用大容量贮热水箱来储存热能，晚上利用储存的热水继续向房间供暖。

这种方法最多只能储存一两天供暖所需的热能，较适合在太阳能资源较好的Ⅰ、Ⅱ类地区使用。

④ $100m^2$ 以上的平房建筑，可以采用地下长期储存太阳能的贮能系统，利用夏季储存的太阳能在冬季向房间供暖。太阳能的长期储存方案自然地解决了夏季热量过剩问题。

⑤ 利用地下一定容量的贮水窖可以进行中短期的太阳能贮存，可解决长达十几天阴天的供暖问题。

⑥ 对于二三层的小楼采暖，要实现主要用太阳能供暖，必须采用长期地下贮能系统，把春、夏、秋季的太阳能储存下来供冬季采暖用。这种方案可大量节省太阳能集热器面积，既解决了阴天太阳能不足的问题，也解决了楼顶集热器面积不足的问题。

六、夏季热量过剩问题的解决方法

冬季用太阳能供暖需要较大面积的太阳能集热器，太阳能保证率在60%以上，一个普通家庭至少需要 $30m^2$ 的集热器，一个建筑面积 $300m^2$ 的二层小楼更是需要 $100m^2$ 的太阳能集热器。这么大面积的集热器到夏季会产生大量的热能，热能若不能得到有效利用，不仅是很大的浪费，而且可能会给系统造成损害。由于目前还很少采用季节性长期热能储存技术，因此介绍几种较为实用的夏季热量过剩解决办法。

1. 覆盖法

在不影响建筑外观的情况下，如三层平屋顶，或者对建筑外观要求不高的建筑，可以采用最简单、最实用的覆盖法。用遮阳网覆盖集热器，仅留出满足生活用热水器面积即可。

2. 最佳倾角法

太阳能集热器的安装倾角对其集热性能也有重要影响。太阳赤纬角每年的变化幅度是 47°，即冬至和夏至中午的太阳高度角相差 47°。冬至时日照最差，是最需要太阳能供暖的时刻。从提高太阳能采暖效率来说，集热器的倾角应按照冬至日接受阳光最佳的原则来安装，即：集热器倾角＝地理纬度＋23.5°，或等于地理纬度＋23°。

以北京地区来说，其地理纬度是40°，则集热器的倾角应是：40°＋23°＝63°。

到夏至中午，太阳光与集热器就有一个大约46°的交角，因cos46°＝70%，只有70%的能量被集热器接收。用这种方法既提高了冬季太阳光辐射的接收率，又减少了夏季阳光的产热量，是一个两全其美的办法。

3. 采用聚光器法

采用固定式聚光型真空管集热器，使其在冬季能有效地聚光，而到夏季，由于太阳赤纬角的变化，太阳光线的照射方向发生了很大变化，光线就不能再汇聚到真空管上，从而大大减少了太阳光的有效辐射量。由于夏季聚光型真空管集热器所用真空管数减少了2/3，故在夏季整个系统每天吸收的热量只有冬季的1/3，大大缓解了夏季热量过剩的问题。

4. 生产开水法

在夏季，由于天气炎热，人们对饮用开水的需求会增加，用冬季采暖用的集热器生产开水，正可满足这种需求。生产开水集热温度高，系统热效率会降低，其产热量不会太大，而且，其中一大部分还可与凉水混合供洗浴用，十几平方米集热器的产热能力基本可用完，不会造成过多的热量过剩问题。

5. 夏季地下储存太阳能

春、夏、秋季在地下长期储存太阳能，是从根本上充分利用太阳能的最有效途径。采用这种方法，有以下几方面的好处。

① 太阳能集热器的功能得到充分利用，无论冬季还是春、夏、秋季，太阳能集热器都在满负荷地工作，其利用率最高。

② 节省了太阳能集热器面积，用较小面积的集热器可以完成较大面积房间的供暖任务。

③ 使二层楼甚至六层楼主要用太阳能供暖成为可能。

④ 这将是首次实现长期的、大规模的热能储存，有重大的实际意义和科学价值。

6. 太阳能制冷

冬季利用太阳能供暖，夏季利用太阳能制冷，两者各得其所，这是很多太阳能爱好者的心愿，也是人们自然提出的问题。

虽然从理论上说利用太阳能在冬季供暖、在夏季制冷是个理想的、不错的选择，但实际上吸收式制冷只在大型工程上有应用，我国还没有商品化的、小型的太阳能吸收式制冷机，尤其是在家庭利用太阳能制冷，经济上还不合算，还有待小型太阳能吸收式制冷机技术上实现突破。

七、系统设计的注意事项

（1）太阳能集热系统防冻和蓄热设计的规定

① 在冬季室外环境温度可能低于 0℃的地区，应进行太阳能集热系统的防冻设计。

② 根据集热系统类型、使用地区不同太阳能集热系统的防冻设计选型见表 2-15。

表 2-15 太阳能集热系统的防冻设计选型

建筑气候分区		严寒地区		寒冷地区		夏热冬冷地区		温和地区	
太阳能集热系统类型		直接系统	间接系统	直接系统	间接系统	直接系统	间接系统	直接系统	间接系统
防冻设计类型	排空系统	—	—	●	—	●	—	●	—
	排回系统	—	●	—	●	—	●		
	防冻液系统	—	●	—	●	—	●	—	●
	循环防冻系统	—	—	●	—	●	—	●	—

注：表中“●”为可选用项。

③ 太阳能集热系统的防冻措施应采用自动控制运行工作。

④ 短期蓄热液体工质集热器太阳能供暖系统，宜用于单体建筑的供暖；季节蓄热液体工质集热器太阳能供暖系统，宜用于较大建筑面积的区域供暖。太阳能蓄热方式选用见表 2-16

表 2-16 太阳能蓄热方式选用

系统形式	蓄热方式				
	贮热水箱	地下水池	土壤埋管	卵石堆	相变材料
液体工质集热器（短期蓄热系统）	●	●	—	—	●
液体工质集热器（季节蓄热系统）	—	●	●	—	—
空气集热器（短期蓄热系统）	—	—	—	●	●

注：表中“●”为可选用项。

⑤ 蓄热水池不应与消防水池合用。

（2）液体工质蓄热系统设计的规定

① 根据当地的太阳能资源、气候、工程投资等因素综合考虑，短期蓄热液体

工质集热器太阳能供暖系统的蓄热量应满足建筑物 1～5 天的供暖需求。

② 各类太阳能供热采暖系统贮热水箱、水池容积范围见表 2-17，宜根据设计蓄热时间周期和蓄热量等参数计算确定。

表 2-17 各类太阳能供热采暖系统贮热水箱、水池容积范围

系统类型	小型太阳能供热水系统	短期蓄热太阳能供热采暖系统	季节蓄热太阳能供热采暖系统
贮热水箱、水池容积范围/（L/m^2）	40～100	50～150	1400～2100

③ 应合理布置太阳能集热系统、生活热水系统、供暖系统与贮热水箱的连接管位置，实现不同温度供热、换热需求，提高系统效率。

④ 贮热水箱进、出口处流速宜＜0.04m/s，必要时宜采用水流分布器。

⑤ 设计地下水池季节蓄热系统的水池容量时，应校核计算蓄热水池内热水可能达到的最高温度；宜利用计算机软件模拟系统的全年运行性能进行计算预测。水池的最高水温应比水池工作压力对应的工质沸点温度低 5℃。

⑥ 地下水池应根据相关国家标准、规范进行槽体结构、保温结构和防水结构的设计。

⑦ 季节蓄热地下水池应有避免池内水温分布不均匀的技术措施。

⑧ 贮热水箱和地下水池宜采用外保温，其保温设计应符合国家现行标准 GB 50019—2003《采暖通风与空气调节设计规范》和 GB/T 8175—2008《设备及管道绝热设计导则》的规定。

⑨ 设计土壤埋管季节蓄热系统之前，应进行地质勘察，确定当地的土壤地质条件是否适宜埋管，是否适宜与地埋管热泵系统配合使用。

（3）卵石堆蓄热设计的规定

① 空气蓄热系统的蓄热装置——卵石堆蓄热器（卵石箱）内的卵石含量为每 $1m^2$ 集热器面积 250kg；卵石直径＜100mm 时，卵石堆深度应≥2m，卵石直径＞100mm 时，卵石堆深度应≥3m。卵石箱上下风口的面积应＞8%的卵石箱截面面积，空气通过上下风口流经卵石堆的阻力应＜37Pa。

② 放入卵石箱内的卵石应大小均匀并清洗干净，直径范围应为 50～100mm；不应使用易破碎或可与水和二氧化碳起反应的石头。卵石堆可水平或垂直铺放在箱内，宜优先选用垂直卵石堆，地下狭窄、高度受限的地点应选用水平卵石堆。

（4）相变材料蓄热设计的规定

① 空气集热器太阳能供暖系统采用相变材料蓄热时，热空气可直接流过相变材料蓄热器加热相变材料进行蓄热；液体工质集热器太阳能供暖系统采用相变材料蓄热时，应增设换热器，通过换热器加热相变材料蓄热器中的相变材料进行蓄热。

② 应根据太阳能供热采暖系统的工作温度，选择确定相变材料，使相变材料的相变温度与系统的工作温度范围相匹配。

第十二节　太阳能供暖系统的运行方式

确定了太阳能集热器的类型和型号、水箱大小和位置、辅助热源形式和功率、散热末端形式、集热器的安装倾角和间距以及阵列排布，基本上也就确定了系统的开式与闭式。

一、集热系统形式与应用组合

1. 开式集热与闭式集热

开式太阳能集热系统的集热器是和大气连通的，闭式太阳能集热系统的集热器是不和大气连通的。开式集热系统的集热器流动的工质可以是日常使用的水，具有施工简单、造价低廉、使用维护方便的特点。

采用平板型太阳能集热器或热管、U 形管型太阳能真空管集热器，都需要采用可承压运行的封闭式系统。而采用普通的太阳能全玻璃真空管型集热器，不管是竖排的还是横排的，都可以采用开放式的系统，集热系统安装有与大气连通的排气装置。

2. 开式水箱与闭式水箱

太阳能热水系统中的贮热水箱只要能够满足太阳能集热系统的运行要求，无所谓是开式水箱还是闭式水箱。随着现代控制技术的提高，所有承压水箱供水系统能达到的指标（用水点压力、温度、流量等）开式非承压水箱一样能够达到。

闭式承压水箱的制造成本和安装费用都比开式非承压水箱高得多，而且闭式承压水箱要经过劳动安全检查部门的严格检验才能运行，还要定期进行检验。综合以上分析，我们推荐使用开式非承压水箱。

3. 直接系统与间接系统

间接式太阳能集热系统和热水供应系统之间通过换热器换热，由于换热器内外存在传热温差，因此在获得相同温度热水的情况下，间接系统比直接系统的集热器运行温度高，集热器效率低，所需的太阳能集热器总面积比直接系统大，需要在直接系统计算基础上进行面积补偿。

4. 常见太阳能集热系统与贮热系统的组合方式及特点

常见太阳能集热系统与贮热系统的组合方式及特点见表 2-18。

表 2-18 常见太阳能集热系统与贮热系统的组合方式及特点

集热器形式	贮热水箱形式	加热方式	优点	缺点
开式集热系统	开式水箱	直接循环换热	系统简单，运行稳定，不需二次换热，能源浪费少，造价低	集热系统不能使用防冻液等工质，若一支全玻璃真空太阳集热管破碎，则整个集热系统停用
	闭式水箱	通过换热器换热	集热系统除需要附加补水箱外，管路相对简单，水箱出水口可带压出水	贮热水箱造价较高，集热系统不能使用防冻液等工质，若一支全玻璃真空太阳集热管破碎，则整个系统瘫痪，二次换热有能源浪费
闭式集热系统	开式水箱	通过换热器换热	集热系统可使用防冻液等工质，单支全玻璃真空太阳集热管破碎不影响系统使用	集热系统复杂，施工难度大，造价较高，二次换热有能源浪费
	闭式水箱	通过换热器换热	集热系统可使用防冻液，单支全玻璃真空太阳能集热管破碎不影响系统使用，水箱出水口可带压出水	集热系统和贮热系统都复杂，施工难度大，造价最高，二次换热有能源浪费
		直接循环换热	直接用水箱中的水做工质，省去膨胀水箱	集热系统和贮热系统都复杂，施工难度大，造价最高，二次换热有能源浪费

当开式集热系统和贮热水箱间用换热器进行间接循环加热时，集热器中流动的工质可以是经过软化处理的软水，这样集热系统的真空管内结水垢的问题可以得到控制。虽然太阳能集热系统是开式的，但由于其中的水只在太阳能集热器和贮热水箱的换热器间循环，因此水除了蒸发外并无其他损耗，日常补充量非常小，因此与之配套的软化装置的处理能力也不需要太大。

由于间接系统一直需要水泵强制循环才能把太阳能集热器中的热量转换到贮热水箱中，因此和直接系统相比，制造同样温升和容积的热水其需要的电能要大很多，因此在实际工程中我们首先推荐开式太阳能集热器直接热水系统。

闭式太阳能集热系统的集热器是不和大气连通的，这种集热系统只能依靠循环泵强制循环运行，不论水箱是何种形式，其集热循环系统都必须是密闭承压的。如果是开式水箱，只能采用换热器换热方式传递热量，如果是闭式承压水箱，集热系统则可以采用换热器换热或直接加热两种方式。

如果采用直接加热方式，太阳能集热系统和贮热水箱中都是普通水，可以直接用贮热水箱做膨胀水箱使用，这时进入水箱的水最好是经过软化处理的软化水。如果是间接加热系统，必须在集热循环系统中增加膨胀水箱，以解决由于工质温度变化造成的体积膨胀问题。强制循环系统中的换热工质可以采用高沸点低冰点的液体，这样既可以保证在过热时系统压力不致过大，又可以保证在冬季寒冷季节使用。当采用间接加热系统时，其贮热水箱既可以采用闭式承压水箱，也可以采用开式水箱。

二、间接式系统的相关知识

1. 太阳能集热系统换热 Q_z 计算

$$Q_z = k_t f q_r \mathrm{d} c \rho_r (t_e - t_L) 1000 / (3600 S_Y) \tag{2-10}$$

式中：Q_z——集热系统换热量（W）；

k_t——太阳辐照度时变系数，一般取 1.5～1.8，取高限对太阳利用有利。

2. 水加热器（板式换热器）换热面积 F 的计算

$$F = C_r Q_z / (\varepsilon K \Delta t_j) \tag{2-11}$$

式中：F——换热面积（m^2）；

C_r——集热系统热损失系数，取 1.1～1.2；

ε——结垢影响系数，取 0.6～0.8；

K——传热系数，根据换热器技术参数确定［W/（m^2・℃）］，见表 2-19；

Δt_j——计算温度差，宜取 5℃～10℃，集热器性能好，温差取高值，否则取低值。

表 2-19　换热设备的传热系数 K 参考值

类型	容积式水加热器	导流型容积式水加热器	半容积式水加热器	半即热式水加热器	板式换热器
K/［W/（m^2・℃）］	380～410	680～1500	810～2500	1600～2100	2000～3000

注：当设备厂家能提供经测试的 K 值时，应以厂家提供的 K 值为依据。

① 详细计算水加热器的计算温度差Δt_j时可参见 GB 50015—2003《建筑给水排水设计规范》(2009 年版)；

② 板式换热器的计算温度差Δt_j可用下式计算：

$$\Delta t_j = (\Delta t_{max} - \Delta t_{min}) / \ln (\Delta t_{max} / \Delta t_{min}) \tag{2-12}$$

式中：Δt_{max}——热媒与被加热水在换热器一端的最大温差；

Δt_{min}——热媒与被加热水在换热器另一端的最小温差。

③ 太阳能热水系统中一般采用逆流方式，此时：

$$\Delta t_{max} = (t_{hi} - t_{c0}) \tag{2-13}$$

$$\Delta t_{min} = (t_{h0} - t_{ci}) \tag{2-14}$$

式中：Δt_{hi}——换热器高温热媒（来自太阳能集热系统）入口平均温度（℃）；

Δt_{c0}——被加热水的出口平均温度（℃）；

Δt_{h0}——高温热媒出口平均温度（℃）；

Δt_{ci}——被加热水的入口平均温度（℃）。

当$\Delta t_{max}/\Delta t_{min}<1.5$时，可近似采用算术平均温差，即

$$\Delta t_j=(\Delta t_{max}+\Delta t_{min})/2$$

3. 板式换热器有效换热面积

选型的主要任务是计算板式换热器有效换热面积。热流量可用下式计算：

$$Q=\frac{q_{v1}\rho_1 C_{P1}(T_1-T_2)}{3.6}=\frac{q_{v2}\rho_2 C_{p2}(t_1-t_2)}{3.6} \tag{2-15}$$

式中：Q——热流量（W）；

q_{v1}——热介质的流量（W）；

q_{v2}——冷介质的流量（W）；

ρ_1——热介质的密度（kg/m^3）；

ρ_2——冷介质的密度（kg/m^3）；

C_{p1}——热介质的比热容［kJ/（kg·℃）］；

C_{p2}——冷介质的比热容［kJ/（kg·℃）］；

T_1——热介质的进口温度（℃）；

T_2——热介质的出口温度（℃）；

t_1——冷介质的进口温度（℃）；

t_2——冷介质的出口温度（℃）。

对数平均温差可用下式计算：

$$\Delta t_m=\frac{(T_1-t_2)-(T_2-t_1)}{\ln\frac{T_1-t_2}{T_2-t_1}} \tag{2-16}$$

换热面积F可用下式计算：

$$F=\frac{Q}{(0.8\sim0.9)K\cdot\Delta t_m} \tag{2-17}$$

式中：K——总传热系数［W/（m^2·℃）］。当板间流速为0.3～0.5m/s时，可按水（汽）-水：K=3000～5000；水（汽）-油：K=400～1000；油-油：K=175～400估计。

板间流速V可用下式计算：

$$V=\frac{q_v}{3600A_sN} \tag{2-18}$$

式中：q_v——介质流量（W）；

A_s——板间流道横截面积（W）；

N——每一流程的流道数。

流经板式换热器产生的压力降，对于水来说，当板间流速≤0.4m/s时，ΔP≤0.05MPa。具体不同厂家的产品阻力略有不同，具体选型时可乘以系数1.2，也可

跟厂家直接联系沟通数据的准确度。

4. 换热器与膨胀罐选择

(1)换热器选择注意点 换热器选择时要根据换热量、一次侧进出水温度、二次侧进出水温度进行换热面积的计算,选择时要加上一定的余量,一般乘以系数1.2。

换热器选择时一定要跟连接的管路管径相匹配，一般应使管路的管径小于换热器管束的直径。换热器选择时要明确换热器的阻力特性，以便在以后的动力设备选型时准确计算管路阻力损失。一般乘以系数1.2。换热器的流速不宜过大，以使换热充分。换热器串联时，接口尺寸要一致，或者皆比所连接的管子的直径大才合适。

(2)膨胀罐 间接式太阳能热水系统的太阳能集热系统中应设置膨胀罐以吸收由温度变化所引起的膨胀量变化，膨胀罐前应设置一定容积的冷水容器以防止膨胀的介质直接进入膨胀罐对隔膜或胶囊造成破坏，膨胀罐的容积应在常规计算的基础上扩大至少10%，以考虑热媒可能沸腾所需要的容积。在水加热器和止回阀之间的冷水进水管上以及热水回水管的分支管上均应设置膨胀罐。

膨胀罐的形式有隔膜式压力膨胀罐和胶囊式压力膨胀罐。在实际工程中，我们经常使用的是隔膜式膨胀罐。隔膜式膨胀罐较之普通型膨胀罐的优点如下。

① 隔膜将空气与水隔离开，空气不会被水重新吸收，所以隔膜式膨胀罐不需要定期排水以免水涝发生。

② 由于没有水涝发生，就不会由于安全阀泄水而补充新鲜水，而由此带来的系统腐蚀问题则会避免。

③ 隔膜式膨胀罐的空气压力可以根据系统注水后的静压调节，使系统加热前几乎没有水进入膨胀罐，因此膨胀罐的体积和重量更小。

④ 预压空气为密封状态，因此膨胀罐（理论上）可以安装在系统的任何位置。

⑤ 普通型膨胀罐要求的锅炉接头不再需要。正确选择的隔膜式膨胀罐应该在系统水加热到最高温度时，其压力低于安全阀设定压力0.3bar左右。低于设定压力0.3bar的富余量能防止安全阀泄水，同时也方便将安全阀安装在膨胀罐接口的下端。

隔膜式膨胀罐选型的第一步是计算空气预压值，通过下式计算：

$$P_a = P_s + 0.3 \tag{2-19}$$

式中：P_a——空气预充压力（bar）；

P_s——系统静压（bar），指膨胀罐的接口到系统最高点的这段距离的水柱压力，如距离为10.2m，系统静压则为1 bar。

正确的空气预充压力是膨胀罐入口处的静压，加上系统顶部0.3bar的额外量。在系统注水前，需要将膨胀罐的空气预充压力调节到计算出来的空气预压值。膨胀罐壳体上的充气阀可以实现加气或放气：加气可以通过一个小的空气压缩机或自行车气筒实现，在加气时需要使用一个精度为 0.1bar 的气压表检测。

正确的空气预充压力保证膨胀罐隔膜在系统注水后未加热时完全膨胀到壳体。如果空气预充压力低于计算值，系统在未加热时就有一部分系统水进入到膨胀罐里面，因此当系统加热时膨胀罐的容积不够。空气预充压力不够就等同于膨胀罐容积偏小，会造成每次系统加热时安全阀泄水，这种情况必须予以避免。

计算了空气预压值后，可以通过下式计算膨胀罐最低容积：

$$V=\Delta e\square C/[1-(P_i/P_f)] \tag{2-20}$$

式中：V——膨胀罐最低容积（L）；

Δe——水加热膨胀系数差，即水加热到最高温度的膨胀系数－水冷却时温度的膨胀系数，相对于水温在 4℃时体积的膨胀系数见表 2-20；

C——系统总水量（L）；

P_i——起始压力，为 P_a+1，即计算的膨胀罐空气预压值＋1bar 的大气压（bar）；

P_f——最终压力，安全阀设定的最大压力＋1bar 的大气压。

表 2-20 相对于水温在 4℃时体积的膨胀系数

温度/℃	系数	温度/℃	系数	温度/℃	系数
0	0.00013	40	0.00782	75	0.02575
10	0.00025	45	0.00984	80	0.02898
15	0.00085	50	0.01207	85	0.03236
20	0.0018	55	0.01447	90	0.0359
25	0.00289	60	0.01704	95	0.03958
30	0.00425	65	0.01979	100	0.04342
35	0.00582	70	0.02269		

三、太阳能供暖系统中的保温水箱

在太阳能供暖系统中，保温水箱的设计和选择标准与热水工程的设计和选择有着很大的差异。保温水箱的主要作用说明如下：

（1）为系统补水 在单独供暖的系统中，如果不需要水箱进行蓄热，那么保温水箱的作用仅仅是为系统补水。

（2）系统平衡的作用 在太阳能集热面积＞40m^2 的系统中，即使不需要水箱进行蓄热，也要设计相应的保温水箱进行集热系统的平衡，集热器和水箱之间的单独循环，可以增加系统的稳定性。

（3）间接系统中的换热容器 如果太阳能集热器的循环介质是空气或防冻液，那么集热系统的热量就需要通过换热装置进行热量转换，加热水箱内的水供散热末端使用；如果集热器的循环介质是水，而散热末端是其他介质，同样也需要换热设备。辅助加热的形式如果是间接加热，也是需要换热的，那么保温水箱就是必不可少的。

（4）贮热蓄热作用 太阳能在白天 6h 的集热和建筑 24h 均衡用热之间，需要有贮热蓄热装置进行热量收集和热量使用之间的平衡。如果系统没有采用地板辐射供暖或其他蓄热装置，建筑夜晚的用能比较重要，那么，就可以用保温水箱进行蓄热贮热。

另外，在不实施遮盖的小型太阳能供暖系统中，也可以设计保温水箱或不保温水箱，采用换热方式用生活热水，消耗系统集热的热量。

因为太阳能供暖系统的多样性，了解水箱的作用，可以在系统设计中巧妙应用，而不必照抄热水工程的设计方法，或者只是把白天的热量储存下来晚上使用的简单想法。

四、几种典型的太阳能供暖运行方式

1. 太阳能集热器-散热器系统（有、无辅助热源）

太阳能集热器-散热器系统是最简单也是最基本的太阳能供暖系统，它只有太阳能集热器和室内散热器两个最基本的设施，没有贮热蓄热水箱，只有一个膨胀水箱。这是一个小水箱，主要解决系统中的循环水热胀冷缩问题，同时兼作补水箱。

这种系统适合建筑面积在 $100m^2$ 以内高保证率的太阳能供暖系统，或 100～$300m^2$ 低保证率的太阳能供暖系统，系统不需要水箱蓄热，不需要水箱在夏季进行热量平衡，也不需要考虑生活用水。

这是一种单循环系统，即集热器→散热末端→集热器循环，可分单泵单循环和双泵单循环两种方式。

（1）单泵单循环系统 这种系统只有一个定温循环泵，系统结构最简单，当太阳能集热器的温度达到设定值时，循环泵起动，热水流向房间散热器，即给房间供热。

（2）双泵单循环系统 这种系统有两个循环泵。一个是向太阳能集热器泵水用温差循环泵，其控制仪的两个探头分别放置在集热器上集管和室内散热器，当两个探头温差达到设定温度时循环泵起动；另一个是向室内散热器泵水用定温循环泵，其控制仪探头放置在太阳能集热器上集管上，当达到设定温度时，定温循环泵起动。

在较大的供暖工程中采用双泵系统，可避免单个泵动力不足和动力不均衡问题。两个循环泵实际是串联的，当一个泵出现故障时，另一个泵也能保持整个系统的运行。

当太阳辐射不足时，由辅助热源提供热能向房间供热。辅助热源最好和太阳能集热系统并联，可以手动也可以自动控制，辅助热源不再与集热系统循环，即辅助热源→散热末端→辅助热源循环，以利于辅助能源的节能。

2. 太阳能集热器-平衡水箱-散热器系统（有、无辅助热源）

增加一个平衡水箱，可增加系统的稳定性和可靠性，这个水箱的容积相对较小，蓄热作用不大。

（1）太阳能集热器→平衡水箱→辅助热源→散热末端→集热器 这种结构的开式直接系统，可以采用双泵双循环系统。

由太阳能集热器和平衡水箱组成集热循环系统，主要靠温差循环泵进行强制循环，但该系统也能进行自然循环，自然循环和强制循环的水流方向一致。当循环泵出现故障时，自然循环仍能进行。

由平衡水箱和室内换散热末端装置组成供热循环系统，完全靠定温循环泵进行强制循环。散热末端的回水直接流入集热器集热系统进行再加热。

（2）太阳能集热器→平衡水箱→辅助热源→散热末端→平衡水箱 与上面系统不同的是，散热末端的回水再流入平衡水箱，由水箱和集热系统再循环加热。

辅助热源可以和集热系统串并联，根据辅助热源的形式，决定控制系统的办法。

3. 太阳能集热器-贮热蓄热装置-散热末端系统（有、无辅助热源）

系统增加的贮热蓄热装置蓄热作用较大，这个蓄热装置可以是大容积水箱，也可以是其他蓄热装置，设备蓄热能力根据集热能力和用热特点进行计算。

这种系统可以和上面的系统相似，只不过把平衡水箱换做贮热蓄热装置。另外也可以采用下面的方式运行：太阳能集热器→散热末端→集热器/集热器→贮热蓄热装置→辅助热源→散热末端。

这个系统相对比较复杂，适合较大型或较完备的系统。

首先太阳能集热器的集热量先通过定温控制，将热量通过散热末端送达室内；当室内达到相应的设置温度，那么太阳能集热器的热量循环至贮热蓄热装置，在室内温度降低到一定程度或一定的时间内，再将蓄热装置的热量循环至散热末端。

五、传热介质

在太阳能热利用中，几乎每个器件都涉及热量的传递，在热量传递过程中除辐射传热外，对流和传导都需要一定的传热介质作为热的负载体。在太阳能利用中常用的传热介质有水、空气、有机或无机液体、固体（如金属、塑料等）。在太阳能地下热储存中，土壤也是主要的传热介质。

1. 水

在太阳能热利用和太阳能供暖工程中，水是最主要的传热介质，水作为传热介质有其他材料所不具备的许多优良特质。水的流动性好，黏稠性低，易于在各种口径的管道中流动，可以短距离传输，也可长距离传输，只要给一定的压力，很容易把热量传输到各个需要热量的位置，这是一些固体传热介质和黏稠度大的液体所不具备的。水是已知液体中热容量最大的物质，同样流量的水的导热量最大，故用水传热，所用管道最少。这一特性使水既可作为好的传热介质，又可作为好的贮热介质。在 0℃～100℃，水的稳定性高，自身不易发生化学变化，与很多管道材料相容性好。水的来源广，几乎处处都有，且价格最低廉。这点也是其他很多传热材料所不具备的。无毒无味，对环境不造成污染。

当然作为传热介质，水也有缺点。当水温超出 0℃～100℃，水就不适宜作传热介质，高于 100℃，水就变成气体，而低于 0℃又变成固体，失去了流动性。水在变成固体后，相对于液体其体积要膨胀。在太阳能利用和其他热利用工程中，大部分管路是要过冬的，如果冬季管路中还有水，不管是正在运行还是停止运行，若是隔热保温做得不好，就有可能冻坏管道。这点是水作为传热介质的主要缺点，在做工程时要特别注意。水对一些金属具有腐蚀性，当采用钢铁、铝等作为管道或容器时，要采取防腐蚀措施。

2. 空气

在太阳能空气集热器中，空气是传热介质，空气作为传热介质的优点是流动性最好，易于在各种口径的管道中流动，可以短距离传输，也可长距离传输，只要给一定的压力，很容易把热量传输到各种需要热量的位置。化学性能稳定，无毒无味，可以在各种管道中传输，一般来说对管道的材质无特殊要求，若不在高压下运行，对管路的密封性要求也不高，不会造成环境污染。在环境温度下不会发生液化等现象，无腐蚀性，不会损伤工程器件。空气无处不在，没有材料费用。

当然，空气作为传热介质也有缺点。由于空气的密度很小，其体积热容量很低，要传输足够的热量需要很大的体积，因此工程所用的管路和换热器面积都较大，这会增加系统的造价。

换热效率低。由于空气的密度低，要达到一定的换热量需要较大的空气量，这就造成了其换热效率较低。一般用水作传热介质的太阳能热水器效率在 40%～60%，而空气集热器只有 20%左右。

虽然空气作为传热介质有效率低的缺点，但是在一些高寒地区太阳能采暖也适宜采用空气作传热介质，因为采用太阳能空气集热器不存在管道冻坏的问题，而且若设计合理，可以把太阳能加热的空气直接导入房屋供暖，减少传递和换热环节，可适当提高总体热效率。

3. 液态有机物

很多在常温下是液态的有机物都可以作为传热介质。如汽车的防冻液就是一种传热介质，它用在汽车上是为了把汽车运行时发动机内部产生的热量传送出来，其工作温度一般在零下几十摄氏度至一百摄氏度，与太阳能热利用的温度范围基本相同，当然也可用在太阳能热利用工程上。

防冻液一般分乙醇-水型、甘油-水型和乙二醇-水型3种。乙醇的冰点为－114℃，沸点为78.3℃。乙醇易着火，易蒸发，配制时其含量一般不宜超过40%。甘油（丙三醇）的冰点为－17℃，沸点为290℃，与水混合后的冰点最低可达－46.5℃，水中甘油的含量要相当大时才能得到低冰点防冻液，使用起来不经济。乙二醇的冰点为－11.5℃，沸点为197.4℃，与水混合后的冰点最低可达－68℃。乙二醇易腐蚀金属，调配防冻液时要添加防蚀剂，一般每升防冻液加磷酸氢二钠2.5～3.5g、糊精1g。乙二醇吸湿性强，储存容器应密封。乙二醇不易挥发，配制时用量少，因而使用较广。

对防冻液性能的要求是：沸点和闪点高；比热和传导能力大，在低温时黏度小，蒸气压不高，不易起泡；不致使冷却系统金属件腐蚀和橡胶软管、密封垫变质。

各类导热油也是专门的商品化有机导热介质，大都是用在一百至几百摄氏度的中温热利用领域。在太阳能中，高温热利用领域要采用热管真空管集热器或聚光型太阳能集热器，其集热和工作温度大都在100℃以上。若仍采用水为导热介质，就会遇到高压等难解决的问题，因此必须采用沸点高的各类导热油作导热介质。

4. 盐类的水合物、水溶液

各种盐类的水合物是最重要的潜热储存物质，如十水硫酸钠、六水氯化钙等，这些材料都有可能用在太阳能供暖的潜热储存中。这些贮热材料在使用过程中要发生固相-液相的反复转化，尤其在固相时，要求这些材料具有较高的导热性能，才有利于能量的储存和释放。

有些盐类的水溶液与水相比，具有较高的沸点（高于100℃）和较低的凝固点（低于0℃），在某些高于100℃或低于0℃的工作条件下，可以取代水作为传热介质。

盐类的水合物、水溶液一般有一定的腐蚀性，在应用时要注意防腐。

5. 金属

钢铁、铝合金、铜等金属是太阳能利用中重要的传热介质，由于金属具有较高的导热系数，很多太阳能接收器都是由金属制成的。早期的管板式太阳能集热器就是用铁板和铁管制成的，由铁板接收太阳辐射能，转化成热能后再传给铁管中的水。后来为进一步提高热性能，转而采用导热性能更高的铝板和铜管，这就是目前大量应用的铜铝复合管板式太阳能集热器。

在热管式太阳能集热器中，为了提高热管的吸热和放热特性，其基本集热元件热管大都是用金属制造的，且一般采用导热性能优良的铜管制造。

6. 土壤

土壤本来不是商品传热材料，但是在地源（土壤源）热泵系统中和太阳能地下储存系统中，土壤的导热性能对系统性能的影响有决定性的作用，在这些系统中，土壤是最重要的传热介质。

在土壤源热泵供暖系统中，希望土壤的导热性能越高越好，这样才能把土壤中储存的热能有效地提取出来。

在太阳能地下热储存供暖系统中，土壤同时扮演传热材料、隔热材料和贮热材料三重身份，这些身份有的是相互矛盾的。作为传热材料，我们希望土壤的导热性能越高越好；但作为隔热材料，又希望其导热性能越低越好。实际上土壤的导热性能处于中间位置，不算太高，也不算太低，可同时兼顾导热和隔热的不同需求。当然，在对系统的具体设计时，我们要根据系统不同部位对导热或隔热的不同需求，通过优化设计，来提高或降低其导热或隔热能力：在系统的边缘部位通过尽量减少边缘面积，减低其导热能力；在系统内部，通过增大接触面积，来增强导热能力。

7. 相变换热

相变换热是另一种特殊的换热形式，它有很强的换热能力，热管就是依靠相变换热制成的高效换热元件。热管具有极强的传热能力，比导热能力最强的铜棒还高500倍，所以有人称其为超导传热。

简要地说，热管的工作原理是在其蒸发端把工作的液态物质加热汽化，吸收大量的汽化热，然后形成的高速蒸汽进入冷凝端又冷凝成液体，同时放出大量凝结热（汽化热和凝结热在同一温度下是相等的）。由于在同一个热管腔内，冷凝端和蒸发端几乎处于相同的温度和压力下，因此，热管几乎具有等温传热的能力。另一方面，物质的汽化热都很大。例如，1g100℃的液态水变成1g100℃的蒸汽，温度没有升高，但也需要539cal的汽化热量；而1g水从0℃升到100℃也仅需要100cal的热量，因此热管的导热能力极强。

很多物质可以作为热管的工作介质，如水、乙醇、丙酮等。一些沸点低的轻金属，可作高温热管的工作介质，如钠。

相变换热在建筑物的采暖空调中占有重要的位置，热泵、空调机都是利用物质相变换热的原理制造的，过去大量采用氟利昂作为工作介质，现在大都采用无氟工质，以减少对大气臭氧层的破坏。

第三章 太阳能制冷空调

第一节 概　　述

制冷就是采用一定的方法，在一定的时间内，使某一物体或空间达到比周围环境介质更低的温度，并维持在给定的温度范围内。所谓环境介质指的是大自然中的空气和水。

热量总是由高温物体或空间流向低温物体或空间。为使某一物体或空间达到或维持一定的低温，就要有一温度更低的冷源来吸收该物体或空间的热量，并把这一热量转移到外界环境中去。冷源的制取有两种方法：一种是利用天然冷源，如天然冰或地下水（冬灌夏用的深井水）；另一种是人工制冷，利用热力学中的制冷循环方法制取冷源。

太阳能空调是以太阳能作为制冷空调的能源。利用太阳能制冷可以有两条途径：一是利用光伏技术产生电力，以电力推动常规的压缩式制冷机制冷；二是进行光-热转换，用热作为能源制冷。前者系统比较简单，但以目前光伏电池的价格计算，其造价为后者的3～6倍（由于光伏市场的价格不定）；后者除了供冷之外，还结合供热利用，提供热能。因此，国外的太阳能空调系统通常以第二种为主。

太阳能光-热转换制冷，首先是将太阳能转换成热能，再利用热能作为外界补偿来实现制冷目的。光-热转换实现制冷主要分为太阳能吸收式制冷、太阳能吸附式制冷、太阳能除湿式制冷、太阳能蒸汽压缩式制冷和太阳能蒸汽喷射式制冷。其中，太阳能吸收式制冷已经进入了应用运行阶段，而太阳能吸附式制冷还正处在试验研究阶段。其他几种方式中，只有太阳能蒸汽压缩式制冷系统是消耗机械能，其余的都是要消耗热能。

当前，大部分空调技术是以电能为动力，把室内热量加以吸收再排出到室外的循环系统，耗能很严重。20世纪70年代后期，世界各国对太阳能利用的研究蓬勃发展，太阳能空调技术也随之出现。人们发现太阳能空调的应用比较合理：当太阳辐射越强，天气越热的时候，太阳能空调的负荷越大，制冷效果越好。因而太阳能空调技术也引起了世界各国学者的广泛注意。不少科研机构、高等院校和制冷设备生产企业纷纷投入人力和物力开发和研制太阳能制冷（空调）机，其中多数是小型的吸收式制冷试验样机。

太阳能制冷空调是一个光→热→冷的转换过程，实际上是对太阳能的间接利用。它不像提供热水、太阳能干燥等直接利用那样容易实现，技术上比较复杂。

除了要求较高温度的太阳能热能作为动力之外，还需要经过一个制冷循环的能量转换过程。

我国的太阳能空调市场仍处于起步阶段，但已有一些厂商和企业进入太阳能空调研发和生产领域，太阳能空调本身所具备的一系列优点，将为未来我国大规模普及推广太阳能空调提供参考。

第二节 太阳能吸收式制冷系统

吸收式制冷是利用两种物质所组成的二元溶液作为工质来进行的。这两种物质在同一压强下有不同的沸点，其中高沸点的组分称为吸收剂，低沸点的组分称为制冷剂。

吸收式制冷就是利用溶液的浓度随其温度和压力变化而变化的这一物理性质，将制冷剂与溶液分离，通过制冷剂的蒸发而制冷，又通过溶液实现对制冷剂的吸收。

常用的吸收剂-制冷剂组合有两种：一种是水-溴化锂，通常适用于大型中央空调；另一种是水-氨，通常适用于小型空调。

吸收式制冷机主要由发生器、冷凝器、蒸发器和吸收器组成。

一、太阳能吸收式制冷的工作原理

太阳能吸收式制冷是目前各种太阳能制冷中应用最多的一种。所谓太阳能吸收式制冷，就是利用太阳能集热器为吸收式制冷机提供其发生器所需要的热媒水。常规的吸收式制冷系统主要包括吸收式制冷机、空调箱或风机盘管、锅炉等几部分，而太阳能吸收式空调系统是在此基础上再增加太阳集热器、贮水箱和自动控制系统。

用于太阳能吸收式空调系统的太阳能集热器，既可采用真空管太阳能集热器，也可以采用平板型太阳能集热器或聚光型太阳能集热器。理论和实践都证明，热媒水的温度越高，则制冷机的性能系数（亦称 COP）越高，这样空调系统的制冷效率也越高。例如，若热媒水温度在 60℃左右，则制冷机 COP 为 0～40；若热媒水温度在 90℃左右，则制冷机 COP 为 0～70；若热媒水温度在 120℃左右，则制冷机 COP 可达 110 以上。吸收式制冷的过程如下。

① 利用工作热源（如水蒸气、热水和燃气等）在发生器中加热由溶液泵从吸收器输送来的具有一定浓度的溶液，并使溶液中的大部分低沸点制冷剂蒸发出来。

② 制冷剂蒸气进入冷凝器中，又被冷却介质冷凝成制冷剂液体，再经节流器降压到蒸发压力。

③ 制冷剂经节流进入蒸发器中，吸收被冷却系统中的热量而激化成蒸发压力下的制冷剂蒸气。

④ 在发生器 A 中经发生过程剩余的溶液（高沸点的吸收剂以及少量未蒸发的

制冷剂）经吸收剂节流器降到蒸发压力进入吸收器中，与从蒸发器出来的低压制冷剂蒸气相混合，吸收低压制冷剂蒸气并恢复到原来的浓度。

⑤ 吸收过程往往是一个放热过程，故需在吸收器中用冷却水来冷却混合溶液。在吸收器中恢复了浓度的溶液又经溶液泵升压后送入发生器中继续循环。

太阳能吸收式制冷一般采用以水作为制冷剂的工质对：水-溴化锂；以氨作为制冷剂的工质对：氨-水。下面将分别介绍这两种工质对的运行方式原理，以及实际应用试验的例子，最后介绍太阳能制冷、采暖、热水三联供的工作原理。

二、水-溴化锂吸收式制冷

1. 水-溴化锂吸收式制冷的工作原理

水-溴化锂吸收式制冷机是以溴化锂溶液为吸收剂，以水为制冷剂，利用水在高真空下蒸发吸热达到制冷的目的。

溴化锂是由碱金属元素锂(Li)和卤族元素溴(Br)两种元素组成，熔点为 549 ℃，沸点为 1265℃，它的一般性质与食盐类似，是一种稳定的物质，在大气中不变质，不挥发，不分解，极易溶于水，常温下是无色透明颗粒状晶体，无毒、无臭、有咸苦味儿。

水-溴化锂吸收式制冷机主要是由吸收器、发生器、冷凝器和蒸发器、换热器、循环泵等几部分组成，如图 3-1 所示。

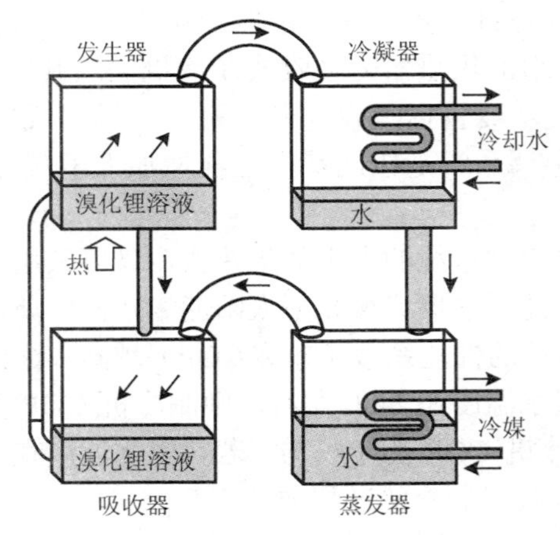

图 3-1 水-溴化锂吸收式制冷机

水-溴化锂吸收式制冷的运行过程是当溴化锂水溶液在发生器内受到热媒水的加热后，溶液温度逐渐提高直至沸腾，溶液中的水分逐渐汽化蒸发，发生器内溶液浓度不断升高，然后进入吸收器。单效溴化锂吸收式制冷机的热源蒸汽压力一般为 0.098MPa（表压）。

发生器中蒸发出来的水蒸气向上经挡液板进入冷凝器，挡液板起汽液分离作用，防止液滴随蒸汽进入冷凝器。冷凝器的传热管内通入冷却水，所以管外水蒸气被冷却水冷却凝结，成为高压低温的液态水。

积聚在冷凝器下部的热水经过节流器后流入蒸发器内，急速膨胀汽化，并在汽化过程中大量吸收蒸发器内冷媒水的热量，从而达到降温制冷的目的。

由于蒸发器内压力较低，如蒸发器压力为 872Pa 时，冷凝剂水的蒸发温度为 5℃，这时可以得到 7℃的冷媒水。低温水蒸气经挡液板将其夹杂的液滴分离后进入吸收器，被吸收器内的溴化锂溶液吸收，溶液浓度逐步降低，再由循环泵送回发生器，完成整个循环。

2. 水-溴化锂吸收式制冷机的主要特点

（1）水-溴化锂吸收式制冷机的主要优点

① 整个机组除了功率较小的屏蔽泵外，没有其他运动部件，运转安静，能安装于任何地点，从地下室一直到屋顶均可。

② 以溴化锂水溶液为工质，无毒、无臭、无害，利于环境保护，环保安全。

③ 利用热能为动力，可利用低压蒸汽、热水，甚至废气、废热、太阳能，耗电极少。

④ 制冷量调节范围广（能在 10%～100%调节制冷量），变负荷容易。

⑤ 制冷剂在真空下运行，无高压爆炸的危险，发生爆炸事故的可能性为 0。

（2）水-溴化锂吸收式制冷机的主要缺点

① 腐蚀性强。溴化锂水溶液对普通碳钢有较强的腐蚀性，不仅影响到机组的性能与正常运行，而且影响到机组的寿命。因此对所用材料有较高的抗腐蚀性要求，可采用防腐蚀性的不锈钢材料。

② 对气密性的要求高。实践证明，即使漏入微量的空气也会影响机组的性能。这就对制造有严格的要求。必须提高机组的加工工艺，防止空气的渗透，影响机组性能。

③ 浓度过高或者温度过低时，溴化锂水溶液均容易形成结晶。防止结晶是水-溴化锂吸收式制冷设计和运行中必须注意的重要问题。

3. 我国太阳能水-溴化锂吸收式制冷应用实例

为了适应低温余热和太阳能的利用，中国科学院广州能源研究所（简称广州能源所）从 1982 年开始进行了新型热水型两级吸收式水-溴化锂制冷机的研制工作。1987 年研制成功一台制冷能力为 6kW 的两级吸收式水-溴化锂制冷机试验装置。1990 年，广州能源所与香港理工大学签订了联合开发太阳能吸收式制冷机的合作协议，由香港裘搓基金会出资资助，并于 1994 年制造了一台 70kW 两级吸收式制冷机组，并在广州钢铁厂投入生产运行，以焦化分厂的低温热水制取冷冻水。测试表明，机组在 65℃～85℃范围内均能稳定运行，热水的利用温差达 15℃～18℃，充分显示这种新型机组对太阳能利用的适应性。

1993 年，为北京热电总厂制造了一台 350kW 的两级吸收式制冷机组，利用热电厂 86℃的热水制冷，供 5000m^2 的办公大楼空调，实现了热-电-冷联供，该机组一直运行至今。

1997 年，又为国家“九五”科技攻关项目“太阳能空调及供热示范系统”研制了一台 100kW 的两级吸收式制冷机，并成功地应用于太阳能系统中，系统于 1998 年投入运行。这是我国第一次采用自己制造的制冷机应用于大型太阳能空调系统。

这种新型的两级吸收式制冷机有两个显著的特点：一是所要求的热源温度低，在 65℃以上的温度范围内均能稳定地制冷，甚至在低至 60℃时仍可达到 80%的制冷量和性能系数；二是热源的利用温差大，为 12℃～24℃（随热源温度而变）。

三、氨-水吸收式制冷

氨-水吸收式制冷的工作原理与水-溴化锂吸收式制冷的工作原理基本相同，也是利用热能作为补偿并利用溶液的特性来完成制冷循环的。

在氨-水吸收式制冷中，氨是制冷剂，水是吸收剂。在相同温度下，氨和水的汽化温度比较接近。例如，在 1 个物理大气压下，氨的沸点为－33.4℃，水的沸点为 100℃，两者仅差 133.4℃；而溴化锂和水的沸点相差 1165℃。因此，为了提高氨蒸气的浓度，必须采用分凝和精馏设备，以提高整个制冷系统的经济性。

20 世纪 70 年代后期，世界各国对太阳能利用的研究蓬勃开展，我国太阳能制冷空调的研究也在此期间起步，其中对太阳能驱动的氨-水吸收式制冷系统的研究最为活跃，先后有 20 多个单位开展过这类工作，积累了宝贵的经验，他们是我国太阳能制冷与空调研究的先行者。

天津大学 1975 年研制的连续式氨-水吸收式太阳能制冰机，7 月首次制出冰，该装置有效集热面积 1.33m^2，由集热器（发生器）、冷凝器、节流阀、蒸发器、热交换器、氨液循环泵、吸收器组成，不设蒸馏器，有水平转盘，可手动调节方位角。经改进后，1979 年试验结果为：日产冰量可达 5.4kg，制冰机总效率较低，仅为 6.24%。

原北京师范学院（现首都师范大学）与北京市建筑安装工程公司等单位于 1977 年研制成功 1.5m^2 平板型间歇式太阳能制冰机，利用氨-水为工质，不需外加动力，在北京地区夏季晴天每天可制冰 6.8～8kg，整机效率为 10.5%左右。集热器采用套管结构，以便利用多种能源。只要冷却水温不超过 25°C，都可利用太阳能制冷。1979 年又研制出 8m^2 平板型自动跟踪连续式太阳能冷藏柜，利用两对光电管分别控制集热器的方位角和倾角，并考虑了采用多种能源的需要，制冷量可达 5024kJ/h。

华中科技大学（现华中理工大学）研制了采光面积为 1.5m^2、冰箱容积为 70L，以氨-水为工质对的小型太阳能制冷装置，间歇方式制冷。集热器内的氨-水溶液经太阳能加热，氨蒸发经冷凝器冷却进入冰箱中蒸发器储存，制冷时蒸发器中的氨溶液汽化回到集热器（此时为吸收器）为稀溶液所吸收，从而使冰箱内部的温度降低。试验结果为在制冷阶段可维持冰箱0℃、10h左右。华中理工大学的太阳能冰箱和天津大学的太阳能制冷装置曾在1979年中国太阳能学会成立大会（西安）展览会上展出。

原五机部第五设计院于1979年试验成功他们所研制的无泵循环氨-水吸收式太阳能制冰装置，其特点是将收集到的太阳能大部分用于制冷，一小部分用于工质的循环，取消了电动的循环泵，采用透光面积2.74m^{2}的扁管式太阳能平板型集热器。氨-水吸收式制冷装置设置两个吸收器，按一定的循环周期交替进行压送或吸收，以完成工质的连续循环。试验证明，该系统能连续循环制冷，制冰量每天13～16kg，全天COP值为0.1～0.14（冷却水温度为16℃～22℃）。在此基础上，他们又于1983年完成一台透光面积为10m^{2}的太阳能冷饮设备的研制。试验结果是制冷量为4187kJ/h，制冷温度为6℃～10℃，冷却水流量约为350L/h，全天实际COP值为0.12～0.17。

四、太阳能制冷、采暖、热水三联供

1. 太阳能制冷、采暖、热水三联供的运行原理

夏季，被太阳能集热器加热的热水首先进入贮水箱，当热水温度达到一定值时，由贮水箱向制冷机提供热媒水；从制冷机流出并已降温的热水流回贮水箱，再由集热器加热成高温热水；制冷机产生的冷媒水通向空调箱，以达到空调制冷的目的。当太阳能不足以提供高温热媒水时，可由辅助锅炉补充热量。

冬季，同样先将集热器加热的热水送入贮水箱，当热水温度达到一定值时，由贮水箱直接向空调箱提供热水，以达到供热采暖的目的。当太阳能不能够满足要求时，也可由辅助锅炉补充热量。

在非空调采暖季节，只要将集热器加热的热水直接通向生活用贮水箱中的热交换器，就可将贮水箱中的冷水逐渐加热以供使用。

2. 太阳能空调和供热综合示范系统实例

为了将太阳能吸收式空调技术付诸实际应用，根据“九五”国家科技攻关计划任务，北京市太阳能研究所于1999年9月建成一套我国目前最大的太阳能吸收式空调和供热综合示范系统。该太阳能空调示范系统建在山东省乳山市。该地区有较好的太阳能资源，属太阳能资源II类地区，年平均日太阳辐照量为17.3MJ/m^2。当地夏季最高气温可达33.1℃，冬季最低气温为－7.8℃，夏季和冬季分别有制冷和采暖的要求，为此是安装太阳能空调系统的合适地点。山东省乳山市银滩旅游度假区利用本地区自然条件，大力发展旅游事业，已建成“中国新能源科普公园”。科普公园已建造成功，包括风能利用馆、太阳能利用馆、潮汐能利用馆等在内的8个展馆和展厅。太阳能空调系统就建在科普公园内的太阳能利用馆。在这里，人们不仅可以参观太阳能利用科普展品，增长太阳能利用科普知识，了解最新的

太阳能利用技术，并可在参观和娱乐的同时亲身感受到太阳能空调和太阳能供暖所营造的舒适环境。

新建的太阳能空调系统由热管式真空管太阳能集热器、溴化锂吸收式制冷机、贮热水箱、贮冷水箱、生活用贮热水箱、循环泵、冷却塔、空调箱、辅助燃油锅炉和自动控制系统等部分组成。制冷制热功率 100kW，空调供暖面积 1000m^2，非空调采暖季热水供应量 32×10^{3}kg/d。系统设计特点如下：

（1）太阳能与建筑有机结合 整个太阳能利用馆建筑物的南立面采用大斜屋顶结构，一则斜面的面积比平面大得多，可以布置更多的太阳能集热器；二则在斜面上布置太阳能集热器时无须考虑前后遮挡问题，而且造型也非常美观。斜屋顶倾角取 35° ，与当地纬度接近，有利于太阳能集热器充分发挥作用。

（2）热管式真空管集热器提高了制冷和供暖效率 热管式真空管集热器具有效率高、耐冰冻、启动快、保温好、承压高、耐热冲击、运行可靠等诸多优点，是组成高性能太阳能空调系统的重要部件。热管式真空管集热器可为高效溴化锂制冷机提供 88℃的热媒水，从而提高整个系统的制冷效率；这种集热器还可在北方寒冷的冬季有效地工作，为建筑物供暖。

（3）大小两个贮热水箱加快了每天制冷或供暖进程 本系统与一般太阳能空调系统的不同之处在于设置了大、小两个贮热水箱。小贮热水箱主要用于保证系统的快速启动。结果表明，在夏季和冬季晴天的早晨，小贮热水箱内水温就能分别达到 88℃和 60℃，从而满足制冷和供暖的要求。

（4）专设的贮冷水箱降低了系统的热量损失 本系统还专门设计了一个贮冷水箱。在白天太阳辐照充裕的情况下，可以将制冷机产生的冷媒水储存在贮冷水箱内，其优点是系统热量损失明显比以热媒水形式储存在贮热水箱中低得多，因为夏季环境温度与冷媒水温度之间的温差要明显小于热媒水温度与环境温度之间的温差。

（5）配套的辅助锅炉使系统可以全天候运行 为使系统可以全天候发挥空调、供暖功能，该太阳能空调系统选用了辅助燃油热水锅炉，在白天太阳辐照量不足以及夜间需要继续用冷或用热时，可随即启动辅助锅炉，确保系统持续稳定地运行。

（6）系统运行及工况之间切换均能自动控制 本系统设置了几个贮水箱，如何在不同的工况下自动启用不同的水箱，走不同的管路，也是系统正常运行的关键；再则，太阳能系统还应解决自动防过热和防冻结的问题。本太阳能空调系统设计了一套安全可靠、功能齐全的自动控制系统。

第三节 太阳能吸附式制冷系统

太阳能吸附式制冷系统的制冷原理是利用吸附床中的固体吸附剂对制冷剂的周期性吸附、解吸附过程实现制冷循环。太阳能吸附式制冷具有系统结构简单、无运动部件、噪声小、无须考虑腐蚀等优点，而且它的造价和运行费用都比较低。

一、太阳能吸附式制冷的工作原理

太阳能制冷系统根据制冷过程不同可分为连续式和间歇式，太阳能吸收式制冷系统是联合使用太阳能集热器和吸收式制冷机，同时完成发生-冷凝和蒸发-吸收两个过程，是连续式制冷系统。太阳能吸附式制冷系统是要将发生-冷凝和蒸发-吸附两个过程在白天和夜间分别进行，属于间歇式制冷系统。

太阳能吸附式制冷实际上是利用物质的物态变化来达到制冷的目的。用于吸附式制冷系统的吸附剂-制冷剂组合可以有不同的选择，如沸石-水、活性炭-甲醇等。这些物质均无毒、无害，也不会破坏大气臭氧层。太阳能吸附式制冷系统主要由太阳能吸附集热器、冷凝器、蒸发储液器、风机盘管、冷媒水泵等组成，其工作原理如图 3-2 所示。

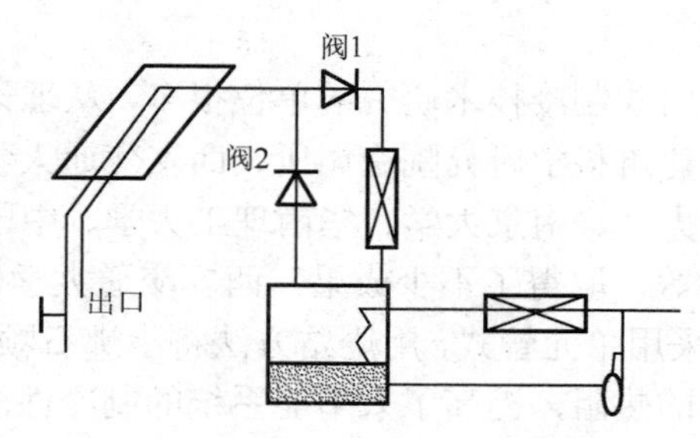

图 3-2　太阳能吸附式制冷系统工作原理

太阳能吸附式制冷包括脱附和吸附两个过程。

1. 脱附过程

吸附床内充满了吸附剂，吸附有制冷剂，冷凝器与冷却系统相连，一般冷却介质为水。工作时，太阳能集热器对吸附床加热，制冷剂获得能量克服吸附剂的吸引力从吸附剂表面脱附，进入右边管道，系统压力增加。当压力与冷凝器中对应温度下的饱和压力相等时，制冷剂开始液化冷凝，最终制冷剂凝结在蒸发器中，脱附过程结束。在这个过程中，太阳能集热器提供热能，冷凝器放热。这样，太阳能就转化为代表制冷能力的吸附势能储备起来，实现化学吸附潜能的储存。

2. 吸附过程

冷却系统对吸附床进行冷却，温度下降，吸附剂开始吸附制冷剂，管道内压力降低。蒸发器中的制冷剂因压力瞬间降低而蒸发吸热，达到制冷效果，制冷剂到达吸附床，吸附过程结束。在此过程中，蒸发器吸收冷媒水的热量，吸附床放热。

对于太阳能吸附集热器，既可采用平板型集热器，也可采用真空管集热器。通过对太阳能吸附集热器内进行埋管的设计，可利用辅助能源加热吸附床，以使制冷系统在合理的工况下工作。另外，若在太阳能吸附集热器的埋管内通冷却水，回收吸附床的显热和吸附热，以此改善吸附效果，还可为家庭或用户提供生活用热水。当然，由于吸附床内一般为真空系统或压力系统（这要根据吸附剂-制冷剂的材料而定），因而要求有良好的密封性。

蒸发贮液器除了要求满足一般蒸发器的蒸发功能以外，还要求具有一定的贮液功能，可以通过采用常规的管壳蒸发器并采取增加壳容积的方法来达到此目的。

二、太阳能吸附式制冷的研究实例

太阳能固体吸附式制冷是利用固体吸附剂（如沸石分子筛、硅胶、活性炭、氯化钙等）对制冷剂（水、甲醇、氨等）的吸附（或化学吸收）和解吸作用实现制冷循环的。吸附剂的再生温度可在 80℃～150℃，也适合太阳能的利用，多用于制冰工况。

我国开展太阳能吸附式制冷技术研究的单位很多，从理论研究到实际应用都做过全面的探索，如中国建筑科学研究院空调所、西安交通大学、西北工业大学、上海交通大学、中国科技大学、南京大学、华南理工大学、中国科学院广州能源研究所、北京航空航天大学等，取得了不少成果。西安交通大学研究了以沸石 13X-水为工质对的制冷系统。采用单元管式，用烧结方法将小沸石颗粒烧结在铜管内壁上，减少了管壁与颗粒之间的热阻，提高了太阳能系统的制冷性能。另外，还做了太阳能冷饮箱的研究与设计。

中国科学院广州能源研究所于 1990 年研制成功一种以活性渗甲醇为工质对的太阳能吸附式制冰机。制冰机集热面积为 $1m^2$（透光面积为 $0.92m^2$）。集热器与吸附器合为一体，采用带透光隔热结构的平板型太阳能中温集热器。冷凝器为气冷式，利用环境空气来冷却冷凝器。该制冰机按昼夜变换周期实现间歇式制冰，其特点是没有运动部件，操作简便，不需要其他能源，也不需要冷却水，单靠太阳能便可独立制冰。$1m^2$ 太阳能集热面积在太阳辐射日总量为 17～$19MJ/m^2$ 时，日产冰量可达 4～5kg，COP 值达 0.10～0.12。这种制冰机特别适合于昼夜温差大的地区使用。

华南理工大学对活性渗甲醇、沸石-水为工质对的吸收式制冷系统进行了大量的研究，他们先以水蒸气为动力做试验，在此基础上试制了一台太阳能吸附制冷的样机，采光面积为 $1m^2$，活性渗甲醇为工质对，冰箱有效容积为 103L。试验得到最大制冰量为一天 6kg。最近他们又提出了一种新的太阳能制冷热水系统，并集中该校传热节能、高分子材料、塑料机械 3 个博士点共同进行技术攻关。在集热器方面，采用纳米级高分子材料为吸热板，在吸附剂床层方面，采用功能性导热高分子材料将吸附剂成型，并利用导热黏胶将吸附块与换热器黏接，强化床层传热，以期使整个系统高效实用。

北京航空航天大学研究了一种以氯化钙-氨为工质对的化学吸附太阳能制冰机。1992 年，他们试验了一台太阳能集热面积为 $1.6m^2$ 的样机，在水平面太阳辐射总量为 20MJ/m²，一天产冰量为 3.2kg，折合 2kg/m²。之后他们又采取了一些改进的措施，如增加吸附剂填充量为原来的 1.5 倍，使温度维持在反应的第一步，结果发现显热损失增加不大，但 COP 值和产冰量有所提高；又采用了一种低密度、各向异性及导热性良好的添加剂，强化床层传热，改进了吸附剂的加工成型，日产冰量由 2kg/m² 提高到 3.5kg/m²。

上海交通大学对太阳能固体吸附式制冷的基础理论和关键技术进行了大量的研究，特别是吸附式制冷循环理论及其试验的研究，如连续回热式循环、双效复叠式循环、对流热波循环等。除此之外，还对吸附床的强化传热及结构、各种工质对的吸附性能、最佳循环周期等关键技术问题做了深入的研究。他们的研究对于丰富太阳能吸附制冷理论、提高吸附制冷的技术水平做出了有益的贡献。

第四节　太阳能除湿式制冷系统

除湿式制冷是利用干燥剂（也称为除湿剂）来吸附空气中的水蒸气，以降低空气的湿度进而实现降温制冷的目的。

除湿式太阳能空调系统是利用吸湿剂（如氯化锂、硅胶等）对空气进行减湿，然后蒸发降温，对房间进行温度和湿度的调节，用过的吸附剂被加热进行再生。再生过程可以利用较低品位热能，因此也很适合于太阳能利用。

一、太阳能除湿式制冷系统的形式和工作原理

1. 开式循环系统

除湿式制冷系统有多种形式，工作介质有固体干燥剂和液体干燥剂；制冷循环有开式循环和闭式循环两种系统方式；结构上分简单系统和复杂系统。

开式循环系统是通过环境空气来闭合热力循环的，被处理的空气与干燥剂直接接触。根据系统各部件的不同位置及气流通路的不同连接，开式循环系统又可分为通风型系统、再循环型系统和 Dunkle 型系统等几种。开式循环除湿系统通常应用于空调，闭式循环除湿系统通常应用于制冰。

2. 固体干燥剂材料

固体干燥剂材料具有很强的吸湿和容湿能力，当干燥剂表面蒸汽压与周围湿空气蒸汽分压相等时，吸湿过程停止。此时使温度为 50℃～260℃的热空气流过干燥剂表面，可将干燥剂吸附的水分带走，这就是再生过程。如此往复，就形成了除湿循环降温。

固体干燥剂除湿装置主要有固定床和干燥转轮等类型。干燥转轮由于运行维护

方便，能够实现连续除湿降温操作，应用比较广泛。

常用的干燥剂材料有活性炭、硅胶、氯化锂、氯化钙、活性氧化铝、分子筛、天然和人造沸石、硅酸钛、合成聚合物等。

3．太阳能除湿式制冷系统的工作原理

太阳能除湿式制冷系统主要由太阳能集热器、转轮除湿器、转轮换热器、蒸发冷却器、再生器等组成。

蜂窝转轮结构的除湿器通常由波纹板卷绕而成的轴向通道网组成。细微颗粒状的干燥剂均匀地涂布在波纹板面上，庞大的内表面积能使干燥剂与空气充分接触。

太阳能除湿式制冷系统工作时，待处理的湿空气进入转轮除湿器，被干燥剂绝热除湿，成为温度高于进口温度的干燥热空气。干燥的热空气经过转轮换热器被冷却，再经过蒸发冷却器进一步冷却到要求状态，然后送入室内，达到制冷降温的目的。

室外的空气经过蒸发冷却后被冷却，再进入转轮换热器去冷却干燥的热空气，同时自身又达到预热状态。此空气在再生器内被加热到需要的再生温度，然后进入转轮除湿器，使干燥剂得以再生。干燥剂中的水分释放到再生气流里，此湿热的空气最终被排放到大气中去。

太阳能集热器可为再生器提供热源，使吸湿后的干燥剂得以加热进行再生。太阳能除湿式制冷系统可以采用平板集热器，也可采用真空管太阳能集热器，根据项目要求和当地的气候条件以及成本等条件进行设计。

二、太阳能除湿式制冷系统的研究与应用

太阳能除湿式制冷系统不仅有利于保护大气环境，还有利于改善室内空气品质。为了对除湿空调系统和其中的关键部件进行研究，促进这一技术领域的发展，清华大学兴建了一座利用太阳能再生的干燥剂除湿复合空调系统试验装置。该装置由空气预处理段、太阳热能加热段、干燥剂除湿冷却系统和常规制冷机组成。系统具有营造所要求的试验工况、利用太阳热能以及进行各种设备性能试验等多种功能，包括构成与压缩式制冷系统相结合的复合式空调系统。该装置参照国际上类似对象的试验标准和方法，实现设备的自动调节与控制及数据自动巡检与处理。试验结果表明，装置达到了所述试验功能和指标。

西北工业大学对吸附剂的除湿性能、吸附除湿换热器和除湿空调系统等都做了充分的研究，并且在实用性产品开发方面取得了成果。

西安交通大学与北京市太阳能研究所联合研制了一套敞开式太阳能吸收式空调系统。该系统利用氯化钙水溶液作吸收剂，由浓溶液在吸收器中吸收来自空调房间内空气的水分，并经绝热加湿使空气加湿来达到空调目的。吸收水分后的稀溶液到再生器中通过太阳能加热而解吸变回浓溶液，再返回吸收器继续进行吸收。据报

道，当空调房间温度维持在25℃，相对湿度为60%时，系统的运行参数：制冷量为2kW，单位质量空气制冷量是13kW/kg，循环空气量为0.1538kg/s，加湿量与除湿量均为4.71kg/h，吸收器热负荷为2.69kW，含湿量差为8.5g/kg干空气。

第五节　太阳能蒸汽压缩式制冷系统

一、蒸汽压缩式制冷系统的工作原理

蒸汽压缩式制冷系统是一种传统的制冷方式，由制冷剂和压缩机、冷凝器、节流阀、蒸发器组成，各部分之间用管道连接成一个封闭的系统。

单级太阳能蒸汽压缩式制冷系统，是由太阳能制冷压缩机、冷凝器、蒸发器和节流阀4个基本部件组成。它们之间用管道连接，形成一个密闭的系统，制冷剂在系统中不断地循环流动，与外界进行热量交换。

液体制冷剂在蒸发器中吸收被冷却的物体热量之后，汽化成低温低压的蒸汽，被压缩机吸入、压缩成高压高温的蒸汽后排入冷凝器，冷凝器中向冷却介质（水或空气）放热，冷凝为高压液体、经节流阀节流为低压低温的制冷剂再次进入蒸发器吸热汽化，达到循环制冷的目的。这样，制冷剂在系统中经过蒸发、压缩、冷凝、节流4个基本过程完成一个制冷循环。

在太阳能制冷系统中，蒸发器是输送冷量的设备。制冷剂在其中吸收被冷却物体的热量实现制冷。压缩机是心脏，起着吸入、压缩、输送制冷剂蒸气的作用。冷凝器是放出热量的设备，将蒸发器中吸收的热量连同压缩机功所转化的热量一起传递给冷却介质带走。节流阀对制冷剂起节流降压作用，同时控制和调节流入蒸发器中制冷剂液体的数量，并将系统分为高压侧和低压侧两大部分。实际制冷系统中，还有一些辅助设备，如电磁阀、分配器、干燥器、集热器、易熔塞、压力控制器等，它们是为了提高运行的经济性、可靠性和安全性而设置的。

二、太阳能蒸汽压缩式制冷系统的工作原理

常规的蒸汽压缩式制冷机中的压缩机是由电动机驱动的。太阳能蒸汽压缩式制冷系统主要由太阳能集热器、蒸汽轮机和蒸汽压缩式制冷机3大部分组成。它们分别依照太阳能集热器循环、热机循环和蒸汽压缩式制冷机循环的规律运行。

太阳能集热器循环由太阳能集热器、气液分离器、锅炉、预热器等几部分组成。在太阳能集热器循环中，水或其他工质首先被太阳能集热器加热至高温状态，然后依次通过气液分离器、锅炉、预热器，在这些设备中先后几次放热，温度逐步降低，水或其他工质最后又进入集热器，再进行加热。如此周而复始，使太阳能集热器成为热机循环的热源。

热机循环由蒸汽轮机、热交换器、冷凝器、泵等几部分组成。在热机循环中，

低沸点工质从气液分离器出来时，压力和温度升高，成为高压蒸汽，推动蒸汽轮机旋转而对外做功，然后进入热交换器被冷却，再通过冷凝器而被冷凝成液体。该液态的低沸点工质又先后通过预热器、锅炉、气液分离器，再次被加热成高压蒸汽。由此可见，热机循环是一个消耗热能而对外做功的过程。

蒸汽压缩式制冷机循环由制冷压缩机、蒸发器、冷凝器、膨胀阀几部分组成。在蒸汽压缩式制冷机循环中，蒸汽轮机的旋转带动了制冷压缩机的旋转，然后再经过上述蒸汽压缩式制冷机中的压缩、冷凝、节流、汽化等过程，完成制冷机循环。在蒸发器外侧流过的空气被蒸发器吸收其热量，从较热的空气变为较冷的空气，这较冷的空气送入房间内而达到降温空调的效果。

第六节 太阳能蒸汽喷射式制冷系统

一、太阳能蒸汽喷射式制冷系统的工作原理

太阳能蒸汽压缩式制冷系统是通过消耗机械能作为补偿来实现制冷的，蒸汽喷射式制冷则是利用具有一定压力的蒸汽消耗热能作为补偿来实现制冷的。

蒸汽喷射式制冷机是由蒸汽喷射器、冷凝器、蒸发器等几部分组成。其中，蒸汽喷射器又包括喷嘴、吸入室、混合室、喉部和扩压室等部分。

蒸汽喷射式制冷机工作时，一定压力（通常为 4～8bar）的蒸汽通过蒸汽喷射器的喷嘴，在喷嘴出口处得到很高的流速（通常为 1000～1200m/s），并降低到很低的压力，于是便将蒸发器抽成一定的低压。循环水泵将制冷系统的空调回水部分水汽化时，从未汽化的水中吸收热量，从而使那部分未汽化的水的温度降低，成为空调的冷媒水。冷媒水流过空调箱（或风机盘管），使周围空气的温度降低，进入房间后就达到空调降温的效果。

由于蒸发器中的蒸汽连续地被蒸汽喷射器抽走，使蒸发器始终保持一定的真空，这样就使空调回水在蒸发器中不断地蒸发而得到冷却。

蒸汽喷射器将从蒸发器抽来的蒸汽送入喷射器的混合室，在混合室与工作蒸汽混合。混合蒸汽进入喷射器的扩压室后，速度降低，压力升高，使混合蒸汽的动能变成势能，然后进入冷凝器。混合蒸汽被冷却水冷凝后成为液体，从冷凝器的底部排入冷却水池。

二、太阳能蒸汽喷射式制冷系统的工作原理

太阳能蒸汽喷射式制冷系统主要由太阳能集热器和蒸汽喷射式制冷机等两大部分组成。它们分别依照太阳能集热器循环和蒸汽压缩式制冷机循环的规律运行。

太阳能集热器循环系统由太阳能集热器、锅炉、贮热水槽等几部分组成。在太

阳能集热器循环系统中，水或其他工质首先被太阳能集热器和锅炉加热，温度升高，然后再去加热低沸点工质至高温状态。低沸点工质的高压蒸汽进入蒸汽喷射式制冷机后放热，温度迅速降低，然后又回到太阳能集热器和锅炉再进行加热。如此周而复始，使太阳能集热器成为蒸汽喷射式制冷机循环的热源。

在太阳能蒸汽喷射式制冷机中，低沸点工质的高压蒸汽通过蒸汽喷射器的喷嘴，因喷出速度高、压力低，就吸引蒸发器内生成的低压蒸汽进入混合室。此混合蒸汽流经扩压室后速度降低，压力增加，然后进入冷凝器被冷凝成液体。该液态的低沸点工质在蒸发器内蒸发，吸收冷媒水的热量，从而达到制冷的目的。

以上几节分别介绍了 5 种类型的太阳能制冷系统，实际上，应用较多的是吸收式制冷系统、吸附式制冷系统和除湿式制冷系统 3 种，其中又以吸收式制冷系统的应用最为广泛。

第四章 太阳灶

第一节 概述

太阳灶是利用太阳直射辐射能，通过聚光、传热、贮热等方式获取热量，即把太阳能收集起来，用于做饭、烧水的一种装置。

人类利用太阳能来做饭、烧水已经有200多年的历史。近几十年来，世界各国研制了多种不同类型的太阳灶。尤其在发展中国家，太阳灶得到很好的推广和利用。

我国有2/3的人口在农村，农村的大多农户还是用土灶做饭，用煤气、液化气的较少，与之相比，太阳灶的确是省钱又省力的先进灶具，特别是对那些缺乏燃料而日照较好的地区（如我国西北和西藏）更具有现实意义。

太阳灶的经济效益与使用地区、生活习惯和常规能源的价格等因素有关。一般来说，在日照较好的地区，在正常使用情况下，每年每台太阳灶可节约柴草约为1000kg，年利用率在30%～50%。按节约柴草来估算，大约2年就可收回投资，还能节省大量的劳动力，有利于改善生活条件，保护植被和生态平衡。

太阳灶基本上可以分为箱式太阳灶、聚光式太阳灶和综合型太阳灶。箱式太阳灶可以利用太阳辐射的直射与散射两部分，但灶温低于200℃，不能用于炒菜。而聚光式太阳灶只能利用太阳能的直射部分，相对来说功率大，平均温度可达400℃，甚至某点可高达1000℃，除用于煮饭炒菜外还可用来烧水，是目前农村使用得最多的一种太阳灶。目前全国太阳灶的保有量在200万台左右。另外，随着不同的聚光、传热和贮热方式的推出，以及它们更有效的结合，可形成各种不同形式的太阳灶，包括全天候自动跟踪太阳灶、室内聚光式太阳灶、组合式太阳灶、折叠式太阳灶和全玻璃镜面反射太阳灶。

① 全天候自动跟踪聚光式太阳灶采用丝杠传动，用12V或220V微电动机就能驱动。光敏跟踪装置采用单片设计，电子控制系统模块化，整体结构紧凑轻便，安装简单，调试方便，无须维修，室外全天候条件运行，并含有横向和纵向两种自动跟踪太阳移动功能，二维定位，跟踪精确。晴天时自动跟踪太阳，阴天时停止运行，自动在转晴时寻找太阳。灶面采用铁板冲压成形，反光膜采用进口太阳灶专用膜，支架采用分体设计，锅架采用重力平衡设计。

② 室内聚光式太阳灶是将太阳灶收集到的能量经过变压器油吸收，再转换成为热量，保持400℃以上的温度传递到室内，并加以应用。

③ 组合式太阳灶利用先进的光学理论，把阳光转换成能源。该太阳灶使用方

便，先进的偏轴多极化光学设计，可上、下、左、右任意角度调节。

④ 折叠式太阳灶使用时可展开，保持原有采光面积，保持原抛物面；不用时可折叠，折叠后宽度仅 0.7m，既减少占用空间，又便于移动，可随时放入室内，避免了因日晒雨淋而带来的损伤，金属支架也不易生锈，大大延长了太阳灶的使用寿命。

⑤ 全玻璃镜面反射太阳灶灶面采用全玻璃材料，经热弯、镀膜一次成形，其形成的反射面为镜面反射，具有较高的反射率，可达 80%以上，比普通太阳灶的光学效率提高 20%，其使用寿命也增大，可达 10 年以上。

如图 4-1 所示，聚光式太阳灶的优点结构紧凑、拆装方便、质量轻、自动跟踪，焦点温度可达 1000℃以上，功率相当于 1000W 的电炉，只要有阳光，一年四季都可使用，使用寿命可达 10 年以上，可满足煮、煎、炖、炸等炊事活动；安装简单，易于操作；初装调试好后即能每日自动跟踪（自动跟踪型）；价格低，使用寿命长；微电机驱动，年耗电仅 2～3kW・h（跟踪型）；锅架采用重力平衡装置；自动跟踪是太阳能领域新技术，同样适用于太阳能热水器、太阳能光伏、光热发电等项目；先进、高效、新颖、价低、节能、环保、独特、实用。

图 4-1　聚光式太阳灶

第二节　太阳灶的分类与结构

一、太阳灶的基本分类

1. 箱式太阳灶

箱式太阳灶按结构不同可分为热箱式、反射镜箱式、聚光箱式和轻便型等。

2. 聚光式太阳灶

聚光式太阳灶是目前大量使用的太阳灶主要形式。聚光式太阳灶大致可从以下几个方面进行归类。

（1）按灶面光路设计不同分类

① 正抛太阳灶，其形状有正抛正圆、正抛矩形、正抛椭圆、正抛偏圆等。

② 偏抛太阳灶，有半偏、全偏、超偏，其形状也有扁圆、椭圆、矩形、蝶形、异形等。

（2）按灶面结构和选材不同分类 有整体结构、2 块或 4 块结构等。聚光式太阳灶的灶面可采用水泥混凝土、铸铁、铸铝、钢板、玻璃钢、钙塑料等材料制作。

（3）按灶面支撑架不同分类 一般可分为中心支撑、托架支撑、翻转式支撑、灶面前支撑、吊架支撑等。

（4）按炊具支撑架不同分类 主要有固定式和活动式两种。

（5）按跟踪调节形式不同分类 对太阳方位角跟踪有立轴式、轮转式和摆头式等形式。

3. 其他太阳灶

将箱式太阳灶和聚光式太阳灶具有的优点加以优化，结合太阳能平板集热器、真空管集热器的特点和技术，研究和开发其他类型新型太阳灶，实现将太阳能通过管道送往保温箱蒸煮食物，或利用热管引进室内蒸煮食物等功能。

二、箱式太阳灶

箱式太阳灶就是利用黑体吸收太阳辐射能的原理制造的。它的主要结构为一个箱体，四周用绝热材料保温，内表面涂以吸收率大的物质，上面由两层玻璃板组成透光兼保温的盖板，这样投射进箱内的太阳辐射能被黑体吸收，并储存在箱内使温度不断上升。当投入热量与散出热量平衡时，箱内温度就不再升高，达到平衡状态。

1. 普通箱式太阳灶

如图 4-2 所示，太阳灶的外形看起来像一只箱子，所以称为箱式太阳灶。它包括箱体、箱盖、饭盒支架和活动支撑等部分。箱体的边框用 20mm 厚的木条作榫衔接，并且在木条内壁开好角槽，箱壁纸板就钉在这个角槽上。然后，在箱体上边框的内侧下沿再钉一圈截面为 10mm 见方的木条，木条上粘一层绒布，将来箱盖就安放在这上边。做好后，为了加强密封，箱内再裱糊两层纸。

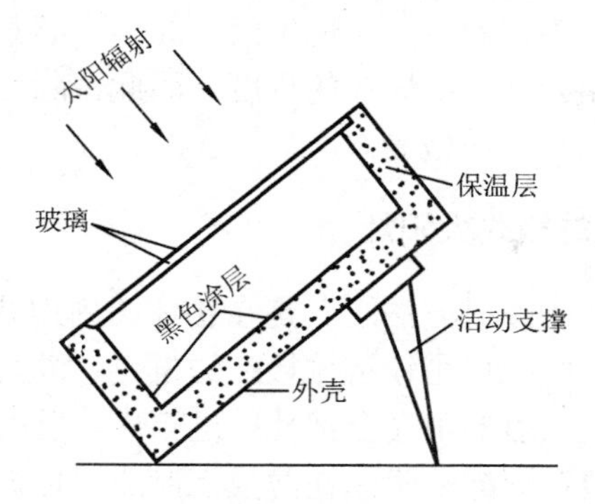

图 4-2　箱式太阳灶

箱盖是用两层玻璃做成的。安放玻璃前要先做好盖框，盖框大小与箱体相适合。两层玻璃的间隔约 10mm，用钉子钉在盖框上，四周用灰泥封实，防止透气和进去灰尘。

保温层很重要，它对箱内温度的高低起着决定作用。保温层用松软的棉花和纸做成。箱底的保温层需用棉花絮好与箱底大小一样的三层，并用四层纸包严和隔开，然后用针线引好，做成褥子一样，拿小钉固定在箱底上，可用牛皮纸覆盖后与箱的四壁贴牢。箱壁的保温层需用棉花压成约 50mm 厚，紧贴在箱的四壁，也用牛皮纸粘严。最后用桃胶、黑烟子加水调成糊状，用刷子把牛皮纸涂成黑色。

饭盒支架用 8 号铅丝弯成，安放在箱内预先装好的木挂条上，支架上托放饭盒。如不用铝制饭盒，也可以用竹篾或铁条编成屉子放在支架内蒸食物，但要用耐温无毒的塑料薄膜把食物包起来。

活动支撑用木条做成，支在箱底上，可以转移箱体，使箱面始终与太阳光垂直。

为了能使箱面与太阳光垂直，在箱盖的一角垂直扎一根大头针，作为垂直标。如箱面对着太阳，钉的周围无影，这表示箱面正好与太阳光垂直。

一台合格的箱式太阳灶，在垂直箱面的太阳光照射下，能使固定在挂条外侧上端的温度计在冬季升到 135℃～145℃，夏季升到 140℃～150℃。

箱式太阳灶使用方便，一般不用看管，放进食物后 2～2.5h 就可以煮熟。$0.5m^2$ 采光面积的太阳灶一次可蒸 2kg 干面馒头。不过，由于冬夏气温的差别，还有食物的种类不同，因此，照射时间和食物数量要灵活掌握，必须找出规律性。

使用时，要先掸去玻璃上的尘土，然后把箱子抬放在太阳光下，使箱面与太阳光成垂直。在夏季要预温 30min，冬季预温 1h，等箱内温度上升到 100℃以上时，掀开箱盖，挂入食物后盖严。使用中间要调整 2～3 次箱体的角度和方向。如果没有时间调整，那就要在放食物前计算好从生到熟太阳光移动的角度，取其中间位置把箱子放好。食物做熟了，可用毛巾垫着把饭盒连架一起取出。连续使用时，取出食物后要马上盖严，防止热量散出。不再使用时，最好把箱子抬回室内，或暂时把箱盖错开，降低箱内温度，千万不要使空箱在太阳光下长时间曝晒。

箱式太阳灶可以蒸馒头、做包子、焖米饭、炖肉、熬菜和烤红薯等。箱式太阳灶内温度虽高，但还不到会把食物烧焦的程度，因此，除可用来做饭炒菜外，还能作为烘干装置，如烘干烟叶、辣椒等。

2. 加装平面反射镜的箱式太阳灶

箱式太阳灶简单易行的改进方法之一是在箱体四周加装平面反射镜，用来提高太阳灶的温度和功率。反射镜可用铰链镶接在边框上，并可以固定在任意角度上。调节反射镜的倾角，可使入射的阳光全部反射进箱内。反射镜可采用普通的镀银镜面、抛光铝板或用真空镀铝聚酯薄膜贴在薄板上制成。根据试制和使用情况，加装1块反射镜，太阳灶箱温最高可达170℃；加装2块反射镜，可达185℃；加装4块反射镜，可达200℃，明显提高了煮食效果。虽然由于镜子数量的增加而使成本提高，但增加反射镜可以相应缩小太阳灶的体形，这样就使太阳灶的成本与原来相差无几。

加装平面反射镜的箱式太阳灶如图4-3所示。使用时转动箱体和调节支架，使太阳灶窗口正对太阳光。阳光除一部分直接射入窗口外，其余部分经反射镜反射入灶内。此类太阳灶可根据需要加装1～4块反射镜。若反射镜的长度等于窗口长度，安装角为60°。加装反射镜的块数为1、2、3和4时，太阳灶的聚光度分别是1.5、2、2.5和3。使用较多的一种加反射镜箱式太阳灶如图4-3b所示，它是将玻璃箱盖做成斜坡形，在窗框的后面和前面各安装1块反射镜。使用时箱体平放地面，转动太阳灶使其朝向阳光入射方向，再调节反射镜角度使反射光全部进入灶内。此种灶的优点是可以省去太阳灶的支架和饭盒挂架，稳妥可靠，使用方便，箱温可达180℃左右，根据计算，加装1块反射镜时玻璃窗与水平面的倾斜角$\alpha=\Phi-6°$，聚光度可达1.5左右；加装2块反射镜时，倾斜角$\alpha=\Phi+10°$，聚光度可达2左右。其中，Φ为当地地理纬度。

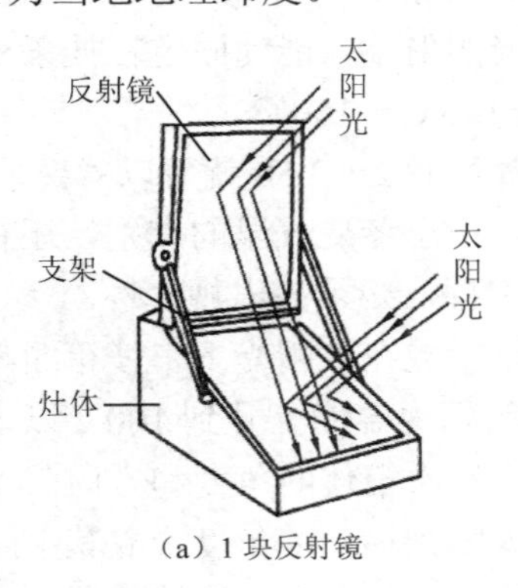

(a) 1块反射镜

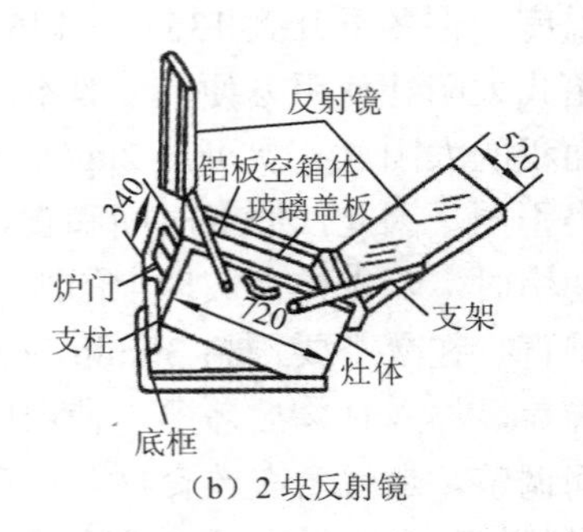

(b) 2块反射镜

图4-3 加装平面反射镜的箱式太阳灶

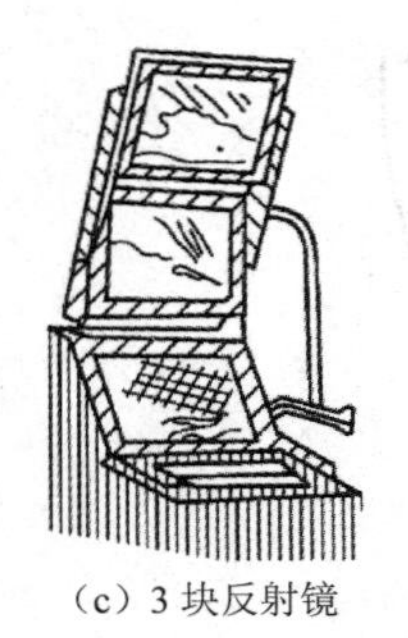

（c）3 块反射镜

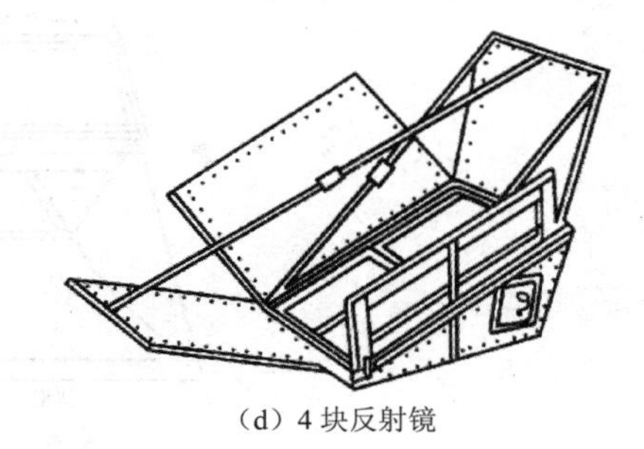

（d）4 块反射镜

续图 4-3　加装平面反射镜的箱式太阳灶

一般箱式太阳灶具有构造简单、成本低廉、使用方便等优点，但相对而言，因聚光度低，功率有限，箱温不高，只适合于蒸煮食物，且蒸煮时间较长，在使用上受到一定限制。

3．抛物柱面聚光箱式太阳灶

箱式太阳灶由于受窗口面积限制，接收太阳辐射能的功率较低，箱温不高，利用加装平面反射镜，虽然可以提高聚光度，从而增加功率和箱温，但始终有限。而且反射镜的利用率低于 50%，进入箱内的辐射能分散在整个箱体内和饭盒的上部，不利于食物的蒸煮。一般旋转抛物面聚光灶的功率可以设计得较大，能量集中，温度高，但制作困难，造价高，不易推广，且对于箱式灶而言，散热损失也较大。

将箱式太阳灶和聚光式太阳灶的优缺点加以比较，吸收两种类型太阳灶的优点研制成功了抛物柱面聚光式太阳灶。图 4-4 为该型太阳灶箱体剖面图。阳光分别由上面箱盖窗口直接入射，由箱体下面两侧的抛物柱面镜反射聚光后进入箱内，其反射光路如图 4-5 所示，整体外形结构如图 4-6 所示。抛物面用铰链安装在箱体下面的框架上，外侧用活动撑杆与箱体固定。拆去撑杆后，可将抛物面折叠起来，成为 950mm×390mm×620mm 的箱子，便于放置和携带。

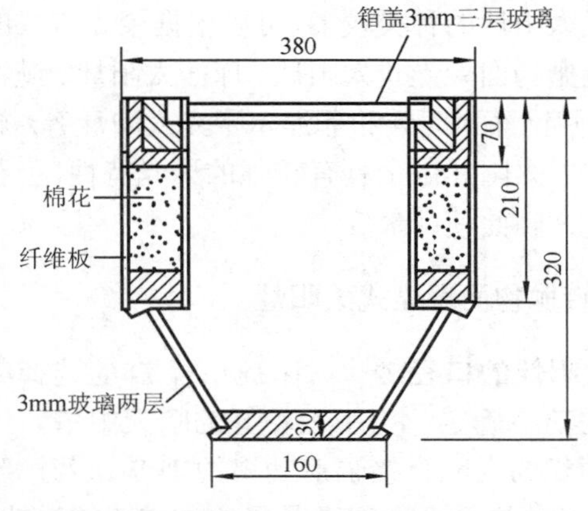

图 4-4　抛物柱面聚光式太阳灶箱体剖面（单位：mm）

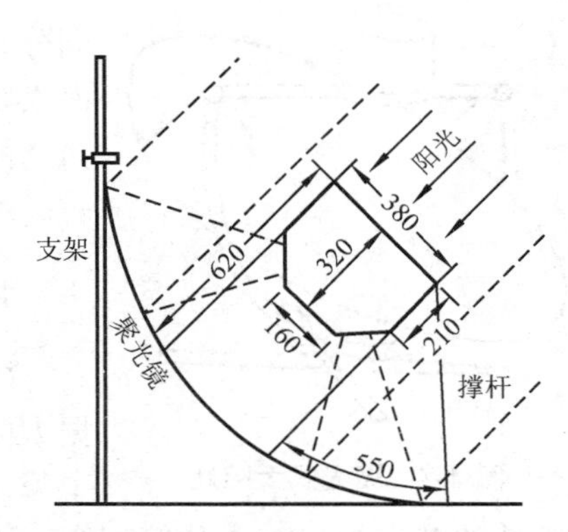

图 4-5　光路（单位：mm）

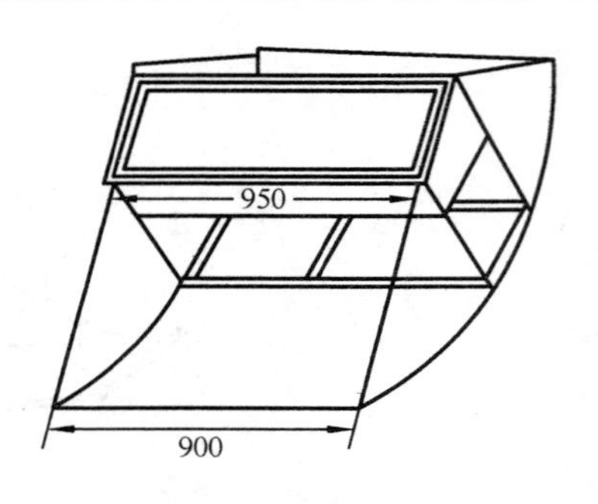

图 4-6 整体外形结构

这种灶之所以具有上述优点，其原因在于采用了抛物柱面聚光，因此功率较大。该型太阳灶箱体较小，能量集中，散热损失小，升温快，灶温高达 200℃，太阳辐射能主要由箱体下部两侧窗口射入，挂架底部的温度最高，便于饭盒或锅中水的对流，有利于食物的蒸煮。

设计时，箱体的内空尺寸可按所装饭盒的大小及数量来确定挂架尺寸；而沿轴线安置的长条形挂架要能在箱体内自由旋转。由于不过分追求较高的聚光比，故抛物柱面镜的收集角α可选得大一些，即焦距f短一点，从而使灶体较矮，重心低，使用时稳定性好。

三、聚光式太阳灶

聚光式太阳灶是一种利用旋转抛物面反光汇聚太阳直射辐射能进行炊事工作的装置，聚光式太阳灶利用了抛物面聚光的特性，大大地提高了太阳灶的功率和聚光度，锅底可达 500℃的高温，便于煮、炒食物和烧开水等各种炊事作业，缩短了炊事时间。但聚光式太阳灶比箱式太阳灶在设计制造方面复杂，而且成本高。聚光式太阳灶如图 4-7 所示。

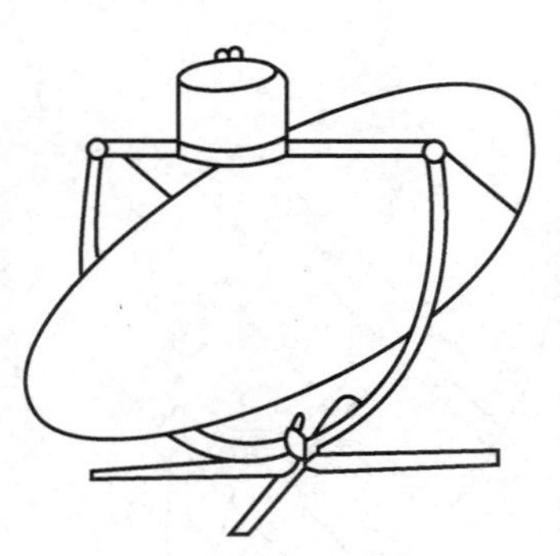

图 4-7 聚光式太阳灶

聚光式太阳灶的种类较多，可以根据聚光方式的不同分为旋转抛物面聚光式太阳灶、球面太阳灶、抛物柱面太阳灶、圆锥面太阳灶和菲涅尔聚光太阳灶等。旋转抛物面聚光式太阳灶由于具有较强的聚光特性，可获得较高的温度，因此使用最广。

1. 旋转抛物面聚光式太阳灶

（1）太阳灶的口径 D 太阳灶口径 D 的选择应根据太阳灶的功率确定。由于在较好的晴天中午，地面上每 $1m^2$ 面积的太阳直接辐射功率约 1kW，若按照太阳灶的效率为 50%来估算，则太阳灶每 $1m^2$ 的采光面积可获得约 500W 的热功率。

根据各地实际使用太阳灶的经验，对于 4 口之家，太阳灶的采光面积以 $2m^2$ 左右为宜，采光面积过小，则功率小，达不到足够的火候。若家庭人口超过 4 口，采光面积应适当增加。但是，对于旋转抛物面聚光式太阳灶，面积再增大，相应地加大了太阳灶的口径，就会带来炊事操作的不便。后面介绍的偏轴抛物面聚光灶可以较好地克服上述矛盾。

（2）聚光式太阳灶的灶面 太阳灶的灶面由基面和反光材料两部分组成，是太阳灶最重要的部件。制作太阳灶的基面常采用的材料和工艺：用平板玻璃在模具上热弯成形；用塑料由模具热压成形；用薄金属板由模具冲压成形或在骨架上强迫弯曲成形；用水泥加钢筋和金属网制成混凝土薄壳灶面；用锯末和石棉瓦材料加竹筋制成水泥薄壳结构；用纸张或破布在模具上做成玻璃钢灶壳；在地面上堆积泥土用膜板直接括制成形；用薄形铸造工艺做成铸铁灶壳等。

不论用什么方法成形，首先，必须按所选定的太阳灶口径和焦距尺寸根据抛物线方程计算出相应的抛物线坐标值，在坐标纸上精确地标绘出相应的坐标点，用曲线板绘出所需的抛物线。其次，将绘制好的抛物线复制在 5 层板或 3mm 钢板上，精制成抛物线模具刮板。在刮板的一端标绘出抛物线的主轴位置，这也就是刮板旋转轴的中心线。为了减小在制模过程中刮板变形和旋转刮制过程中的摇动，在刮板的另一端要有轨道面。刮板制成后即可安装在转轴上精心刮制出所需要的模具（水泥模、石膏模或铸铁模），再利用模具制作出灶壳，最后在灶壳上粘贴镀银小镜片或镀铝涤纶薄膜等反光材料。图 4-8 为用薄形铸造工艺做成的铸铁灶壳聚光式太阳灶。

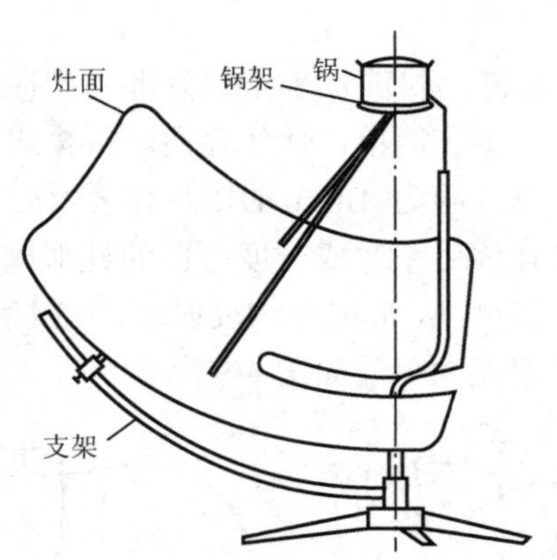

图 4-8 铸铁灶壳聚光式太阳灶

（3）太阳灶锅架、支架和跟踪调节机构 用于支撑锅具的锅架有两种安装方式。一种是将锅架支撑在地面上，锅架在使用中稳定可靠，但是此种方式要求灶面跟踪高度角变化的水平轴必须通过焦点，也就是说在使用过程中太阳灶面应当绕着锅底转动，灶面转动时，重心位移较大，调节费力。重心偏移过多也容易导致灶体倾倒。另一种是将锅架支撑在太阳灶面上，太阳灶做方位和俯仰调节时，锅架随灶面一起转动，这就必须考虑如何使锅架在调节过程中始终保持水平。例如，最简单的办法是利用配重使锅架的重心低于通过锅架的水平转轴。这种方法的优点是太阳灶面可绕通过灶面重心的水平轴做俯仰调节，调节起来比较省力而且稳定。

方位角的跟踪机构有两种：一种是将整个灶面安装在一根竖直转轴上；另一种是将灶面安装在带有轮子的支架上。

太阳灶的设计应力求做到结构简单、调节方便、经久耐用，并具有一定的抗风能力。

2. 偏轴抛物面聚光式太阳灶

旋转抛物面聚光灶在用于炊事工作时，由于锅具需始终保持水平，不能随光轴倾斜。因此，当太阳高度较高时，焦面与锅底基本平行，效果较好。当太阳高度较低时，焦面与锅底形成的交角较大，一部分光线射到饭锅的侧面而影响煮食效果。而且，锅具也无法采用加装保温套的办法，以减少散热损失。旋转抛物面形的太阳灶，在夏季以及中午使用时效果较好。在其他季节以及早晚使用时，效率就不高，而且制作工艺复杂，体形庞大，不便于携带和放置。针对上述问题，研制成功一种将抛物面中的部分截割下来，作为偏轴抛物面聚光式太阳灶的采光面，不仅提高了采光效率，而且可以将矩形抛物面对折起来，便于携带和存放。这种灶锅架靠近灶体，操作方便，是一种常用灶型。

3. 折叠式聚光太阳灶

由于旋转抛物面制作困难，目前也采用长条形抛物柱面镜制作成折叠式聚光太阳灶。其优点是设计和加工工艺简单，灶体轻便。折叠式聚光太阳灶一般用经过电解抛光及阳极氧化处理，厚度约为 1mm 的铝片作为反射镜。每条铝片，可以很容易地按事先画在纸上的抛物线用手弯成一度弯曲的柱形抛物面。然后，将弯好的铝片顺序排成阶梯状安装于箱框上，形成抛物反射面，使投射在每一反光片上的阳光，都能汇聚于锅底。折叠式聚光太阳灶如图 4-9 所示。

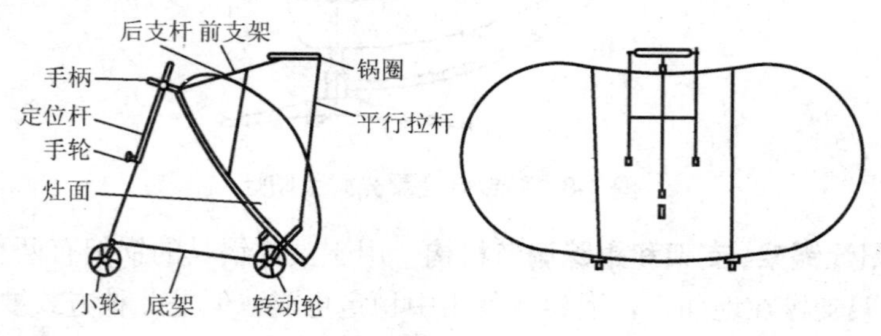

图 4-9 折叠式聚光太阳灶

四、新型太阳灶

这里介绍几种综合型太阳灶，它是将箱式太阳灶和聚光式太阳灶的优点加以综合，并吸收真空集热管技术、热管技术研发的新型太阳灶。

1. 热管真空集热管太阳灶

将热管真空管技术和箱式太阳灶的箱体结合起来，形成热管真空集热管太阳灶，如图 4-10 所示。

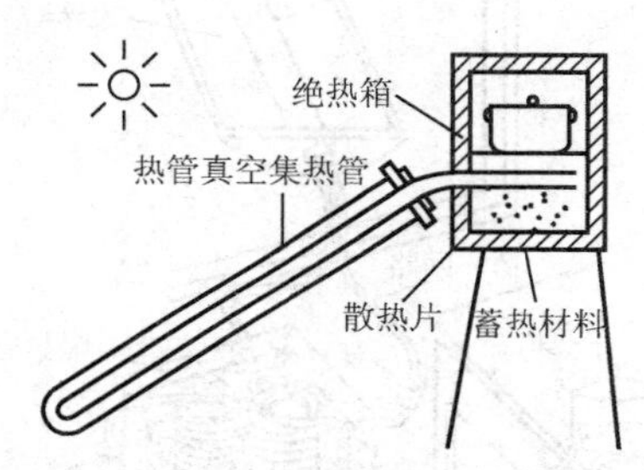

图 4-10　热管真空集热管太阳灶

2. 贮热室内太阳灶

如图 4-11 所示，贮热室内太阳灶的工作原理是太阳光通过聚光器将光线聚集照射到热管蒸发端，热量通过热管迅速传导到热管冷凝端，通过散热板再传给换热器中的硝酸盐，再用高温泵和开关使其管内传热介质把硝酸盐获得的热量传给炉盘，利用炉盘所达到的高温进行炊事。

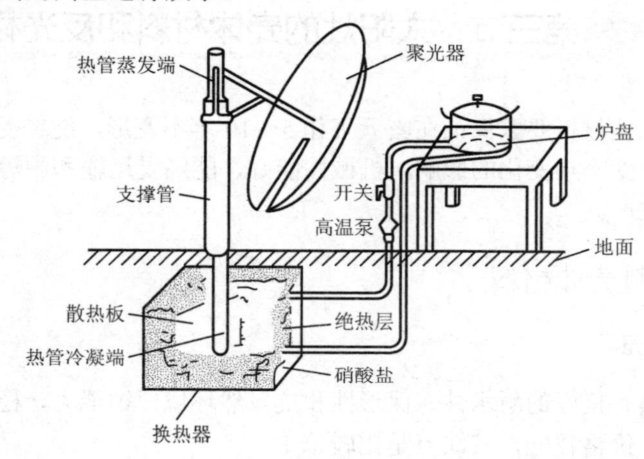

图 4-11　贮热室内太阳灶

贮热室内太阳灶与室外太阳灶相比有了很大的改进，但该灶制造技术难度大、投资高，目前还处于研发阶段。

3．聚光双回路太阳灶

如图 4-12 所示，聚光双回路太阳灶也是一种室内应用的太阳灶，其工作原理是：聚光器将太阳光聚集到吸热管，吸热管所获得的热量能将第一回路中的传热介质（棉籽油）加热到 500℃，通过盘管换热器把热量传给锡，锡熔融后再把热量传给第二回路中的棉籽油，使其达到 300℃左右，最后通过炉盘来加热食物。

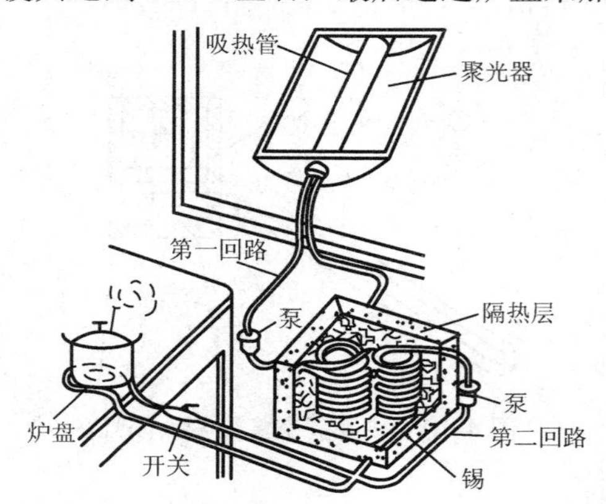

图 4-12 聚光双回路太阳灶

这种正在研制的太阳灶循环系统比较复杂，制作工艺和生产成本较高，目前难于推广和应用。

第三节 太阳灶的壳体材料和反光材料

对太阳灶壳体材料要求保证在露天工作 5～10 年不变形，能经受风、雨、雪、沙的侵蚀，能承受冷热变化的影响，机械性能好，能经受运输和中等撞击，便于产业化、标准化生产。

一、太阳灶壳体材料

1．水泥灶壳

水泥灶壳具有良好的耐水性、保形性和抗自然环境侵蚀能力，稳定性和抗风性好，制作简单，价格较低，其缺点是比较笨重。

水泥灶壳一般可分为混凝土和抗碱玻璃纤维增强水泥两种。混凝土由水泥、水、沙、石子、钢筋等原料组成。水和水泥调成水泥浆，沙子为细骨料，石子为粗骨料，钢筋则为造型材料。

水泥的选择是确保灶壳质量的关键，水泥标号越高，其黏结力越强，故一般要选用500号以上的水泥。在配置混凝土时，应使用尽量清洁的水，不能含有脂肪、油、糖、酸和其他有害物质渗入。

抗碱玻璃纤维增强水泥是一种新的建筑材料，强度高、抗裂性强、工艺简单，可制成薄壳轻型灶。

2．玻璃钢灶壳

玻璃钢是一种用树脂为基体，以玻璃纤维布为增强材料的复合材料，便于工厂化生产，是一种轻质、高强度的材料，容易成形、坚固耐用，便于机械加工，表面可喷漆，使其光滑美观。其缺点是易变形，故灶壳需考虑采用防止变形的加强筋撑承结构。

3．菱苦土灶壳

菱苦土也称高镁水泥。它是由1份木屑、3份菱苦土加入少量植物纤维（如剑麻）和竹筋，用氯化镁溶液调和而成。其特点是比水泥灶轻，为水泥灶质量的1/3～1/2，而且具有很高的强度。缺点是可溶性盐类（$MgCl_2$）的抗水性差，如养护不好易变形，影响使用效果。

4．薄壳铸铁灶壳

薄壳铸铁灶壳是采用我国传统的铁锅压铸工艺，使灶壳厚度仅有3mm，可分为2块或4块组装而成。其特点是便于大批量生产，坚固耐用，表面光滑，不易变形，还可以回收利用，运输和组装均很方便。其缺点是机械加工性能较差。

5．塑料灶壳

塑料是一种耐腐蚀、耐冲击、易加工、质量轻的材料，其成本也在不断地降低，抗老化问题也在逐步解决，是一种很有发展前景的灶壳材料。塑料成形可采用挤出成形、注射成形和模压成形3种工艺来制作太阳灶壳体。

6．其他材料的灶壳

其他制造灶壳的材料还有纸灶壳材料、石棉水泥材料、钢板材料等。值得一提的是，利用抛光金属来制作灶壳也很有发展前途，如把纯铝板压成抛物面，进行抛光和阳极氧化处理，可以得到直接具有反射面的灶壳，灶壳轻便耐用，便于运输、组装和使用。

二、太阳灶的反光材料

1．普通玻璃镜片

一般的普通玻璃镜片厚为2～3mm（特殊用途可更厚一些）。其优点是耐磨性好、表面光洁、价格便宜、易切割加工、购买方便，使用寿命可达4～5年（如果维护好寿命可提高1倍）。其缺点是反光率不高（一般小于0.75），质量较大，粘贴比较麻烦，尤其镜片间的缝隙不易黏牢，雨水进入会造成反光层脱落，影响使用。为改进此缺陷，可将镜片尺寸改大，甚至用一大块曲面镜代替多块镜片。国外已有2m长的抛物柱面镜，其反射率高达0.90，已在太阳能热力发电站中应用。

2．高纯铝阳极氧化反光材料

选用高纯铝板进行冲压成形，然后进行抛光和阳极处理，国外应用较多。

3．聚酯薄膜真空镀铝反光材料

利用聚酯薄膜做基材，采用高真空沉积技术，将高纯度铝沉积在基材上，然后涂覆带有机硅材料的保护层，在薄膜背面涂上压敏胶。该材料具有较高的镜面反射率（一般为0.80～0.90），厚度极薄，便于剪贴，机械强度高，使用方便。其缺点是使用寿命一般只有3～4年，但如果维护好，可延长使用寿命。必要时可几年更换一次反光材料来提高太阳灶的使用寿命。

第四节 太阳灶的技术要求

太阳灶是一种太阳能收集器，满足烧水和做饭等需求的同时，还要满足炊事人员使用的方便，因此，太阳灶的设计制作有一定的标准和要求。

太阳灶按采光面积划分规格，其优先系列为1.0m^2、1.3m^2、1.6m^2、2.0m^2、2.5m^2、3.0m^2、3.5m^2。太阳灶焦距推荐值为500mm、550mm、600mm、650mm、700mm、750mm、800mm、850mm、900mm、950mm。太阳灶应按规定程序批准的图样和技术文件制造。

一、聚光式太阳灶的热性能指标

① 光效率：抛物面聚光式太阳灶≥65%。

② 400℃以上温区面积≥50cm^2，≤200cm^2，边缘整齐，呈圆形或椭圆形。

③ 聚光式太阳灶的额定功率≥455W/m^2。

二、聚光式太阳灶的结构尺寸

① 最大操作高度≤1.25m，最大操作距离≤0.8m。

② 采光面积＞$3m^2$的聚光太阳灶，其最大操作高度和最大操作距离允许大于上述值。

③ 最小使用高度角≤25°，最大使用高度角≥70°。

④ 在高度角使用范围内，钢圈与水平面的倾斜度≤5°。

⑤ 自动跟踪型聚光太阳灶，跟踪角度误差不超过±2°。

三、聚光式太阳灶的反光材料性能要求

反光材料要求具有高的反射率（镀铝薄膜≥0.80，其他反光材料≥0.70），有较好的抗老化性、耐磨性、耐候性、耐盐雾性。

四、聚光式太阳灶的灶面

聚光式太阳灶的灶面应光滑平整，无裂纹和损坏，反光材料黏结良好。柔性反光材料不应皱褶，隆起部位不多于 5 处/m^2，每处面积≤$4cm^2$。玻璃镜片之间间隙≤1mm，边缘整齐无破损。

五、其他

① 灶壳的支承架，安装后与灶壳应接触良好，紧固稳定。

② 焊接件应焊接牢靠，不允许漏焊、裂纹等缺陷。焊渣应清除干净。

③ 油漆表面应光滑、均匀、色调一致，并有较强的附着力，具有抗老化性和耐候、耐温热、耐盐雾性。

④ 高度角和方位角调整机构应调整方便、跟踪准确、稳定可靠。

第五节　聚光式太阳灶的设计

太阳灶适用于干旱地区、沙化地区，即农牧民生活燃料匮乏的地区。太阳灶的供应，一方面可由我国东部地区专业生产企业批量供应，如江苏盐城长期向西藏地区供应铸铁太阳灶；另一方面也可以在当地建厂生产，就近供应。现在我们就聚光式太阳灶最基本的设计理念和方法做简单的介绍。

我们力求避免麻烦的数学推导，简化设计步骤，重点放在告诉读者设计理论中的基本观点，教会初学者设计方法。在这里，我们还考虑到读者水平的差异，对于

不善于设计计算的读者，我们只要求他掌握设计的基本概念，并运用这种“概念”进行粗略的反光面设计，在实践中掌握真知。

一、太阳灶的设计参数

一台太阳灶的优劣，与设计参数的选取有着直接的关系。确定合理的设计参数，选择适当的约束条件，是达到优化设计的关键。事实上，太阳灶的设计工作，往往要经过数次参数的调整才会得到令人满意的结果。这些设计参数先要明确它的含义、选取思路、计算方法及参数间的关系。

1. 太阳高度角 *h*

太阳高度角是指太阳的光线与地平面的夹角，如图 4-13 所示，我们用 h_{max} 和 h_{min} 来表示太阳高度角的最大值与最小值。它表示在太阳灶的使用中，即从太阳升起到日落的过程中，我们在什么样的太阳高度角范围内使用太阳灶。在我国一般应在 20° ～80° 使用，低于 20° 时，太阳辐射受到很大程度的衰减，阳光的直接辐射值降低了，使用太阳灶的效果不佳。我们建议在设计中采用 20° ～25° 的最小高度角。最大高度角按下式进行计算：

$$h_{max}=102° -0.8\Phi \tag{4-1}$$

例如，纬度 30° 地区应为 78° ，纬度 35° 地区应为 74° ，纬度 40° 地区应为 70° 。在纬度小于 23.5° 的地区，推荐太阳最大高度角为 82° 。

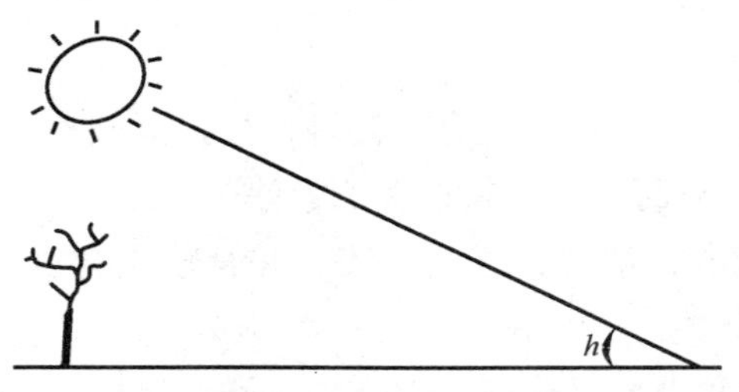

图 4-13 太阳高度角

最小太阳高度角的选择还要根据当地海拔高度、大气透明度和当地习俗酌情加减，如西藏，海拔高、大气透明度好，且有早餐使用太阳灶的要求，因此，太阳灶最小高度角可选择为 15° ，即太阳升起不久就能应用。相反，一些低海拔、高湿度地区，空气混浊，在太阳高度角为 20° 时，使用效果仍不理想，不妨把太阳高度角定为 25° 。所以最小太阳高度角定为 20° ，并可根据当地气象条件增、减 5° 。

太阳高度角每时每刻都在发生变化，任何时刻的太阳高度角，可以通过下式求出：

$$\sin h=\sin\Phi\sin\delta+\cos\Phi\cos\delta\cos\omega \tag{4-2}$$

式中：Φ——当地地理纬度（° ）；

δ——当时的太阳赤纬角（°）；

ω——当时的太阳时角（°）。

太阳赤纬角 δ 可在表 4-1 中查出。

表 4-1　太阳赤纬角 δ（每 4 日值）　（°）

日期	月份											
	1	2	3	4	5	6	7	8	9	10	11	12
1	−23.1	−17.3	−7.9	+4.2	+14.8	+21.9	+23.2	+18.2	+8.6	−2.9	−14.2	−21.7
5	−22.7	−16.2	−6.4	+5.8	+16.0	+22.5	+22.9	+17.2	+7.1	−4.4	−15.4	−22.3
9	−22.2	−14.9	−4.8	+7.3	+17.1	+22.9	+22.5	+16.1	+5.6	−5.9	−16.6	−22.7
13	−21.6	−13.6	−3.3	+8.7	+18.2	+23.2	+21.9	+14.9	+4.1	−7.5	−17.7	−23.1
17	−20.9	−12.3	−1.7	+10.2	+19.1	+23.4	+21.3	+13.7	+2.6	−8.9	−18.8	−23.3
21	−20.1	−10.9	−0.1	+11.6	+20.0	+23.4	+20.6	+12.4	+1.0	−10.4	−19.7	−23.4
25	−19.2	−9.4	+1.5	+12.9	+20.8	+23.4	+19.8	+11.1	−0.5	−11.8	−20.6	−23.4
29	−18.2		+3.0	+14.2	+21.5	+23.3	+19.0	+9.7	−2.1	−13.2	−21.3	−23.3

太阳时角的定义为：在正午 12 时 $\omega=0$，每隔 1h，增大 15°，上午为正，下午为负。例如，上午 11 时，$\omega=15°$；上午 8 时，$\omega=15°\times4=60°$；下午 1 时，$\omega=-15°$；下午 3 时，$\omega=-15°\times3=-45°$。

如果读者感到计算办法不方便，我们可以用一根长杆来测量太阳的高度角，如图 4-14 所示。

在平整的地面立一根直直的长杆，要求长杆垂直于地平面，迅速量出长杆在地面的投射长度 AC，从计算器中算出阳光与地平面夹角的正切值，即可求得太阳的高度角。

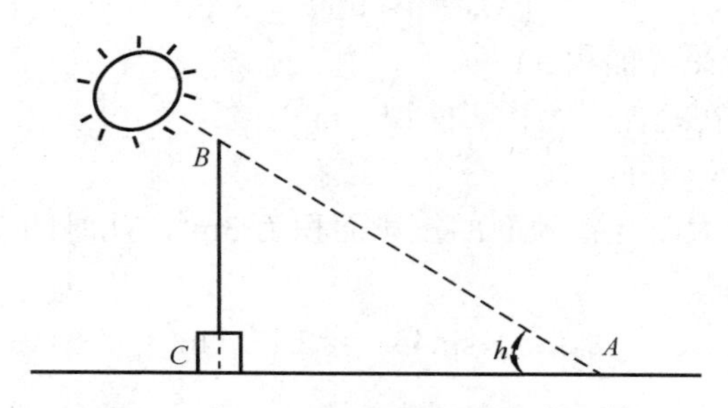

图 4-14　用一根长杆测量太阳高度角

【例 4-1】一个 2m 的长杆，在地面上投射长度 AC 为 3m，求此刻太阳高度角。

$$\tan h = BC \div AC = 2 \div 3 = 0.67$$

$$h = 33.7°$$

此数值也可从三角函数表上查得。

2．投射角θ

投射角是指反射光线与锅底平面的夹角。考虑到在操作方便的情况下，尽可能增大采光面积，θ可以取值的范围是15°～20°。要说明的是，投射角过小，锅底对反射光的吸收率变低，从而影响太阳灶的效率。过大的θ角对提高效率的意义不大，反而会带来操作高度太高的麻烦。相同焦距时，采光面积大小对θ角的影响如图4-15所示。

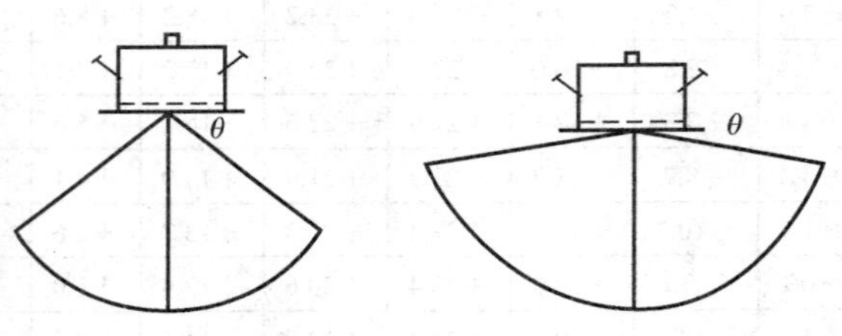

图4-15 采光面积大小对θ角的影响

3．采光面积A_c

太阳灶采光面积是指太阳灶主光轴与阳光平行时，灶面在垂直于阳光方向上的投影面积。要得到太阳灶较大的功率，就得有相应的采光面积。一个巴掌大的太阳灶永远烧不开一壶水，因为它的功率太小了，一个容量为3～4L的水壶，其散热能力远远大于小小聚光镜所能提供的热量。

在实际计算时，只要知道太阳灶在地面上的投影面积和此时的太阳高度角，根据下式就可以计算出太阳灶的采光面积。

$$A_c = A\sin h \tag{4-3}$$

式中：A_c——太阳灶采光面积（m^2）；

A——太阳灶在地面上的投影面积（m^2）；

h——太阳高度角（°）。

【例4-2】 一台太阳灶在地面的投影面积为$3m^2$，此时的太阳高度角是45°，求太阳灶的采光面积。

$$A_c = 3\times\sin45° = 2.12\ (m^2)$$

4．操作高度H

所谓操作高度是指在使用太阳灶时，锅架距地面的高度。H的大小反映了使用是否方便。以操作者身高1.6m左右作为参考，同时考虑保证足够的灶面采光面积，我们建议操作高度最高不超过1.25m，这样的取值是为了使1.6m或1.6m以上的操作者在使用太阳灶时，不但能从灶的后面够得着锅架，而且在操作上也不费力。操作高度与操作距离如图4-16所示。

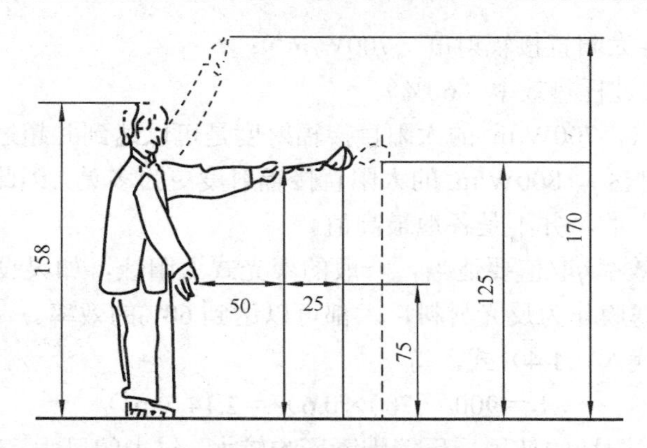

图 4-16　操作高度与操作距离（单位：cm）

5．焦距

焦距是指从抛物面原点（顶点）到主光轴上焦点的距离，通俗地讲就是指灶面的原点到锅圈中心的距离。

焦距的大小和其他参数间有相互对应的关系，当焦距较小时，锅架就较低，便于操作，但灶面也必然要做得较小，因而功率也就小了；当焦距过大时，会带来操作的不便和锅架稳定性的下降。

我们在这里提供一组经验数值，帮助读者了解采光面积的大小与焦距的关系。不同采光面积选取焦距的经验值见表 4-2。

表 4-2　不同采光面积选取焦距的经验值

面积/m^2	1.5	1.8	2.0	2.2	2.5
焦距/m	0.6	0.7	0.75	0.8	0.85
功率/W	700	850	1000	1100	1200

二、太阳灶采光面积的计算

人们在设计工作中首先遇到的问题，是要做多大面积的太阳灶。

在太阳灶效率相等的情况下，太阳灶采光面积的大小决定了太阳灶功率的大小。假定有一批不同的太阳灶，它们的效率都在 60%左右，那么反光面面积较大的太阳灶，其功率就较大。一台 $2m^2$ 左右的太阳灶，好天气时可以提供 1000W 左右的实际功率，适合家庭炊事。此外，$1.8m^2$ 左右的太阳灶也很常见。

计算太阳灶采光面积的公式：

$$A_c = P / \boldsymbol{I}_b \eta \qquad (4\text{-}4)$$

式中：A_c——采光面积（m^2）；

P——需要的功率（900W）；

I_b——额定太阳直接辐射度（$700W/m^2$）；

η——煮水过程热效率（60%）。

在北方的晴日，$700W/m^2$的太阳直接辐射度是可以达到并超过的，在阳光更好的地区（如西北地区），$800W/m^2$的太阳直接辐射度更为多见，因此，这个$700W/m^2$的数值是“额定”的，并不是各地最高值。

煮水过程热效率η取值要适当，一般的聚光式太阳灶，如果设计与制作基本合格，又采用反光薄膜作为反光材料，大都可以达到60%的效率。

将有关数值代入（4-4）式，得

$$A_c = 900/(700 \times 0.6) = 2.14\ (m^2)$$

应该看到，太阳灶的使用受环境因素影响较大，过大的风力、过低的环境湿度，都会使太阳灶的功率产生波动。用普通铝锅在大风中做饭，会造成太阳灶功率的下降，在这种情况下，有经验的用户往往把太阳灶移动到背风的向阳处使用，情况会马上得到改善。

一个三口之家，有一台采光面积$2m^2$的太阳灶较为适宜。我们主张太阳灶要做大一些，以便获得较大的功率。但过大的反光面必然会使锅架增高，太阳灶的质量增大，成本也相应提高，特别是对水泥类的太阳灶，造成运输和移动不便，因此，一般太阳灶采光面积通常不超过$2.5m^2$。

最小的太阳灶采光面积为$1m^2$，功率只有400～500W，打开后是台聚光式太阳灶，收起来像个手提箱，适合旅游者使用。

三、太阳灶采光面轮廓

我国太阳灶技术人员对太阳灶的设计理论进行了联合攻关，提出了一整套完整的设计理论和偏轴三圆作图的设计方法，这是太阳灶技术发展的一项重大突破。

1．偏轴太阳灶的设计概念

一个旋转抛物面的外形轮廓是一个圆，但是在旋转抛物面上可以划分出不同的区，即不同的部分，它们对太阳灶贡献的大小有很大的不同。太阳灶抛物面的分区如图4-17所示，一个完整的抛物面可分为Ⅰ、Ⅱ、Ⅲ 3个区，Ⅰ区的反射光不能全部照在锅底，在太阳偏低时，它的部分反射光甚至会照在锅盖上；Ⅱ区的反射光可以照在锅底，比Ⅰ区要好得多；最好的区为Ⅲ区，显然，太阳灶灶面的正确选择首先要选择Ⅲ区，其次是与Ⅲ区相邻的Ⅱ区的一部分。这样选取的太阳灶，它的主轴光不在灶面几何形状的中心，而是偏向一边，故称为偏轴或偏抛太阳灶。

根据以上分析，我们可以建立一个偏轴或偏抛太阳灶的设计概念，即太阳灶的灶面选择以偏抛太阳灶为好，而且也已知道了它在抛物面上的大体位置，但还不能停留在概念上，还需要通过科学的计算方法进行具体的设计。

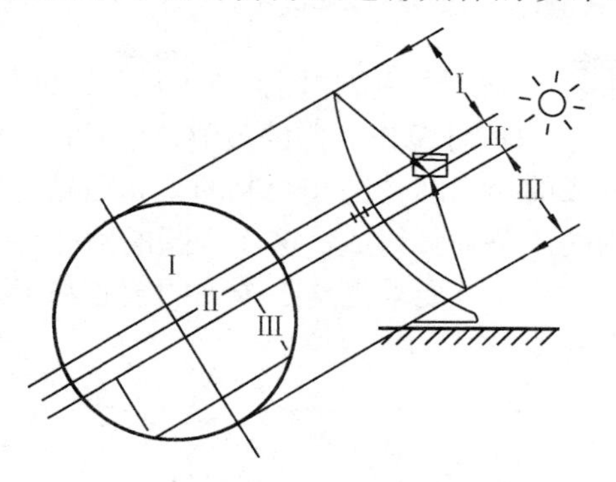

图 4-17　太阳灶抛物面的分区

2．收集锥原理简介

太阳灶在使用过程中，锅底总是水平的，因而灶面上的反射光线与锅底平面的夹角总是随太阳高度的变化而变化。照在锅底的光线比照在锅壁上的光线能被更好地吸收，而且同是照在锅底的光束，其与锅底夹角大的比夹角小的更容易被吸收，因此，必须首先去掉那些在使用中不能把光反射到锅壁上的反射面部分，其次还得去掉反射光与锅底夹角过小的反射面部分，留下来的部分，在太阳高度角可使用的范围内，不论何时何地，灶面的反射光不但可以全部集中于锅底，而且灶面各部分的反射光束对锅底都有≥20° 的夹角，这样的反射光都能很好地被锅底所吸收。

如何才能做到这点呢？假定太阳光线为平行光线，而且反射光线集中于锅底的一个点上，通过该点与锅底平面垂直的直线为轴线建立一个正圆锥面，其顶角为$\alpha=180°-2\theta$，则在太阳灶由太阳最小使用角到最大使用角的工作过程中，反射光线总被这一锥面所笼罩，我们称这一锥面为收集锥。太阳灶在太阳高度角变化中的仰角调节，就是灶面在收集锥中的往复摆动。在摆动中超出收集锥的灶面部分均不符合我们的要求，统统“砍”掉，舍弃不要。

形象地说，我们建立了一个像悬吊式蚊帐一样的正圆锥面，那个蚊帐的水平圈就是锅底，蚊帐拉开后，蚊帐本身所形成的正圆锥面的顶角$\alpha=180°-2\theta$，θ是我们所限定的。可以想象以焦距长为吊臂，在蚊帐中吊起一个抛物面，让它做太阳最小使用角到最大使用角的往复摆动，抛物面凡超出蚊帐的部分均不在选用之列，弃之不用，在摆动中就选定了我们所要的抛物面。太阳灶采光面应符合以下要求：

① 从早晨太阳最小高度角到中午太阳最大高度角之间，采光面所有的反射光束均能有效地反射在锅底。

② 太阳灶反射光线与锅底的夹角总等于或大于设计值，这样就保证了设计的灶面能获得最好的采光性能。

3. 三圆作图法的计算

在收集锥原理的基础上导出的三圆作图计算方法，其数学推导过程比较复杂，我们只向读者介绍用得着的方程，计算出必需的数值，就能画出所需要的采光面轮廓图。

首先看一张已经画成的用三圆作图法绘制的采光面轮廓图，如图 4-18 所示的采光面轮廓图是由 3 个圆的 4 条圆弧组成，这 3 个圆的圆心分别为 O_1、O_2、O_3，3 个圆的半径分别为 R_1、R_2、R_3，只要求出这 3 个圆的圆心和半径，我们就能很容易地画出采光面轮廓图。

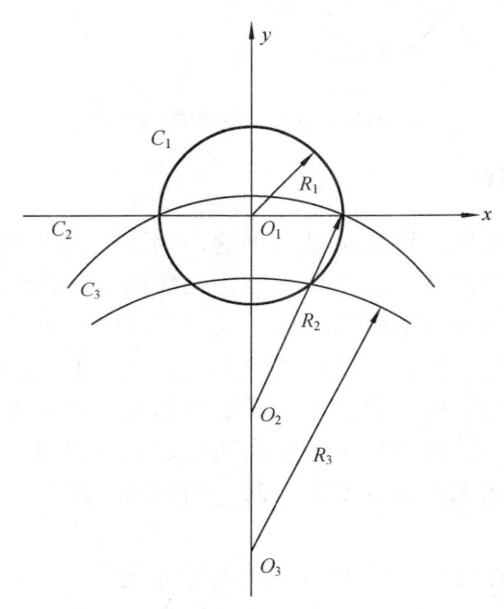

图 4-18 用三圆作图法绘制的采光面轮廓图

太阳灶设计中必不可少的 4 个公式：

$$O=2f\cos h/(\sin\theta+\sin h) \tag{4-5}$$

根据式（4-5），分别用太阳最小高度角和太阳最大高度角计算，可以求出 O_1 和 O_2 的值。

$$R=2f\cos\theta/(\sin\theta+\sin h) \tag{4-6}$$

根据式（4-6），分别用太阳最小高度角和太阳最大高度角计算，可以求出 R_1 和 R_2 的值。

$$O_3=2f\mathrm{c}\tan h_{\min} \tag{4-7}$$

$$R_3=(2f/\sin h_{\min})\sqrt{1-H\sin h_{\min}} \tag{4-8}$$

根据式（4-7）、式（4-8），用太阳最小高度角计算，可以求出 O_3 和 R_3 的值。

式中：f——太阳灶焦距（mm）；

h——太阳高度角（°）；

θ——投射角（°）；

H——操作高度（mm）。

【例 4-3】 取 f=700mm，h_{min}=25°，h_{max}=70°，θ=20°，H=1200mm。将选定的数值代入公式（4-5）、（4-6）、（4-7）、（4-8），就得到一组完整的用三圆作图法计算的采光面积数据：

O_1=374，R_1=1028；O_2=1658；R_2=1720，O_3=3002，R_3=1736。

我们在坐标纸上以 1∶10 的比例，很容易就画出了类似图 4-18 的太阳灶采光面轮廓图，这 3 个圆的 4 条弧所围成的公共面积就是我们所求的采光面。由于采用 1∶ 10 的比例绘制，坐标纸上每 $1cm^2$ 的方格即代表 $100cm^2$，100 个方格代表 $1m^2$，如果轮廓内含有 200 个方格，就表示太阳灶反光面具有 $2m^2$ 的采光面积。如果面积太小，最简单的办法是增大焦距值，再试着计算一次，直到符合要求为止；反之，如果面积太大，可以适当缩小焦距值，通过数次计算，就会得到满意的结果。

读者如果已经熟练地掌握了这种设计方法，还可以通过改变不同圆弧段的太阳高度角和投射角。例如，顶弧的投射角和底弧的太阳高度角可取小一些，以便得到较大的采光面积。当然，如果有条件，也可以用计算机来进行优化设计，这样画图和计算就方便多了。

第六节 聚光式太阳灶结构检测和热性能试验方法

一、测试条件和测试仪表

1. 测试条件

在测试聚光式太阳灶效率的整个试验区域，不得有任何障碍物的阴影罩在聚光太阳灶上。聚光式太阳灶锅具的表面上不得吸收从其他任何表面反射或再辐射的能量。

为了统一评定聚光式太阳灶的性能，有关资料建议试验应当在较稳定的天气条件下进行：太阳直接辐射强度的累积平均辐射值≥$500W/m^2$；风速≤2m/s；环境温度不得有剧变，在整个测定期间，环境温度的变动范围＜20℃。

2. 测试仪表

用直射辐射表测量法向直射辐射强度，仪器要求在 1 年内经过标定。用玻璃水银温度计、热电偶温度计测量环境和液体温度。温度计应经过标定，基本误差为± 0.2℃，分辨率＜0.2℃。

测量太阳灶锅内液体平均温度的误差为±0.2℃。要求二次仪表能快速打印记录，记录全行程的时间少于 2s。

风速测量用旋杯式风速表或翼轮式风速表，仪器要求在 1 年内经过标定。

二、结构检测方法

1. 焦距 f

当聚光式太阳灶主光轴与太阳光线相平行时，锅圈中心至锅圈在灶面上的投影中心（原点）之间的距离为焦距，可用钢卷尺或直尺测量。

2. 采光面积 A_c

调整聚光太阳灶，当聚光太阳灶主光轴与太阳光线平行时，测出在地面上的灶面外轮廓以内的全部投影面积，并乘以此时聚光太阳高度角的正弦值，采光面积一般应扣除灶面边缘不起作用的面积。

3. 使用高度角

聚光式太阳灶使用高度角可采用量角器测量，测量误差为±2°。将灶面向前调至极限位置，此时测量出锅圈中心至原点之间连接线与水平面的夹角为最小使用高度角。将灶面向后仰起调至极限位置，此时测量出锅圈中心至原点之间连线与水平面的夹角为最大使用高度角。

4. 最大操作高度 H_{max}

操作高度是指聚光式太阳灶工作时，锅圈中心到灶面后边缘的水平距离。把灶面向前调至极限位置，用钢卷尺或直尺测量出锅圈中心到灶面后边缘的水平距离。

5. 最大操作距离 L_{max}

操作距离是指聚光式太阳灶工作时，锅圈中心到灶面后边缘的水平距离。把灶面向前调整至极限位置，用钢卷尺或直尺测量出锅圈中心到灶面后边缘的水平距离。

6. 跟踪机构

在锅圈上放置 24cm 的日用平底锅，锅内盛水至锅边 1cm，在聚光式太阳灶使用范围内调整跟踪机构，并观察其稳定性和可靠性。

7. 光斑性能

光斑性能用测温板进行测量，测温板是厚度为 0.5mm、直径为 250mm 的普通钢板，一面涂无光黑漆（朝下），一面涂 400℃示温涂料（朝上），示温涂料可用测温笔或变色漆。

调整聚光式太阳灶使阳光汇聚于锅圈中心处，迅速将测温板放置在锅圈上，当测试时间达 3min 时，取下测温板，用求积仪或坐标纸计算出光斑面积。

三、热性能试验方法

1．试验条件

① 在试验期间不得有任何外界的阴影落在聚光式太阳灶上，也不应有任何其他表面反射或辐射的能量落在聚光式太阳灶上。

② 在试验期间，太阳直接辐照度≥600W/m^2，波动范围≤100W/m^2。

③ 在试验期间，环境温度应在 15℃～35℃，风速≤2m/s。

④ 在试验期间，太阳高度角范围应在 35°～65°。

2．试验仪器、仪表与测量

（1）风速　风速可用旋转式风速计或自记式电传风速计测量。风速计仪器误差应不大于±0.5m/s。风速计置于聚光式太阳灶锅具的相同高度，且距聚光式太阳灶锅架中心 5m 以内。

（2）温度　温度测量可用水银温度计或热电式温度计测量，温度计误差不大于±0.2℃。环境温度计应放置于离试验地面 1～1.5m 的百叶箱内或相当于百叶箱条件的环境中，距太阳灶 15m 以内。用水银温度计测量水温时，温度计应放置在锅具正中，浸入水深距水底 1/3 处。

（3）太阳直射辐射　太阳直接辐照度和累计太阳直射辐射量可用直射辐射计配以二次仪表进行测量。直射辐射计在使用期间必须每年标定一次或与已知准确的直射辐射计进行对比。直射辐射计的时间常数应＜25s，误差为±2%，二次仪表仪器误差为±1%。太阳直射辐射计如无自动跟踪装置时，每 5min 至少手动跟踪一次，使其受光面与太阳光束保持垂直。

（4）质量　锅具和水的质量可用台秤和天平测量，测量仪器精度为±5g。

（5）锅具及水　锅具一般为直径 240mm 的日用铝锅（QB/T 1957—2006），锅底外表面涂以 GB/T 2705—2003 中规定的黑板漆（代号 84）。水质要求清洁透明，测试用水量每 1m^2 截光面积为 2kg，最大为 5kg。

3．试验步骤及数据处理

（1）聚光式太阳灶煮水热效率的测试及数据处理　煮水热效率η是指水和锅具从某一初始温度升高到某一终止温度的全过程中所得的总热量与该过程中垂直投

射到采光面积上的累积太阳直射辐射量之比。

按对锅具和水的要求在铝锅内装水，温度计放入水中并记录，初始水温值取低于环境温度 10℃，终止水温取高于环境温度（10±1）℃。

在测试期间每隔 2min 记录一次风速和太阳直射辐照度。手动跟踪太阳灶，调整对焦的时间间隔≤5min。

当水温达到规定的终止温度时，迅速记录时间、累积太阳直射辐射量，同时将铝锅端下用水银温度计对水迅速搅拌后测量或采用热电式温度计多点分层测量，然后记录水温。

用同样的方法测量两次，按下式计算求得聚光式太阳灶的光效率η的平均值：

$$\eta = mc(t_e - t_i)/HA_c \times 100\% \tag{4-9}$$

式中：η——太阳灶的光效率（%）；

m——水的质量（kg）；

c——水的比热［（kJ/（kg•℃）］；

t_e——水的终止温度（℃）；

t_i——水的初始温度（℃）；

H——单位面积累积太阳直射辐射量（kJ/m^2）；

A_c——太阳灶采光面积（m^2）。

（2）聚光式太阳灶的额定功率 *P* 聚光式太阳灶的额定功率是指在规定的情况下，水和锅具单位时间内所获得的热量，将式（4-9）计算所得数据代入下式计算求得太阳灶额定功率：

$$P = 700\eta A_c \tag{4-10}$$

式中：P——太阳灶额定功率（W）。

第七节 聚光式太阳灶的安装和使用

一、聚光式太阳灶的安装

① 聚光式太阳灶要安放在开阔、避风、平坦的地方，保证聚光式太阳灶在使用时间内太阳光的照射不受遮挡，聚光式太阳灶使用地点周围不应有建筑物遮挡或有其他阴影落在灶面上，底座触地要平稳牢靠。

② 各种聚光式太阳灶的安装是不一样的，但一般都比较简单，安装时请认真按照聚光式太阳灶安装使用说明书操作，特别注意在安装过程中防止灶面因聚光引发火灾和对人体的伤害。聚光式太阳灶的安装如图 4-19 所示。

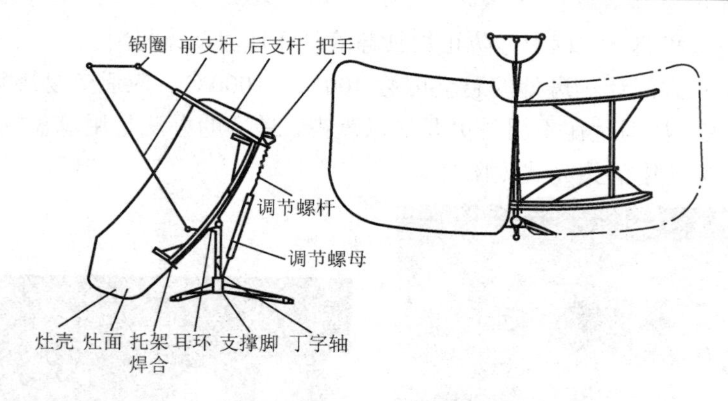

图 4-19 聚光式太阳灶的安装

③ 使用聚光式太阳灶时首先要进行调整，以保证反射光团落在锅底。先转动灶面或调整太阳方位角调节机构，使灶面正对太阳，然后调整高度角调节机构，使灶面上下运动，当光团处于锅圈中心时，停止调整。较好的聚光式太阳灶光团应呈圆形或椭圆形。

二、聚光式太阳灶的使用

① 聚光式太阳灶的反光材料一般为胶带式镀铝膜和玻璃片两种，为了延长聚光式太阳灶的使用寿命，在使用时应注意经常保持反射面清洁，否则影响功率和热效率。镀铝薄膜可用潮湿柔软的纱布擦拭，夜间可用深色塑料保护罩覆盖灶面，以延长反光材料的使用寿命。不使用时，应将灶面背向太阳，以保护锅圈。还应避免酸、碱性液体及其他异物泼洒到灶的反光面上。

② 使用时应调整灶面，使其轴对准阳光，并使焦斑处于锅圈中心处。一般每隔 10min 左右应进行一次跟踪调整，使光斑始终落在锅底。

③ 由于使用时光斑温度很高，调整时要特别注意不要使光斑落到人体或其他物体上，以免伤害人体和造成其他物体的损坏，甚至导致安全事故。

④ 停止使用时，应将灶面背向阳光，以延长反光材料的使用寿命。生产聚光式太阳灶的企业应为产品配置一个太阳灶的外罩，外罩可用深色耐候塑料或其他符合要求的材料制作，以便用户在停用太阳灶时，将它罩起来。这样不仅能避免阳光的照射，还能防止雨水和风沙的侵蚀。

⑤ 聚光式太阳灶使用的炊具底部应涂黑（或用煤、柴草熏黑）以提高锅底吸热能力。锅内需有水或食品，切忌空锅放置在灶上，以免烧坏锅底。

⑥ 聚光式太阳灶的调整转动部件应注意定期加润滑油，使其操作方便、转动灵活并能防止锈蚀。

⑦ 在使用和调整过程中，防止炊具翻落砸坏灶面反光材料。

⑧ 聚光式太阳灶焦斑处的温度可达 400℃～1000℃，应避免易燃物体接触，以免发生火灾。特别是在不用时更要加以重视，最好的办法是用遮盖物予以保护。图 4-20 为实际使用的聚光式太阳灶。

图 4-20 实际使用的聚光式太阳灶

第八节 我国太阳灶的发展概况

一、从正抛物面设计到偏抛物面的设计

聚光式太阳灶的反光面大都采用旋转抛物面的一部分，根据选择部位的不同，可分为正抛物面和偏抛物面两种设计。正抛物面的顶点应正好设计在抛物面几何形状的正中心，即抛物面的主轴恰好置于抛物面的对称中心轴。以正抛物面原理设计的聚光式太阳灶，结构简单，制作成本较低，它在低纬度地区或者正午太阳高度角大时使用能获得较高的效率，但当太阳高度角较低时太阳灶一部分反光面（上半部分）就会超出锅底的水平高度，一部分反射光就会照不到锅底，而照到侧面或逃逸锅具，其效果大打折扣。

偏抛物面太阳灶的抛物面顶点不在抛物面形截光面的几何中心，而是偏向一侧或偏到灶面边缘线外，称为偏抛物面的设计。该设计不但能保证在太阳高度角使用范围内灶面的反射光全部汇聚在锅底，而且还能使灶面边缘的反射光对锅底的投射角满足设计要求，如≥25°。此外，偏抛太阳灶的锅架靠近灶面的操作端，为太阳灶的使用提供了方便。太阳灶截光面如图 4-21 所示。

图 4-21a 为正抛物面截光面，图 4-21b 为半偏抛物面截光面，图 4-21c 为全偏抛物面截光面，图 4-21d 则为超偏抛物面截光面。

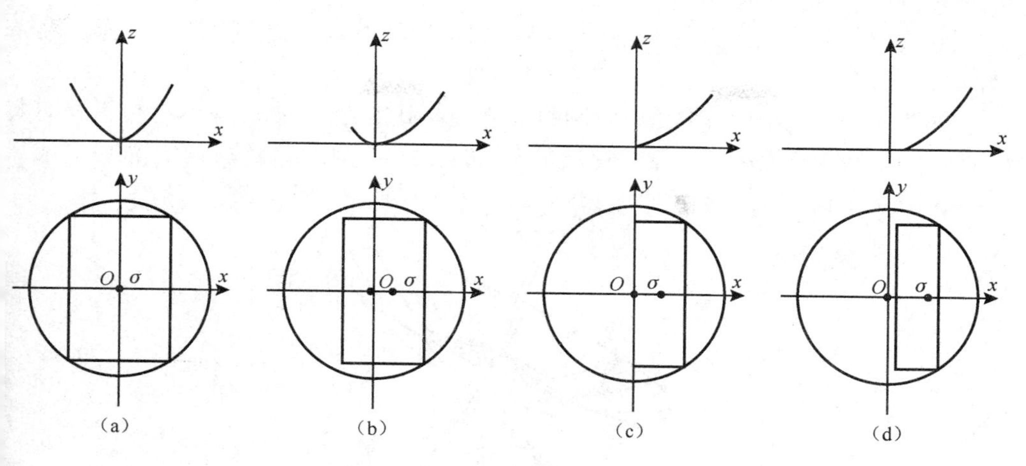

图 4-21　太阳灶截光面

（a）正抛物面截光面　（b）半偏抛物面截光面　（c）全偏抛物面截光面　（d）超偏抛物面截光面

偏抛物面以其偏离的程度（偏离距）不同，在其截光面积相同的情况下，其抛物面表面面积是不同的。

综上所述，当太阳灶的截光面积相同时，显然正抛物面截光面的成本较低，但热性能差；偏抛物面的热性能高，但它耗用的材料较多，因而其截光面的成本也较高。

我国太阳能发展的初期（20 世纪 70 年代），聚光式太阳灶大都是正抛物面太阳灶，最典型的是上海研制的荷花式薄钢板正抛物面太阳灶，如图 4-22 所示。这种太阳灶灶面是用梯形长条状的薄钢板插在Ω形结构的抛物线骨架上组合而成，薄钢板上粘贴反光材料。

图 4-22　荷花式薄钢板正抛物面太阳灶

同代的聚光式太阳灶还有不少灶型，如正抛物面纸伞式太阳灶、气囊式聚光太阳灶等。

如图 4-23 所示，甘肃涂料所研制的纸伞式太阳灶是一种像纸伞一样可折叠的太阳灶，其结构与伞无异，只是伞骨是抛物线的形状，伞面用传统的伞用油纸糊成，上面粘贴反光膜。使用时像伞一样打开，用毕可以像伞一样合拢。

图 4-23 纸伞式太阳灶

如图 4-24 所示，气囊式聚光太阳灶是一种有奇特结构原理的太阳灶，它像是一个密封的圆口袋，这种利用防水布缝制的“口袋”内的微小负压（10～50mmHg）在环架的支撑下，稳定地内吸成理想的凹面。在凹面上粘贴反光膜就可以汇聚太阳光，成为负压式气囊聚光太阳灶灶面；再配上跟踪装置和锅架，一种单轴自动跟踪式聚光太阳灶就完成了，如图 4-25 所示，

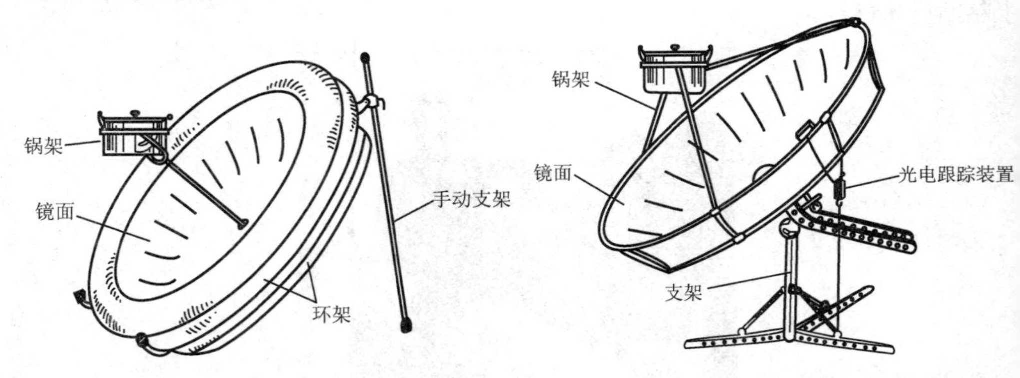

图 4-24 气囊式聚光太阳灶　　图 4-25 单轴自动跟踪式聚光太阳灶

还有一种凹面玻璃太阳灶，采用 3mm 的普通玻璃，在控温电炉内的抛物面模具上热弯而成，凹面玻璃制成银镜正抛物面，获得很高的焦斑温度和热效率，非常成功，轰动一时。此灶由北京建材院研制，并由甘肃能源所大力推广。图 4-26 是甘肃能源所生产的凹面玻璃小圆镜聚光太阳灶。

图 4-26 甘肃能源所的凹面玻璃小圆镜聚光太阳灶

几乎是在正抛物面太阳灶盛行的同时，一种偏抛物面的理念和灶型出现。郑州偏抛物面箱式聚光太阳灶于 1975 年在全国第一次太阳能经验交流会上亮相，它的聚光原理对我国聚光式太阳灶的理论发展起到至关重要的作用，这个理论基础一直延续发展到今天。此灶是一个可以折合的木制箱体，箱体内所形成的抛物面是由许多根抛物线小木条密集排列拼装成为抛物面骨架（小木条排列体现出抛物线的平移原理），用小块棉纸粘贴在骨架所形成的曲面上而制成纸壳抛物面，再在纸上粘贴裁割好的小镜片而形成聚光式太阳灶反光面。郑州偏抛物面箱式聚光太阳灶如图 4-27 所示。

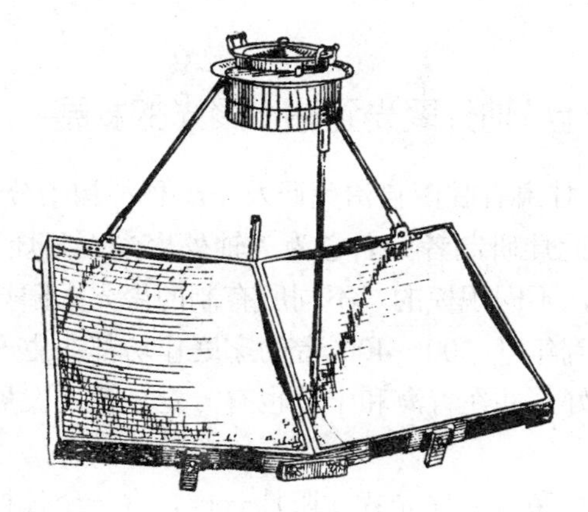

图 4-27 偏抛物面箱式聚光太阳灶

20 世纪 80 年代初，农业部作为归口农村能源的管理部门，组织成立了全国太阳灶联合攻关课题组，并于 1983 年秋季召开了全国聚光太阳灶评议交流会，大会取得了显著的成果，正式发表了《聚光太阳灶截光面设计方法之一——三元作图法》，用“收集锥”的原理，确定偏抛聚光太阳灶的截光面轮廓。更重要的是为此提出一整套三元作图的数学模型，标志着偏抛聚光太阳灶的设计理论已经确立，使科学和合理地对灶面进行设计成为现实。

与此同时，发表了《聚光太阳灶有效面分析图方程及应用》一文，为设计工作提供了合理地选择有效反射面的应用工程算图。其特点是已知聚光太阳灶的使用地理纬度和可使用时间，应用此图能快速简便地选择出反射面的形状和尺寸大小。同时发表了《斜四边形自动平衡锅架及其在截光面选取上的应用》一文，为反射光和锅底平面交角θ在俯仰跟踪太阳高度角时，θ角发生不能接受的变小这一很难处理的情况，提出了科学的改进办法。此外，《聚光太阳灶在我国不同地区经济效益的评价与分析》一文，提出了评价聚光太阳灶经济效益特性的方法和有关计算式，并对各地现行的聚光太阳灶的经济效益进行了评价分析。

全国太阳灶攻关课题组在主管部门的领导下，研发了一系列的优秀聚光太阳灶灶型，优化了聚光太阳灶的结构设计，为聚光太阳灶在全国范围内的应用推广提供了样本。全国太阳灶攻关课题组还对聚光太阳灶的专用材料进行了攻关，为聚光太阳灶薄膜反光材料的研发做出了突出的贡献。此外，课题组还对聚光室内太阳灶和钢板聚光太阳灶进行了探索性的研究工作，取得了初步成果。

2003 年，我国聚光太阳灶的行业技术标准终于发布，即中华人民共和国农业行业标准 NY/T 219—2003《聚光型太阳灶》

综上所述，我们可以认定，我国聚光式太阳灶的设计思想与设计方法已经确立，偏抛物面的设计理念已被广泛接受并运用，我国聚光式太阳灶的技术已进入成熟的发展阶段。

二、聚光式太阳灶从轴外聚光到轴上聚光的发展

20 世纪 70 年代，甘肃省甘南自治州研发了一种结构十分简单的聚光式太阳灶，并在州内试点推广，此灶研制者命名它为“轴外聚光太阳灶”。试点成功后，在甘肃农村得到迅速发展，不同规模的、不同所有制的聚光太阳灶企业应运而生。从年产数千台的县办企业到年产 300～400 台的家庭作坊都在生产这种廉价简单的聚光式太阳灶，且销路很好，并在青海和宁夏也有一定规模的发展。这种势头一直持续到近两年。

轴外聚光式太阳灶和普通聚光式太阳灶一样，有一个偏抛物面的反光面（也可以是正抛物面）、锅架和支腿等，最大的不同点在于它的锅架是直立的，不随反光面做俯仰角的调节，但它可同反光面一起做方位角的调节。从聚光原理可知，阳光的平行光线必须与聚光太阳灶的主光轴相平行，当太阳高度角发生变化时，必须随时调节聚光式太阳灶反光面的仰角，同时，锅架也随反光面一起做同步的仰角调节，以使入射阳光与主光轴相平行，这样反光面的反射阳光才能在主光轴的焦点上聚

焦。轴外聚光式太阳灶锅架既然是直立不动的，那么它是如何聚光的呢？

首先，轴外聚光式太阳灶入射的太阳直射光线并不与聚光式太阳灶反光面的主光轴相平行，而是与主光轴形成一个不大的夹角，调整反光面的仰角仍可使光团射落到锅圈的中心，由于此种情况下锅圈的中心并不在反光面的焦点位置，那么这个光团就不是一个在焦点聚焦的光团，而是一个在焦点外聚光的光团，因此它的光斑大小与形状和在焦点上聚焦的焦班的大小、形状都有不同程度的差别，即光团趋向散大，中心温度也有不同程度的降低。这种光团的散大与中心温度降低的程度取决于入射光线与反光面主光轴夹角的大小。当这个夹角不大时（±10°），轴外聚光的光团仍具有有价值的应用功能。特别是轴外聚光式太阳灶的锅架都具有根据季节的变化进行前后伸缩的调节功能，使入射光线与主光轴的夹角尽可能地缩小，用以改善光斑的性能，所以轴外聚光式太阳灶除冬至前后使用困难外，全年大部分时间都可以比较正常地使用。

轴上聚光式太阳灶与轴外聚光式太阳灶有根本的区别，前者主光轴指向太阳，才使反射光汇聚在锅底的中心；轴外聚光灶则是需要使抛物面主光轴指向太阳和锅底之间的某个方向。轴外聚光式太阳灶聚光状况如图 4-28 所示，假定 P 点为抛物线上的一点，当光线沿抛物线在 P 点的法线入射时，反射光线从入射方向返回，交 KK' 于 Q，当入射光线倾斜β角以后，反射光线向另一方向成β角射出。假定 AP 为入射光线，PB 为反射光线，则$\angle APQ=\angle QPB=\beta$。反射光被 KK' 拦截的拦截点，从 Q 转移到 B，这样可以近似地认为 $AQ=BQ$。如果希望反射光线仍通过 Q 点，则应将 NP 方向调到 $N'P$ 方向，使 $QQ'\backsimeq AQ'$，从而有$\angle NPN'=\beta/2$。

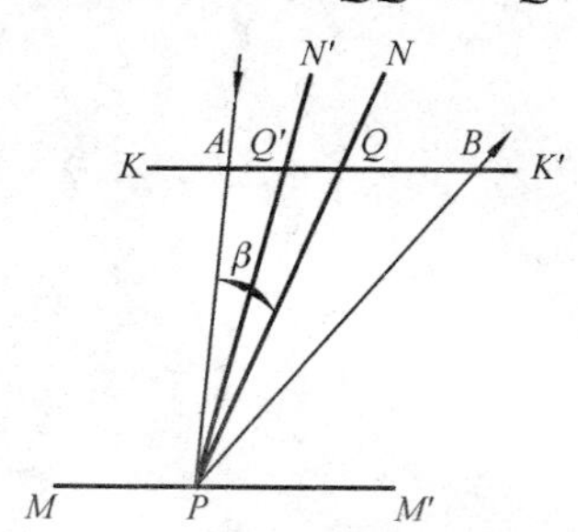

图 4-28　轴外聚光式太阳灶聚光状况

由此可以得出结论，当抛物面主光轴沿俯仰角的方向偏转 1° 时，聚光光团的中心在锅底上的距离对原点的张角大约为 2°。此时太阳高度角的对应变化也为 2° 左右。也就是说，太阳高度角变化 2° 时，太阳灶仰角的调节只需 1° 左右。由此可见，太阳灶仰角的调节度数，只需普通太阳灶的一半左右。

最初的轴外聚光式太阳灶如图 4-29 所示。轴外聚光式太阳灶的固定锅架如图 4-30 所示。

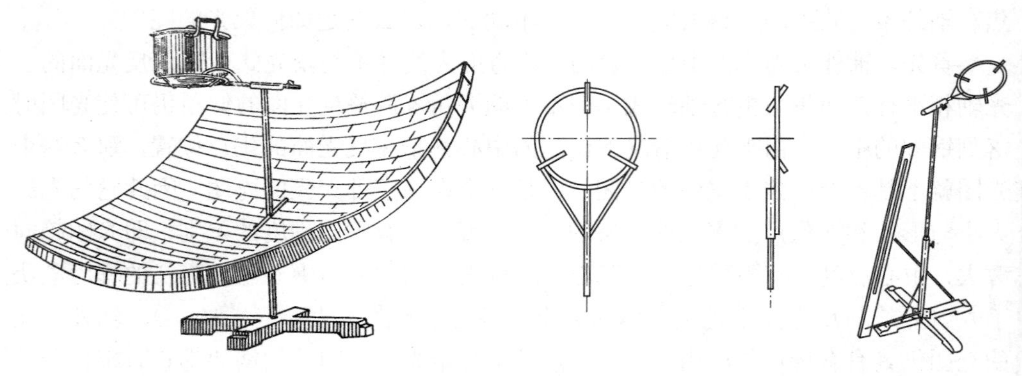

图 4-29 最初的轴外聚光式太阳灶　　图 4-30 轴外聚光式太阳灶的固定锅架

轴外聚光式太阳灶的使用，一天当中有两次在轴上聚光或光团非常接近主光轴，这时，太阳灶光斑的性能同轴上聚光式太阳灶的光斑大小相同或相似，但在大多数使用时间内，阳光都与主光轴有不断变化的夹角。当夹角不大时，对太阳灶效率影响不大；当斜射角较大时，在锅底形成的光斑散光严重，因而总体热性能比轴上聚光式太阳灶差很多。特别要指出的是，根据人们的使用经验，轴外聚光式太阳灶在北方地区夏季使用较能令人满意，冬至前后，太阳高度角变低时，则使用困难，主要是散光严重。为改善这种状况，轴外聚光式太阳灶的锅圈应是可调的，可以前后伸缩，锅圈的立杆也能够进行长短调节。应根据季节的变更对锅圈进行调节，但这可能给使用者带来麻烦。轴外聚光式太阳灶如图 4-31 所示。

图 4-31 轴外聚光式太阳灶（2007 年农业部太阳灶招标会送展品）

为降低制作难度和降低成本而研发的轴外聚光式太阳灶应该说已经完成了它的历史使命。为顺应技术发展的需求，农业部规划研究设计院和河北省科学院能源研究所的科技人员，结合农业部西部藏区温暖工程，针对甘肃、青海两省的聚光式太阳灶重点厂提供了聚光式太阳灶的技术支持，在水泥和玻璃镜的工艺条件下，研发出数种新型轴上聚光式水泥太阳灶，并有了大批量的应用推广，得到用户的普遍欢迎。一时间，轴上聚光式太阳灶成了众多企业竞相生产的热门灶型。民间生产的聚光式太阳灶由轴外聚光过渡到轴上聚光这是一个巨大的进步，是社会经济发展和技术发展的必然结果，也标志着我国太阳能事业正从不同的专业领域步入更高的阶段。图 4-32 为青海西宁兴农太阳灶厂新研制的轴上聚光式水泥太阳灶的一种。

图 4-32　轴上聚光式水泥太阳灶

三、近年来聚光式太阳灶研究的新发展

对于聚光式太阳灶是否需要自动跟踪，历来就有两种观点，一是肯定，一是否定。我们从技术需要发展的角度和部分用户的需求上看，认为应该做一做这方面的工作。事实上，有些企业和个人已经做了不少工作，如北京合百意生态能源公司就先后开展了两种自动跟踪太阳灶的研究，一个是以扭簧作动力、以钟表为控件的单轴自动跟踪聚光太阳灶；一个是以重力为驱动力，以液压式水袋为控件的水袋式自动跟踪聚光式太阳灶，如图 4-33 所示。两种聚光式太阳灶都取得成功并获得国家专利，但主要受限于成本，没有能够推广。

经验表明，单轴跟踪式太阳灶的抛物面最好是圆形正抛物面。

双轴自动跟踪太阳灶：由两个小电机和光电传感器带动的双轴自动跟踪系统简化了太阳灶的跟踪部件。

普通聚光式太阳灶有方位角与俯仰角两种跟踪需要，满足这两个跟踪要求才能使反射光团始终保持在锅底。如果使反光面围绕立轴以每小时 15° 的角度转动，就可以实现方位角的跟踪；如果使反光面在太阳由低到高、再由高到低的变化中始终能跟踪太阳的高度角，那就可以实现俯仰角的跟踪。这样就能保证聚光式太阳灶的主光轴始终指向太阳。

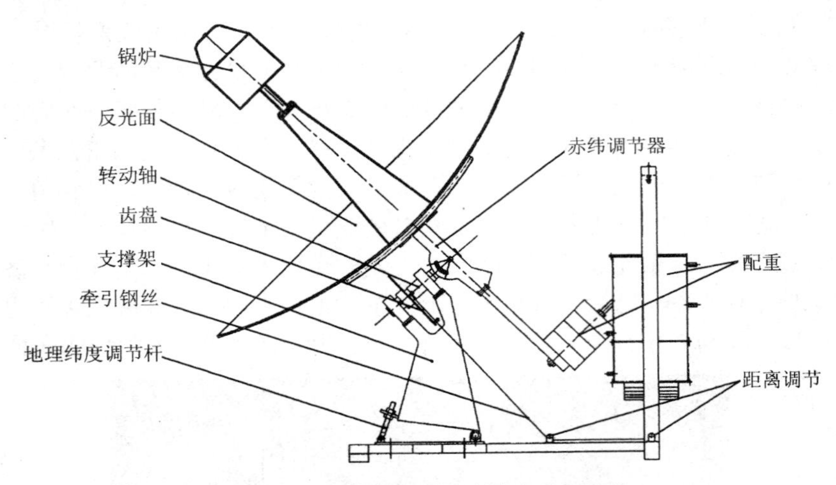

图 4-33 水袋式自动跟踪聚光式太阳灶

以一个小电动机作为方位角的跟踪电动机，并在线路上装配一个光电控制开关，在光电控制开关的感光元件附近装有遮阳板；太阳光照在感光元件上即有电流输出，小电动机的电子开关接通，小电动机开始工作，带动聚光太阳灶做向太阳方向方位角的转动，同时也带动遮阳板。当完成跟踪后，遮阳板的阴影正好落在感光元件上，感光元件电流输出停止，小电动机的开关关闭。

俯角的调节也是同一个原理，这样就实现了双向自动跟踪。在聚光式太阳灶支架上安装两个小功率的减速电动机（15W 左右）和直流电源，配置感光元件控制的开关，就可以实现太阳灶的双向跟踪。双向自动跟踪太阳灶跟踪系统的外观如图 4-34 所示。

图 4-34 双向自动跟踪太阳灶跟踪系统的外观

这种太阳灶还有一些技术问题需要解决，如由于驱动电动机的功率较小，风对跟踪造成的影响不可忽视等。

四、聚光式太阳灶的新材料和新工艺的发展

我国现有的聚光式太阳灶从材料上看，主要是水泥太阳灶和铸铁太阳灶两种，这就决定了聚光式太阳灶整体过重。特别是水泥太阳灶，给远距离的运输造成很大的麻烦，在制作工艺上也难有大的突破。据悉，国外对我国生产的聚光式太阳灶也有大量的需求，但多因过重和包装问题不好解决而难于进展。针对这个问题，已有不少人进行过新材料和新工艺的研究，并取得了阶段性成果。例如，北京合百意生态能源公司先后进行了塑料菲涅耳太阳灶的研究，研发出菲涅耳旅游太阳灶；为开发轻质量的家用聚光式太阳灶，还开展了偏抛物面注塑聚光式太阳灶的研发，生产出一批塑料聚光式太阳灶；最近还完成了正圆形薄钢板聚光式太阳灶的研发，并进行了小批量的生产。这些都为聚光式太阳灶的轻量化、商品化做出了贡献，同时也为聚光式太阳灶的生产提供了新的技术。图 4-35 为新型菲涅尔旅游聚光式太阳灶。图 4-36 为新型正圆形薄钢板聚光式太阳灶

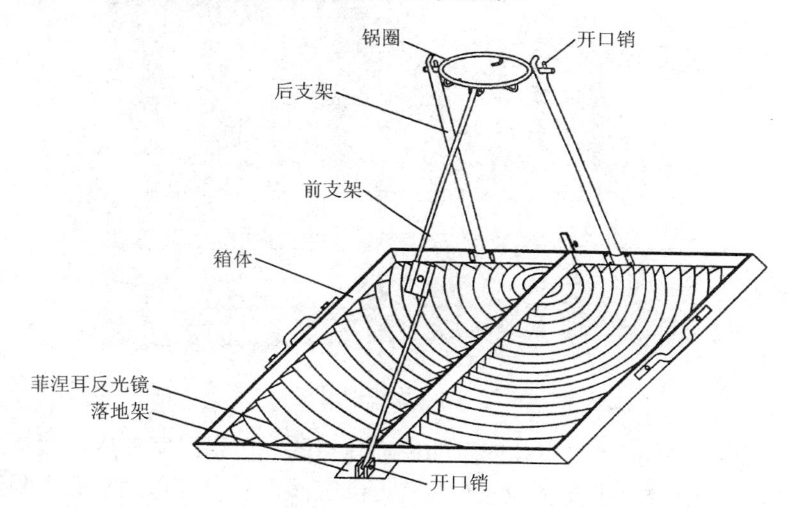

图 4-35　新型塑料菲涅尔旅游聚光式太阳灶

图 4-36　新型正圆形薄钢板聚光式太阳灶

第五章 太阳能温室

第一节 概 述

如图 5-1 所示，太阳能温室也就是人们常说的日光温室，是一种以玻璃或塑料薄膜等材料作为屋面，用土、砖做成围墙，或者全部以透光材料作为屋面和围墙的房屋，具有充分采光、防寒保温能力。

图 5-1 太阳能温室

太阳能温室是根据“温室效应”的原理建造的。所谓温室效应，就是太阳辐射穿过透明材料（塑料膜或玻璃）进入温室内部空间，并使进入温室的太阳辐射能大于温室向周围环境散失的热量，这样，室内的空气、土壤、植物的温度就会不断保持，以形成适合植物生长的环境，并可以根据需要进行温度、湿度、地温的调整。

温室内的温度升高后，只有很少一部分热量能透过玻璃或塑料膜散失到外界。温室的热量损失主要是通过对流和传导，可以采取密封、保温等措施，尽量减少这部分损失。

温室内可设置一些加热、降温、补光、遮光设备，使其具有较灵活的调节控制室内光照、空气和土壤温湿度、二氧化碳浓度等蔬菜作物生长所需环境条件的能力。

太阳能温室是一种利用太阳能取暖的建筑，当日照不好、阴雨天和夜间，需要用辅助热源给温室加温，一般通过燃煤或燃气等方式进行供暖。

我国的太阳能温室兴起于 20 世纪 30 年代，主要形式是一面坡加立窗，立窗高 0.6m，前坡面坡度为 18° ～20° ，外加风障，夜间草帘保温。由于当时的技术水平限制，在严冬季节里，这种温室内的光、热环境只能维持生产耐寒性强的叶菜类和葱蒜类蔬菜，尚不能生产喜温的黄瓜、番茄、西葫芦、青椒等果菜。到 20 世纪 80 年代中期，人们对太阳温室的建筑结构、环境调控技术和栽培技术等进行了全面的改进，使北纬 43° 以北的严寒地区，在完全不用人工加温或极少量加温的情况下，实现了叶菜和果菜的反季节生产，不但改善了北方地区人们冬季的饮食条件，而且提高了菜农的经济效益，促进了太阳能温室的健康发展。近年来，经过农业战线科技人员的反复实践、改进和提高，第一代节能日光温室和第二代节能日光温室应运而生。

以上这些都是处于被动状态的太阳能温室，我国也在进行一些主动式太阳能温室的研究与实验。因为植物生长对温室内温度、湿度和土壤温度等要求较高，越接近自然越好，太阳能集热器为室内输送太阳能热能，必会对温室温度和土壤温度（如有地暖）有较强烈的干预，如白天室内温度超过生长温度，或夜晚（有地暖）土壤温度高于白天温度等，都会对植物生长造成严重的伤害，这也是主动式太阳能温室较难应用的主要原因之一。

第二节 太阳能温室的结构类型

一、太阳能温室的基本原理

太阳辐射中的可见光和近红外辐射（波长在 0.3～3μm 的阳光）有很好的投射率，而太阳光线能量的 99.9%是分布在波长 0.3～3μm，很容易透过洁净的空气、普通玻璃、透明塑料等介质，而被某一空间里的材料所吸收，使之温度逐渐升高（当物体为黑色时被 100%吸收）。物体温度升高后所发射的长波红外辐射（通常波长＞5μm），很少甚至不能透过上述介质，于是这些介质包围的空间形成了温室，出现了所谓的“温室效应”。“温室效应”就是太阳能温室的基本原理。

二、太阳能温室的结构类型

我国幅员辽阔，南北跨纬度为 49° ，东西跨经度为 63° ，其间包括了热带、亚热带、温带及寒带边缘，各地区的地理条件和气候条件相差极大，而且温室的用途不同，植物的种类和栽培方式也不同。因此，目前我国各地区的温室类型非常多，从不同的角度考虑，可有不同的分类。

（1）按墙体材料不同分类 主要有干打垒土温室、砖木结构温室、砖石结构温室、混凝土结构温室、复合墙体结构温室。砖木结构温室如图 5-2 所示。

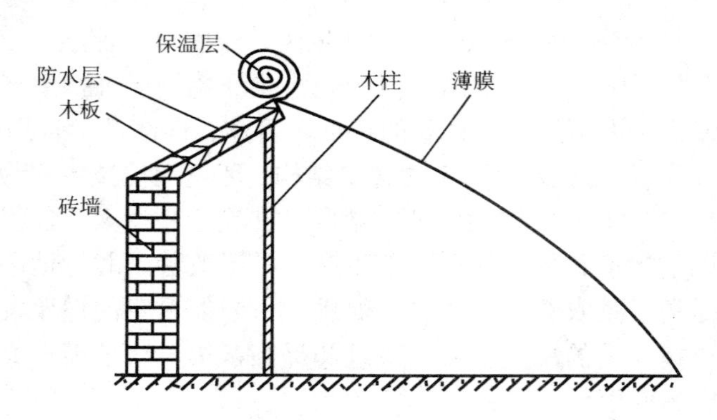

图 5-2 砖木结构温室

（2）按骨架材料不同分类 分为竹木结构、钢木结构、全钢结构、悬索结构、钢-钢筋混凝土结构、钢筋混凝土结构、抗碱玻璃纤维增强水泥骨架、带筋轻烧镁骨架等。

（3）按后坡长度不同分类 分为长后坡温室和短后坡温室。

（4）按前屋面形状不同分类 分为一折一立式和半拱式两种。

（5）按节能效果不同分类 分为简易的太阳能温室、第一代节能日光温室和第二代节能日光温室。

（6）按温室用途不同分类 分为展览温室（又称观赏温室）、栽培与生产温室、繁殖温室（如育种育苗）。

（7）按温室室内温度不同分类 分为高温温室（冬季要求 18℃～36℃）；中温温室（冬季要求 12℃～25℃）；低温温室（冬季要求 5℃～20℃）；冷室（冬季要求 0℃～15℃）。

（8）按温室透明材料不同分类 可分为玻璃窗温室、塑料薄膜温室、其他透明材料温室。

（9）按温室朝向不同分类 可分为南向温室、东西向温室。

（10）按温室外形不同分类 可分为外形规则温室、外形不规则温室。外形规则的温室有南向温室和东西向温室，其建筑投资较为经济，设计施工比较简单，建成后排列整齐、管理方便，适合作为栽培温室和生产温室。

外形不规则的温室包括多角形温室、圆形温室、斜向温室等，其造型活泼美观，适合作为展览温室。

（11）按太阳能与温室结合方式不同分类 可分为被动式太阳能温室和主动式太阳能温室。主动式太阳能温室有太阳能集热器、循环泵和贮热水箱等组成的热水系统对温室进行加热，也可以采用太阳能空气加热系统。主动式太阳能温室也有辅助热源和无辅助热源的区别。

三、太阳能温室选型应考虑的因素

1. 根据经济条件选型

太阳能温室建设首先要考虑温室的固定资产投资和投资回收期。如果家庭经济条件有限，如当地劳动力价格便宜，可采用简易的太阳能温室，采用土坯或干打垒墙体结构，竹木骨架。由于这种温室内部支柱多，影响温室的采光和作业，而且密封效果较差。但其初投资少，见效快，投资回收期短，对经济条件有限的地区或农户，要利用太阳能温室实现尽早脱贫致富，建议采用这种结构形式。相反，对于经济条件较好的地区或农户，可以根据自己的经济实力和发展方向进行综合考虑，建议建设第一代或第二代的节能温室。这种太阳能温室采光效果好，保温能力强，适宜叶菜和果菜类蔬菜生产，经济效益高，而且有利于机械化生产作业。

2. 根据当地材料资源选型

因地制宜选材用料是太阳能温室设计建造的一条基本原则。结合当地的经济条件和资源情况，墙体可以采用干打垒土墙、砖土墙、砖石墙、钢筋混凝土墙、复合墙体等。骨架可以采用竹木结构、砖木结构、钢木结构、全钢结构、悬索结构、钢-钢筋混凝土结构、钢筋混凝土结构、抗碱玻璃纤维增强水泥骨架、带筋轻烧镁骨架等。

3. 根据作业水平选型

作业水平主要考虑室内的机械化生产作业程度和使用室内二道幕的情况。对机械化生产作业水平要求较高的温室，宜选用无柱式太阳能温室，至多为单柱温室，该柱设置在温室后走道上，对温室栽培应无影响为好。

第三节 太阳能温室的设计和使用

一、太阳能温室选址

太阳能温室分庭院型和田园型，庭院型太阳能温室受到建设场地的限制，各方面的影响因素难考虑周全。考虑的主要因素是温室的采光，满足冬至日前后上午10时至下午2时的4个小时内温室不被前面的树木、建筑物遮挡，另外还要靠近水源，有电源供应。

田园型太阳能温室的场地选择应按下列要求进行。

1．地势、地形

田园型温室群场地应选择在地形开阔、地势高、较为干燥、太阳能充足的地块，地块面积要考虑未来发展和扩建。在农村宜将太阳能温室建在村南或村东，不宜与住宅区混建。全部生产基地最好规划成南北较长的格局，这样对防风更有利。坡向以北高南低为好，坡度最好在 2%以上，如在山区建设，最好建在阳坡。温室区北侧有山冈、林带为屏障更为理想。为了有利于太阳能温室保温，减少风沙袭击，确保生产安全，场地选择时还要注意避开河谷、山川等造成风道和雷击区、冰雹线等天灾地段。另外，太阳能温室地址还要远离粉尘污染严重的工厂，如水泥厂等。

2．土壤条件

太阳能温室生产区要求土地土质疏松、吸热能力强、透水性好， 富含腐殖质，土壤酸碱度为中性略偏酸，保肥能力强，地下水位低，土壤盐碱含量少，病虫害少。

3．交通运输

交通运输方便，距离居民点和公路干线不要太远，这样不仅便于管理、运输，而且方便组织人员对各种灾害性天气采取措施。为了使物料和产品运输方便，应有专用交通道路直通温室生产区，通向温室区的主干道宽度最小应达到 6m，以便两辆卡车能并排通过，或错车、超车。分干道至少达到 2.5m，保证车辆能够到达太阳能温室的入口。

4．水电供应

太阳能温室区内应有充足的水源和可靠电源。供水水质好，冬季水温高(最好是深井水)，可以进行灌溉，不含有害元素。

太阳能温室的用电设备主要为灌溉设备和照明设备。温室灌溉、照明常用 220V 电压，但现代温室中采用了机械卷帘机构（保温帘），其卷帘电动机有用 220V 电压的，也有用 380V 电压的。此外，如果天气特别寒冷或连续多日无阳光时，有些日光温室采用电加热或热风炉加热，需要临时用电，也有的菜农把家设在了田间。温室规划时要充分考虑这些用电负荷，以确保太阳能温室用电的可靠性和安全性。

二、太阳能温室设计

1．太阳能温室设计的基本要求

太阳能温室应满足植物对不同季节、不同地区、不同气候条件的需求。在工程上满足以下技术要求：

① 应具有良好的采光屋面，最大限度地接受太阳辐射能量。

② 具有优良的保温措施和蓄热构造装置，在温室密闭条件下，最大限度地减少温室散热，同时应有较大面积、较强蓄热能力的蓄热体。

③ 温室的结构强度要高，具有抵抗当地较大风雪荷载的能力和强度，既坚固耐用，又避免大面积遮光。

④ 温室结构应具备易于通风、排湿、降温等环境调控功能，具有利于作物生长和便于人工生产作业的空间。

⑤ 温室的结构材料和保温覆盖物及维护结构应遵循因地制宜、就地取材、注重实效、降低成本的原则。

2. 太阳能温室存在的主要问题

① 温室跨度过大，高度过低，造成温室采光屋面角过小，从而降低了光线透过率和采光屋面的比表面积，使温室采光不良，白天温室温度上升缓慢，最高温度较低。最好减小跨度，增加高度，增大光线的透过率。

② 温室后坡过长，造成采光屋面的比表面积小，影响温室采光；后坡过短或无后坡，又造成后坡保温差，影响温室夜间保温。适当调整太阳能温室的后坡长度，既可以增加表面比，又可以增加保温性能。

③ 温室过短，造成东西山墙遮光面积比例过大，降低作物的总体产量。应增大温室长度，避免东西山墙遮光面积过大；提高作物的单个温室的总产量，扩大温室的面积。

④ 温室保温能力差，维护结构、棚面夜间保温覆盖物热阻不够，夜间降温幅度大。应增加保温帘的设计，可以选用保温性能好的保温帘，增加夜间的保温性能，使太阳能温室的保温性能提高。

3. 太阳能温室参数设计

温室里热量的来源，以吸收太阳辐射能量为主，太阳的辐照强度、日照时间都是随季节、地理纬度和天气条件而变化的，而进入到温室内的辐射强度和辐射能量，既决定于太阳的辐照强度、日照时间，又决定于温室建筑的方位、屋顶角度、南向温室之间的距离、温室顶面覆盖材料的透射性能等因素，所以设计温室时必须考虑这些因素。

（1）屋面设计采光角α 屋面设计采光角α即温室屋脊至南地脚的连线与水平面的夹角。由太阳高度角计算公式得出，冬至日正午时刻温室合理屋面设计采光角$\alpha=\Phi-16.55°$，即合理采光屋面角等于当地的地理纬度减去16.55°。然而，温室生产只满足冬至日正午能达到较好的光照条件是不够的，还要满足冬至日前后每日能保证有4h以上较好的光照条件，即冬至日10:00—14:00，太阳直射光对温室斜面的入射角控制在40°以内，这时称该温室为第二代节能温室；当冬至日10:00—14:00，太阳直射光对温室斜面的入射角控制在45°以内时，称为第一代节能温室，如图 5-3 所示。

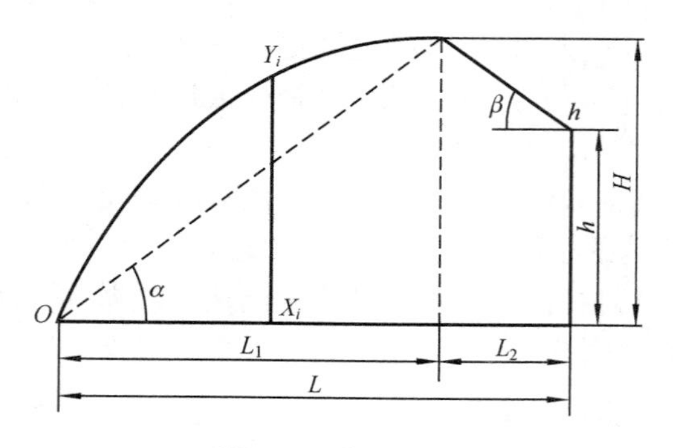

图 5-3 节能温室

（2）后坡内侧仰角β 温室内侧后坡与水平投影之间的夹角为后坡内侧仰角。后坡内仰角β的取值直接影响温室后部的光照，合理的角度会使整个最冷时期阳光不仅能照射到北墙，而且能照射到后坡，形成暖后坡，保证温室照度，改善后部光照条件。较适宜的角度为 35°～45°，不宜＜30°。

（3）温室跨度 L 温室南地脚内侧到温室北墙内侧的水平距离为温室跨度。由于温室跨度受地理纬度和温室脊高限制，因此，不同纬度，L 的取值不同。

（4）后坡水平投影长度 L_2 温室后坡的水平投影距离为后坡水平投影长度。长后坡（L_2≥2m）会造成温室后部光照不好，短后坡（L_2≤0.8m）或无后坡温室的保温效果不好，因此，应随着纬度的变化，采用不同的 L_2 值。

（5）温室后墙高度 h 日光温室后墙室外地面至温室骨架结合点的高度为温室后墙高度。一般情况下，温室后墙的高度应≥1.8m，不宜＜1.6m。

太阳能温室屋面设计采光角、后坡内侧仰角、温室跨度、后坡水平投影长度及温室后墙高度是太阳能温室设计的重要参数，纬度不同，设计参数也各不相同。因此，温室设计参数的选用成为太阳能温室设计的重要保证。各纬度太阳能温室设计参数的参考值见表 5-1。

表 5-1 各纬度太阳能温室设计参数参考值

参数	北纬 35° 以南		北纬 36°～40°		北纬 41° 以北	
	北纬	采光角α	北纬	采光角α	北纬	采光角α
屋面设计采光角α	32°	21.33°～28.14°	36°	25.34°～32.14°	41°	30.33°～37.14°
	33°	22.33°～29.14°	37°	26.33°～33.14°	42°	31.33°～38.14°
	34°	23.33°～30.14°	38°	27.33°～34.14°	43°	32.33°～39.14°
	35°	24.33°～31.14°	39°	28.33°～35.14°	44°	33.34°～40.14°
			40°	29.33°～36.14°	45°	34.34°～41.14°

续表 5-1

参数	北纬 35° 以南	北纬 36° ～40°	北纬 41° 以北
后坡内侧仰角 β	35° ～45°	35° ～45°	35° ～45°
跨度 L	8m	7.5m	7m
后坡 L_2	1.0～1.2m	1.2～1.4m	1.4～1.5m
温室后墙高度 h	≥1.8m	≥1.8m	≥1.8m

4. 太阳能温室骨架曲线的设计

从温室南地脚开始至温室脊高，温室骨架各点高度与骨架长度方程式如下：

$$Y_i=H(X_i+A)[2(L_1+A)-(X_i+A)]/(L_1+A)^2 \quad (5\text{-}1)$$

式中：Y_i——对应于 X_i 的棚面曲线上的点距地面的垂直高度（m）；

H——太阳温室脊高（m），$H=L_1\tan\alpha$；

X_i——温室南地脚的水平距离（m）；

L_1——太阳能温室透明屋面在水平面上的投影宽度（m）；

A——常数，在北纬 38° 以北，A=0.5m；在北纬 37° 以南，A=0.6m（或 0.7m）。

【例 5-1】 设计北纬 41° 地区，内跨 L=6.5m 的太阳能温室。

查表 5-1，北纬 41° 地区，屋面设计采光角 α 的取值低限值为 30.33°，高限值为 37.14°，选取 L_2=1.4m，则 L_1=5.1m。

屋脊高度低限值为 $H_1=5.1\times\tan30.33°=2.98$（m）

屋脊高度高限值为 $H_2=5.1\times\tan37.14°=3.86$（m）

从计算看出，H_1=2.98m 是比较容易实现的，人们乐于接受，而脊高 3.86m 太高，如果选用 H=3.2m（α=32.11°）人们也能接受。如果以 H=3.2m、A=0.5m 来设计，则

$Y_i=3.2(X_i+0.5)[2(5.1+0.5)-(X_i+0.5)]/(5.1+0.5)^2=3.2(X_i+0.5)[11.2-(X_i+0.5)]/31.36$

北纬 41° 地区、内跨 6.5m 太阳能温室棚面参数计算结果见表 5-2。

表 5-2 北纬 41° 地区、内跨 6.5m 太阳能温室棚面参数

X_i	0.5	1.0	1.5	2.0	2.5	3.0	3.5	4.0	4.5	5.0	5.1
Y_i	1.04	1.48	1.88	2.22	2.51	2.75	2.94	3.08	3.16	3.20	3.20

三、太阳能温室的规划设计

1. 太阳能温室的朝向选择

为了合理地利用土地，既不浪费土地，又能充分利用太阳能，在修建集中连片温室前，必须进行场地规划。

温室一般采用坐北朝南的方位。北纬 41° 以北地区冬季气候寒冷，昼夜温差大，早晨温度低，往往晨雾大，早晨揭帘时间不能过早，温室方位以南偏西 5° ～10° 为宜（称之为抢阴），以适当延长午后的光照时间，有利于作物生长。而北纬 38° 以南地区，由于冬季气候较温暖，早晨温度又不很低，可早揭帘，且上午光质好，应尽量增强午前的光照，温室方位以南偏东 5° ～10° 为好（称之为抢阳）。当然，方位的确定还要考虑当地冬季的主导风向的影响。如北纬 41° 以北地区，冬季主导风向为西北风，就不宜采用南偏西的方位。反之，北纬 38° 以南地区，冬季主导风向为东北风，亦不宜采用南偏东方位。

2．太阳能温室朝向的确定

① 在乡镇规划区范围内的太阳能温室建设，由乡镇规划部门按照整体规划，用罗盘仪或带罗盘的经纬仪精确测定方位，按照规划的数量进行并定位放线，并在东西、南北方向画出方位线。

② 不在乡镇规划范围内的太阳能温室建设，有条件的地区也可以根据太阳能温室的数量采用罗盘仪或带罗盘的经纬仪精确测定，画出方位线，确定建设地方。用罗盘仪或带罗盘的经纬仪测定的南北不是地球的正南正北，而是磁南磁北，正南正北与磁南磁北之间存在一个磁偏角，全国各地的磁偏角各不相同，因此需要用磁偏角进行修正。我国部分城市的磁偏角见表 5-3。

表 5-3 我国部分城市的磁偏角

城市	磁偏角（南偏西）	城市	磁偏角（南偏西）	城市	磁偏角（南偏西）
齐齐哈尔	9° 31′	天津	5° 09′	包头	3° 46′
哈尔滨	9° 23′	济南	4° 47′	兰州	1° 44′
长春	8° 42′	徐州	4° 12′	玉门	0° 01′
沈阳	7° 56′	呼和浩特	4° 36′	郑州	3° 50′
大连	6° 45′	西安	2° 11′	银川	2° 53′
北京	5° 57′	太原	3° 51′	保定	4° 43′

③ 如果建设场地不在规划范围内，又没有罗盘仪等精密仪器，可采用棒影法来粗略测定方位。

a．棒影法确定正南正北的方向。在平整后的场地上适当位置立一根垂直立杆，记下立杆的时间，如上午 10 时，然后用白灰在地上撒出棒影的灰线，取一根与棒影长度相同的绳子，以立杆点为圆心，以该绳子的长度为半径顺时针画弧并用白灰撒出灰线。由于棒影长度随着太阳高度的变化而发生变化，午前至正午，棒影越来越短，到正午时棒影最短，午后棒影越来越长，下午 2 时前后，棒影与圆弧再次重合，用白灰撒出棒影灰线，两个棒影灰线之间夹角的平分线的方向就是正南正北的方向。角平分线的做法有两种：一种是用数学的方法，即以两棒影与圆弧的交点为圆心，以适当长度为半径画弧，两弧交点与立杆点的连线就是正南正北的方向；另一种方法是用尺量法，用钢尺量取两棒影与圆弧交点之间的距离，该长度的中点与立杆点的连线方向就是正南正北的方向。棒影法确定正南正北的方向如图 5-4 所示。

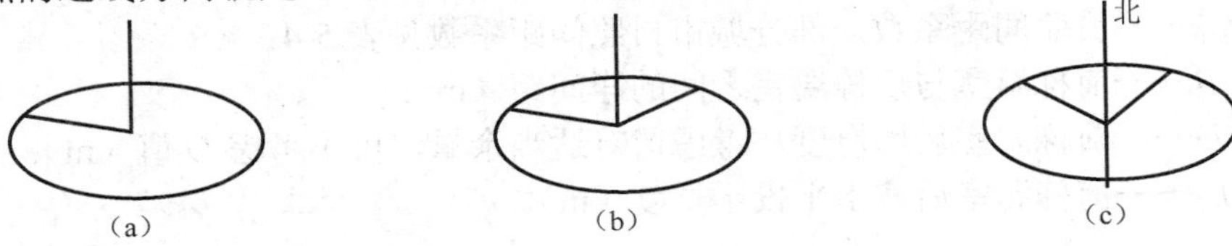

图 5-4 棒影法确定正南正北的方向

b．棒影法确定南偏东、偏西 5°。在平整后的场地适当位置，上午 11:40 立一根垂直立杆，该立杆在地上的投影方向就粗略地认为是南偏东 5°的方向；下午 12:20 立一根垂直立杆，该立杆在地上的投影方向就粗略地认为是南偏西 5°的方向。

3．田间道路和排水沟渠的位置

原则上田间道路和排水沟渠的位置应根据连片温室的规划和温室长度来确定。东西每隔 3～4 排温室，南北每隔 10 栋温室应留 5～6m 宽的干道，以利大型车辆的通行。

4．南北两栋温室间距的确定

太阳能温室设计规定，在冬至日上午 10 时到下午 14 时的 4 个小时内，前栋温室对后栋温室不遮光且略有宽余为宜。邻栋温室间距离如图 5-5 所示。

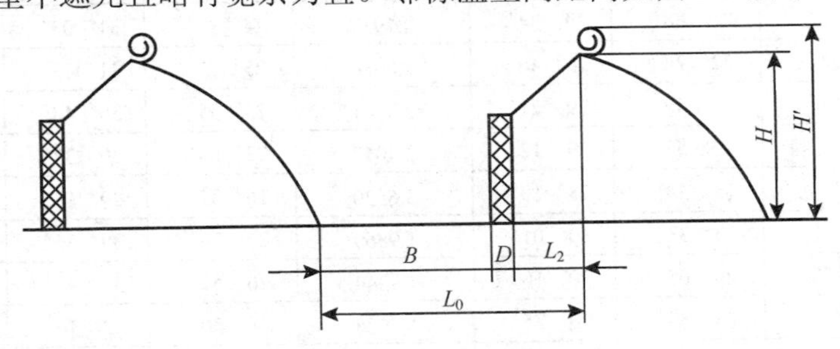

图 5-5 邻栋温室间距离

按照上述规定，前后两栋温室之间的间距可用下式计算：

$$L_0 = H' \cos\gamma_{10}/\tan h_{10} = \eta_{10} H' = B + D + L_2 \quad (5\text{-}2)$$

$$B = \eta_{10} H' - D - L_2 \quad (5\text{-}3)$$

$$\eta_{10} = \cos\gamma_{10}/\tan h_{10} \quad (5\text{-}4)$$

式中：L_0——前栋温室最高点至后栋温室前地脚的距离；

H'——前面遮挡建筑物的遮光高度(包括卷起的草苫高度，一般为 0.8～1m)；

γ_{10}——冬至日上午 10 时后栋温室方位与太阳方位所夹的角，当朝向为正南时，$\gamma_{10}=A$，偏东时，$\gamma_{10}=A-\alpha$；偏西时，$\gamma_{10}=A+\alpha$；

A——冬至日上午 10 时太阳方位角；

α——墙面法线方向与正南方向的夹角；
h_{10}——冬至日上午 10 时太阳高度角；
η_{10}——日照间距系数，部分城市日照间距系数见表 5-4；
B——前栋温室与后栋温室之间的净间距（m）；
D——前栋温室后墙厚度，考虑留有适当余量，可不考虑 D 值（m）；
L_2——前栋温室后坡水平投影长度（m）。

表 5-4 部分城市日照间距系数

序号	城市	冬至日 10 时			大寒日 10 时		
		太阳高度角 h_{10}	太阳方位角 A	日照间距系数 η_{10}	太阳高度角 h_{10}	太阳方位角 A	日照间距系数 η_{10}
1	哈尔滨	15° 38′	28° 27′	3.1490	18° 37′	29° 40′	2.5825
2	齐齐哈尔	14° 14′	28° 15′	3.4741	17° 15′	29° 25′	2.8094
3	佳木斯	14° 14′	28° 19′	3.4381	17° 41′	29° 30′	2.7302
4	长春	17° 17′	28° 43′	2.8190	20° 15′	30° 00′	2.3475
5	延吉	18° 08′	28° 52′	2.6747	21° 05′	30° 11′	2.2425
6	沈阳	19° 07′	29° 03′	2.5241	22° 04′	30° 25′	2.1281
7	丹东	20° 35′	29° 20′	2.3217	23° 31′	30° 46′	1.9761
8	北京	20° 42′	29° 22′	2.3062	23° 38′	30° 48′	1.9634
9	天津	21° 26′	29° 31′	2.2176	24° 21′	31° 00′	1.8940
10	石家庄	22° 21′	29° 44′	2.1119	25° 15′	31° 15′	1.8128
11	保定	21° 38′	29° 34′	2.1937	24° 33′	31° 03′	1.8754
12	太原	22° 28′	29° 46′	2.0986	25° 22′	31° 17′	1.8022
13	大同	20° 40′	29° 21′	2.3101	23° 35′	30° 48′	1.9679
14	呼和浩特	19° 57′	29° 12′	2.4047	22° 53′	30° 37′	2.0396
15	札兰屯	13° 34′	28° 10′	3.6520	16° 35′	29° 19′	2.9288
16	济南	23° 33′	30° 01′	1.9869	26° 26′	30° 36′	1.7314
17	青岛	24° 05′	30° 10′	1.9344	26° 57′	31° 45′	1.6727
18	西安	25° 39′	30° 35′	1.7928	28° 30′	32° 16′	1.5571
19	延安	23° 37′	30° 02′	1.9812	26° 30′	31° 37′	1.7080
20	银川	22° 02′	29° 40′	2.1507	24° 57′	31° 10′	1.8388
21	兰州	24° 07′	30° 10′	1.9327	27° 00′	31° 46′	1.6687
22	酒泉	20° 53′	29° 24′	2.2836	23° 48′	30° 51′	1.9463
23	西宁	23° 38′	30° 03′	1.9785	26° 31′	31° 37′	1.7078
24	玉树	26° 46′	30° 55′	1.7005	29° 35′	32° 39′	1.4834
25	乌鲁木齐	17° 21′	28° 43′	2.8073	20° 20′	30° 01′	2.3374
26	喀什	21° 04′	29° 27′	2.2612	23° 59′	30° 54′	1.9292

冬至日 10 时太阳高度角和方位角计算公式如下：

$$\sin\gamma_{10}=\cos\delta\sin\omega_{10}/\cos h_{10}=0.4587/\cos h_{10} \tag{5-5}$$

$$\sin h_{10}=\sin\Phi\sin\delta+\cos\Phi\cos\delta\cos\omega_{10}=0.7945\cos\Phi-0.3979\sin\Phi \quad (5\text{-}6)$$

式中：δ——冬至日太阳赤纬角，$\delta=-23.45°$；

ω_{10}——时角，$\omega_{10}=-30°$；

Φ——地理纬度。

【例 5-2】沈阳地区建设正南朝向温室，前栋温室脊高为 3.2m，卷帘高为 0.8m，后坡长度为 1.4m，后墙厚度为 0.46m，要求在冬至日后栋温室有 4h 的光照，求日照间距。

已知 $H'=3.2+0.8=4$(m)，查表 5-4 得冬至日 10 时日照间距系数 $\eta_{10}=2.5241$，将已知数值代入式（5-3），得

$B=\eta_{10}H'-D-L_2=2.5241\times4-0.46-1.4=8.24$（m），取日照间距为 8.3m。

如果温室朝向为南偏西或偏东一定角度，可用下述方法计算。例如，温室朝向为南偏西 5° 或偏东 5°，查表 5-4。

偏西时：$h_{10}=19°07'$，$\gamma_{10}=A+\alpha=29°03'+5=34.05°$

$$\eta_{10}=\cos\gamma_{10}/\tan h_{10}=2.3924$$

$B=\eta_{10}H'-D-L_2=2.3924\times4-0.46-1.4=7.71$，取日照间距为 7.8m。

偏东时：$h_{10}=19°07'$，$\gamma_{10}=A-\alpha=29°03'-5=24.05°$

$$\eta_{10}=\cos\gamma_{10}/\tan h_{10}=2.6370$$

$B=\eta_{10}H'-D-L_2=2.6370\times4-0.46-1.4=8.69$，取日照间距为 8.7m。

四、太阳能温室的使用

太阳能温室的温度、光线、湿度、通风等的调节，都是由人工控制的，所以需要了解温室的使用方法。

1. 温度的控制

（1）温度的高低　不同植物以及相同植物在不同的生长阶段，对温度的要求都不相同。必须使温室里的温度经常保持在最低度和最高度的限值之间，还应该做到：全天中午最高，清晨最低；全年夏季最高，冬季最低。不要出现夜间温度高于白天温度的反常现象，同时还要注意防止温度骤然升降。

（2）温差　在调节温室的温度时，要注意全天和全年的温差尽量符合在原产区、原生长季节时的气温变化情况。若日温差和年温差变化偏大，会对植物产生不利影响。

（3）土壤温度　在自然界，植物生长发育期间，一般情况是白天土壤温度略高于气温，夜间土壤温度略低于气温。因此，在温室里栽培植物时，要使土壤在白天能够尽量多地接收太阳辐射能，提高土壤温度。

2. 光线

植物对光线的要求为 3 个方面，即光照时间的长短、光谱成分的变化和辐照强

度的强弱。这3个方面都随纬度、季节、时间、地形、地貌、海拔高度和气象因素等的不同而变化。利用温室栽培植物时，植物在与它原有生态习性不同的地区和季节进行生长发育，并且植物与太阳之间增添了一层玻璃或塑料薄膜，光线本身已发生了很大变化。因此，应尽量满足各类植物对光线的要求。例如，原产在热带、亚热带地区的植物，由于该地区一年中阴雨天气较多，大量的云雾使空气透明度大为降低，光照时间减少；若将它引种到纬度较高的温带、寒带地区温室里栽培，大都不能适应强烈的光照，因此，夏季光照强烈时，必须适当地给予荫蔽。

3．湿度

在自然环境，土壤湿度和空气湿度都直接受到天然降雨的影响。在温室里，植物所需要的水分主要是依靠人工补给。所以仅依靠土壤灌水保持空气湿度是绝对不行的，如对一些“喜阴湿的植物”，必须根据植物对空气湿度的要求，保持合适的空气湿度。

调节温室内湿度的常用方法：人工在室内地面经常淋水、从屋顶向室内喷水、安装人工喷雾设备、在室内空闲地方修建蓄水池等。

4．通风

植物良好的生长发育需要新鲜空气。通风换气时应注意以下几点：

① 每天都应进行通风换气，冬季最好在中午进行，以免影响室内温度。

② 通风的同时，必须注意保持温度。设有机动喷雾设备的温室，在通风的同时，可以打开喷雾，这样有利于雾气扩散，克服通风与保湿的矛盾。

③ 通风时，应根据当时的风向，打开顺着风向的出气口（天窗）和对着风向的进风口。风力较大时，要少开或不开进风口，以免寒风吹向植物。冬季风力较大时，更要加倍注意。

第六章 太阳能干燥

第一节 概 述

一、太阳能干燥的特点

太阳能干燥是人类利用太阳能历史最悠久、应用最广泛的一种形式。早在几千年前，我们的祖先就已把食品和农副产品直接放在太阳底下摊晒，待物品干燥后再储存放置。这种露天自然的被动式干燥一直延续至今，但是也存在诸多弊端：效率低，周期长，占地大，易受阵雨、梅雨等气候条件的影响，也易受风沙、灰尘、苍蝇、虫蚁等的污染，难以保证被干燥食品和农副产品的质量。

本章介绍的太阳能干燥，是利用太阳能干燥器对物料进行干燥，可称为主动式太阳能干燥。如今，太阳能干燥技术的应用范围有了进一步扩大，已从食品、农副产品，扩大到木材、中药材、工业产品等的干燥。因此，如果说本书前面所述的太阳热水器、太阳灶和太阳房主要是应用于人们生活方面，那么太阳能干燥器主要是应用于工农业生产方面。

在20世纪90年代之前，我国太阳能干燥就有了一定程度的发展，在技术开发和推广应用方面都取得了较大的成绩。据不完全统计，全国安装各类太阳能干燥器的总采光面积已累计达到15000m^2。

国际上对太阳能干燥的研究开发和实际应用一直都比较重视。国际能源机构专门设立了“太阳能干燥”任务组，主要成员有加拿大、荷兰、美国等。研究开发的太阳能干燥项目有咖啡、烟叶、谷物、水果、蔬菜、生物质、椰子皮纤维和泥煤等的干燥。

人类的衣食住行都与干燥有关，我国太阳能干燥的实例很多。在食品、农副产品方面，有各种谷物、蔬菜、水果、鱼虾、香肠、挂面、茶叶、烟叶、饲料等的干燥；在木材方面，有白松、美松、榆木、水曲柳等的干燥；在中药材方面，有陈皮、当归、天麻、丹参、人参、鹿茸、西洋参等的干燥；在工业产品方面，有橡胶、纸张、蚕丝、制鞋、陶瓷泥胎等的干燥。

（1）太阳能干燥与常规能源干燥相比较 其主要优点如下：

① 节约常规能源。常压下蒸发1kg水，约需要2.5×103kJ的热量。考虑到物料升温所需热量、炉子燃烧效率等各种因素，有资料估算干燥1t农副产品，大约要消

耗 1t 以上的原煤。若是烟叶则需耗煤 2.5t，据统计我国烟叶年产量约为 4.2×10^6t。

太阳能干燥是将太阳能转化成热能，节省干燥过程中所消耗的燃料，从而降低生产成本，提高经济效益。

② 保护自然环境。太阳能干燥使用清洁能源，防止因常规能源干燥消耗燃料而给环境造成的严重污染。

（2）太阳能干燥与露天自然干燥相比较 其主要优点如下：

① 提高生产效率。太阳能干燥在特定的装置内完成，可以改善干燥条件，提高干燥温度，缩短干燥时间，进而提高干燥效率。

② 提高产品质量。太阳能干燥是在相对密闭的装置内进行，可以使物料避免风沙、灰尘、苍蝇、虫蚁等的污染，也不会因天气反复变化而变质。

二、太阳能干燥的基本原理

干燥过程是利用热能使固体物料中的水分汽化并扩散到空气中去的过程。物料表面获得热量后，将热量传入物料内部，使物料中所含的水分从物料内部以液态或气态方式进行扩散，逐渐到达物料表面，然后通过物料表面的气膜而扩散到空气中去，使物料中所含的水分逐步减少，最终成为干燥状态。因此，干燥过程实际上是一个传热、传质的过程。

太阳能干燥就是使被干燥的物料，或者直接吸收太阳能并将它转换为热能，或者通过太阳能集热器所加热的空气进行对流换热而获得热能，继而再经过以上描述的物料表面与物料内部之间的传热、传质过程，使物料中的水分逐步汽化并扩散到空气中去，最终达到干燥的目的。

要完成这样的过程，必须使被干燥物料表面所产生水汽的压强大于干燥介质中水汽的分压。压差越大，干燥过程就进行得越快。因此，干燥介质必须及时地将产生的水汽带走，以保持一定的水汽推动力。如果压差为零，就意味着干燥介质与物料的水汽达到平衡，干燥过程就停止。

太阳能干燥通常采用空气作为干燥介质。在太阳能干燥器中，空气与被干燥物料接触，热空气将热量不断传递给被干燥物料，使物料中水分不断汽化，并把水汽及时带走，从而使物料得以干燥。

按照传热和加热方式的不同，干燥方式主要有 4 种类型：传导干燥、对流干燥、辐射干燥和介电加热干燥。

第二节 物料的干燥特性

干燥的对象称为物料，如食品、农副产品、木材、药材、工业产品等，只有充分掌握干燥过程中物料的内部特性和干燥介质的物理特性，才能确定合理的干燥工艺，并设计出有效的太阳能干燥器。

物料的内部特性包括被干燥物料的成分、结构、尺寸、形状、导热系数、比热容、含水量、水分与物料的结合形式等。干燥介质的物理特性包括空气的温度、湿度、比热容、湿空气状态参数的变化规律等。

一、物料中所含的水分

物料的干燥过程就是去除物料中水分的过程，因此物料所含水分的特征，与物料干燥工艺和干燥器的设计密切相关。

1．根据物料的含水状态分类

（1）游离水分　游离水分是存在于物料空隙或表面的水分，此类水分与物料的结合力弱或自由分散于物料的表面，是比较容易除去的部分。砂粒、焦炭、石粉等疏松材料，含有游离水分比较多，比较容易干燥。

（2）物化结合水　物化结合水是以一定的物理化学结合力与物料结合起来的水分，如物料的吸附水分、结构水分和毛细管水分等。此类水分与物料结合比较强，比较稳定，难以除去。谷物、烟草、瓷坯、棉织品等物化结合水含量多，干燥过程缓慢。

（3）化学结合水分　化学结合水分是指按照一定的数量或比例与化合物结合而生成带结晶水的化合物中的水分。一般常温干燥难以去除，一般干燥过程不必考虑。

2．根据物料中水分除去的难易程度分类

（1）非结合水分　非结合水分包括物料表面的吸附水分和物料孔隙中的水分等，其主要是以机械方式结合，与物料的结合强度较弱。物料中非结合水分所产生的蒸汽压等同于同温度下纯水的饱和蒸汽压，因此被称为自由水分，比较容易去除。

（2）结合水分　结合水分与物料的结合力强，包括物料的细胞内水分和毛细管水分，其蒸汽压低于同等温度下纯水的饱和蒸汽压，因而难以去除。

二、物料的平衡含水率

一定物料在特定温度和含水量下会有相应的水蒸气压力。当物料内部所维持的水蒸气分压等于周围空气的水蒸气分压时，物料的含水率即为该状态下的物料平衡含水率。

所以物料的平衡含水率，是指一定的物料在与一定参数的湿空气接触时，物料中最终含水量占此物料全部质量的百分比。此时物料周围空气的相对湿度就是平衡相对湿度。

平衡含水率对于研究物料干燥的过程十分重要。掌握平衡含水率的规律，可以

决定物料经过干燥后可能达到的最终含水量，确定物料的最终干燥状态。

物料的平衡含水率可以通过实验测定。通常是将湿物料置于恒温恒湿的空气环境中，一段时间后，测定物料恒重时的水分含量，用湿基百分数表示，即为此物料在该状态下的平衡含水率。不同谷物的平衡含水率（湿基）见表 6-1。

表 6-1 不同谷物的平衡含水率（湿基） （%）

谷物种类	温度/℃	平衡相对湿度（%）					
		50	60	70	80	90	100
大麦	25	10.8	12.1	13.5	15.8	19.5	26.8
荞麦	25	11.4	12.7	14.2	16.1	19.1	24.5
燕麦	25	6.8	7.9	9.3	11.4	15.7	—
稻谷	25	12.2	13.3	14.3	15.2	19.1	—
高粱	25	11.0	12.0	13.8	15.8	18.8	21.9
大豆	25	8.0	9.3	11.5	14.8	18.8	—
小麦	25	11.6	13.0	14.5	16.8	20.6	—
玉米粒	25	11.2	12.9	13.9	15.5	18.9	24.6
花生荚	10	7.1	8.6	9.8	11.9	—	—

三、物料干燥过程的汽化热

从湿润物料中将单位质量的水分蒸发所需要的热量，称为物料干燥过程的汽化热，单位为 kJ/kg。

物料的汽化热与物料的含水率和干燥温度有关。干燥初期，物料的汽化热与自由水分的汽化热比较接近，物料的含水量降低后，物料干燥除自由水分外还有物化结合水分，所以汽化热就会增加。

此外，物料汽化热与干燥温度的关系是干燥温度越低，消耗的汽化热就越多。计算太阳能干燥器的干燥效率时，需要注意汽化热的规律：物料干燥过程的汽化热必定高于自由水分的汽化热，物料含水率越低时，汽化热高出的幅度越大。

谷物在不同含水率和不同温度下的汽化热见表 6-2。

表 6-2 谷物在不同含水率和不同温度下的汽化热 （kJ/kg）

谷物种类	含水率（%）	温度/℃				
		0	10	21	38	66
小麦	5	2992.0	2964.4	2936.3	2885.3	2804.0
	10	2855.1	2827.5	2801.9	2753.0	2676.3
	15	2725.3	2560.4	2674.2	2629.9	2555.7
	20	2555.7	2532.7	2509.2	2465.3	2479.1

四、物料的干燥特性曲线

湿润的物料在具有一定温度湿度和流速的热风中，物料的水分就会随着时间变化而逐渐干燥。物料含水率随时间变化的曲线，称为物料的干燥特性曲线。

物料的干燥特性曲线包括 3 个阶段：预热干燥阶段、恒速干燥阶段和减速干燥阶段，如图 6-1 所示。

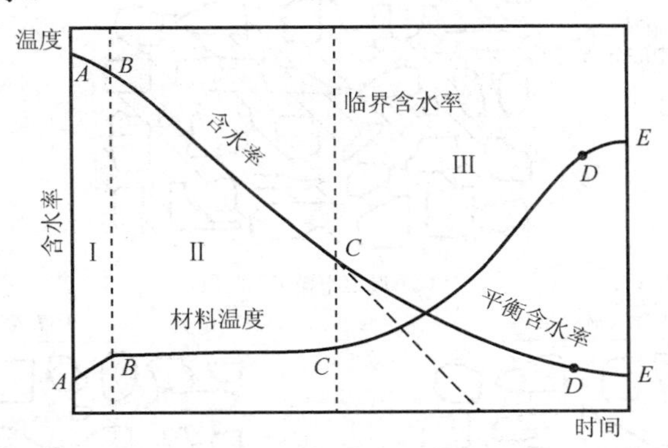

图 6-1　物料的干燥特性曲线

I 一预热干燥阶段；II 一恒速干燥阶段；III—减速干燥阶段

1．预热干燥阶段（*A*—*B*）

干燥过程从 *A* 点开始，热风将热量转移给物料表面，使表面温度上升，物料水分蒸发，蒸发速度随表面温度升高而增加。在热量转移与水分蒸发达到平衡时，物料表面温度保持一定值。

2．恒速干燥阶段（*B*—*C*）

干燥过程到达 *B* 点后，水分由物料内部向表面扩散的速度与表面蒸发的速度基本相同，移入物料的热量完全消耗在水分的蒸发，即达到新的平衡。

在这一阶段中，物料表面温度保持不变，含水率随干燥时间成直线下降，干燥速度保持一定值，即保持恒速干燥。

3．减速干燥第一阶段（*C*—*D*—*E*）

干燥过程过 *C* 点以后，水分的内部扩散速度低于表面蒸发速度，使物料表面的含水率比内部低。随着干燥时间增加，物料温度增高，蒸发不仅在表面进行，还在内部进行，移入物料的热量同时消耗在水分蒸发及物料温度增高上。这一阶段称为减速干燥的第一阶段，如图 6-2a 所示。

4. 减速干燥第二阶段

干燥过程继续进行，表面蒸发即告结束，物料内部水分以蒸汽的形式扩散到表面上来。这时干燥速度最低，在达到与干燥条件平衡的含水率时，干燥过程即结束。这一阶段称为减速干燥的第二阶段。干燥过程如图 6-2b 所示。

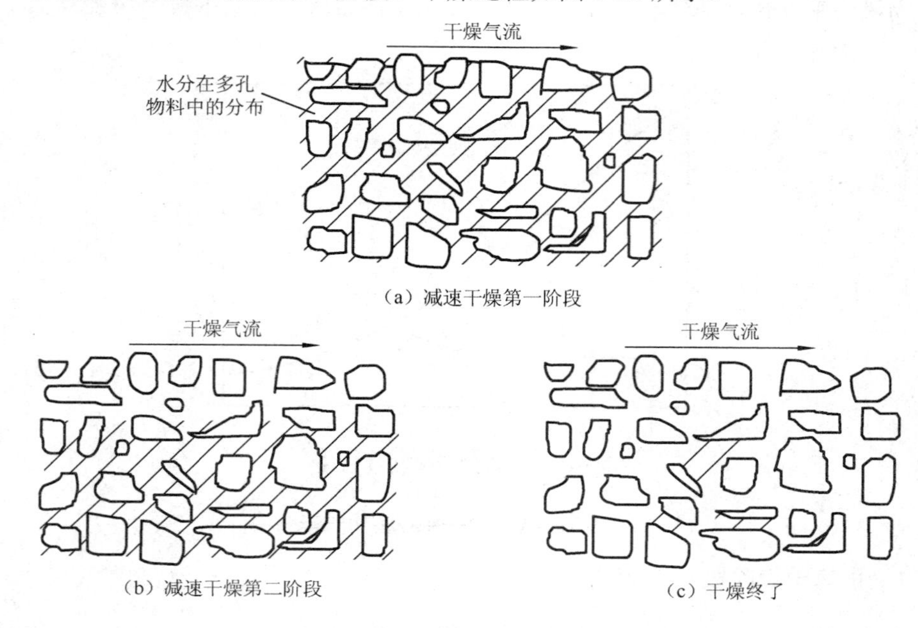

图 6-2 干燥过程

从恒速干燥阶段转为减速干燥阶段时的含水率，称为临界含水率（C 点）。一般来说，物料的组织越致密，水分由内部向外部扩散的阻力就越大，这样临界含水率值也就越高。

五、影响干燥速率的因素

物料的干燥速率是单位时间内在单位干燥面积上汽化水分的质量。

干燥过程中存在两种速率的概念，一种是物料表面水分的汽化速率，一种是物料内部水分的扩散传递速率。疏松性物料的两种速率大致相当，干燥过程的速率主要取决于汽化速率。黏性物质内部水分扩散传递速率较慢，干燥速率就取决于这一种速率，即干燥速率主要由速率较低的过程支配。影响干燥速率的因素主要有以下几个方面。

1. 空气的温度

若空气的含湿量不变，则热空气温度越高，达到饱和所需的水蒸气越多，水分蒸发就愈容易，干燥速度也就愈快；反之，温度越低，干燥速度也就越慢，产品容易发生氧化褐变，甚至生霉变质。

但应注意，每一种物料都存在一个允许的最高温度值，过度高温会导致物料糊化或焦化，影响品质。在干制过程中，一般采用40℃～90℃，凡是富含糖分和挥发油的果蔬，宜用低温干制。

2. 空气的相对湿度

如果空气的温度不变，空气的相对湿度越低，则空气湿度饱和差越大，带走物料水分的能力越强，干燥速度越快，空气相对湿度过高，原料会从空气中吸收水分。降低空气含湿量的办法是使用活性炭、硅胶、石灰、无水氯化钙和沸石分子筛等，这些物质会吸收空气中的水分，使之更为干燥，增加脱水能力。

3. 空气的流速

通过原料的空气流速越快，带走的湿气越多，干燥也越快。因此，人工干燥设备中，可以用鼓风增加风速，以便缩短干燥时间。但是，空气流速越大，空气与湿物料的接触时间越短，反而会降低热能的有效利用率。所以，空气流速应加以控制。

4. 原料的种类和状态

由于水分是从原料表面向外蒸发的，因此原料切分的大小和厚薄对干燥速度有直接的影响，原料切分得越小，其比表面积越大，水分蒸发越快。原料铺在烘盘上或晒盘上的厚度越薄，干燥越快。

颗粒状的物质，如稻谷、小麦、大豆、玉米、花生等，可采用厚层堆叠方式堆置，如图6-3所示；片状物料，如皮革、烟叶、丝绵、纸张、面条等，可采用悬挂方式进行干燥，如图6-4所示，因为这样可以使物料表面充分暴露在热空气之中。

图6-3 谷物厚层堆叠

图6-4 悬挂的烟叶

5. 空气与物料的接触

为了提高干燥速率，干燥过程中尽可能不产生死角，使物料与空气保持良好接触，物料的干燥会比较均匀。因此，干燥装置应合理安排气流通道。气流垂直穿透物料层，可增加气体与固体物的接触面积，加强传热与传质，强化干燥过程。

国内外专家学者已经对多种被干燥物料，尤其是典型的谷物、蔬菜、茶叶、中药、水果、木柴等干燥特性进行了研究，绘制了各种物料的干燥曲线，有的还建立了干燥数学模型，为太阳能干燥工艺、干燥器设计建造和运行提供了科学依据。

在对物料干燥特性研究的基础上，专家学者还对太阳能干燥器进行了物料平衡计算和热量平衡计算，提出了有关物料的干燥工艺：干燥过程中不同阶段的工作温度、湿度、气流速度、干燥时间、空气和物料的接触方式等，太阳能干燥已经有了一些良好的技术基础。

第三节 太阳能干燥器分类

太阳能干燥器是将太阳能转换为热能以加热物料，并使其最终达到干燥目的的装置。太阳能干燥器的形式很多，它们可以有不同的分类方法。

一、按物料接受太阳能的方式不同分类

（1）直接受热式太阳能干燥器 直接受热式太阳能干燥器是指被干燥物料直接吸收太阳能，并由物料自身将太阳能转换为热能的干燥器，通常也称为辐射式太阳能干燥器。

（2）间接受热式太阳能干燥器 间接受热式太阳能干燥器是指首先利用太阳集热器加热空气，再通过热空气与物料的对流换热而使被干燥物料获得热能的干燥器，通常也称为对流式太阳能干燥器。

二、按空气流动的动力类型不同分类

（1）主动式太阳能干燥器 需要由外加动力（风机）驱动运行的太阳能干燥器称为主动式太阳能干燥器。

（2）被动式太阳能干燥器 不需要由外加动力（风机）驱动运行的太阳能干燥器称为被动式太阳能干燥器。

三、按干燥器的结构形式不同分类

（1）温室型太阳能干燥器 此类干燥器大多是被动式，少数是主动式，一般是

直接受热式干燥器。

（2）集热器型太阳能干燥器　较大规模的此类干燥器一般是主动式，受热形式都是间接受热式。

（3）集热器-温室型太阳能干燥器　这是同时带有直接受热和间接受热混合式的干燥器，是主动式干燥器。

（4）整体式太阳能干燥器　此类干燥器是将直接受热和间接受热二者合并在一起的干燥器，也是主动式干燥器。

其他形式的太阳能干燥器如图6-5所示

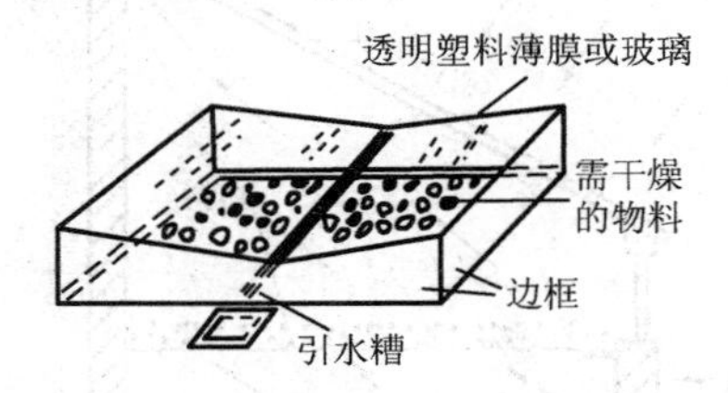

图6-5　其他形式的太阳能干燥器

第四节　温室型太阳能干燥器

一、设计原理

温室型太阳能干燥器的结构与栽培农作物的温室相似，温室即为干燥室，待干物料置于温室内，直接吸收太阳辐射，温室内的空气被加热升温，物料脱去水分，达到干燥的目的。温室型干燥器一般设有排风装置，排去含湿量大的空气，缩短物料的干燥周期。

温室型干燥器结构简单、建造容易、造价较低，可因地制宜、综合利用，在国内外有较为广泛的应用。这类干燥器中的干燥物料能直接吸收阳光，太阳辐射热引起的定向流动空气流带走汽化水分，而达到干燥的目的。因其无须外加动力，所以又称被动式太阳能干燥器。

二、基本结构

太阳能干燥器的北墙是隔热墙，内壁面涂黑色，用以提高墙面的太阳吸收比。东、西、南三面墙的下半部也都是隔热墙，内壁面同样涂黑色。所谓隔热墙，就是墙体为双层砖墙，其间夹有保温材料。东、西、南三面墙的上半部都是玻璃，用以充分地透过太阳辐射能。

北墙靠近顶部的部位装有若干个排气烟囱，以便将湿空气随时排放到周围环境中去。通常在排气烟囱处还装有调节风门，以便控制通风量。

南墙靠近地面的部位开设一定数量的进气口，以便在湿空气排放到周围环境中后，新鲜空气及时补充进入干燥器。

太阳能干燥器的顶部是向南倾斜的玻璃盖板，其倾角跟当地的地理纬度基本一致。干燥器的地面也涂黑色。由四面墙和玻璃盖板组成的温室型太阳能干燥器，本身既是集热部件，又是干燥室。温室型太阳能干燥器结构如图 6-6 所示。

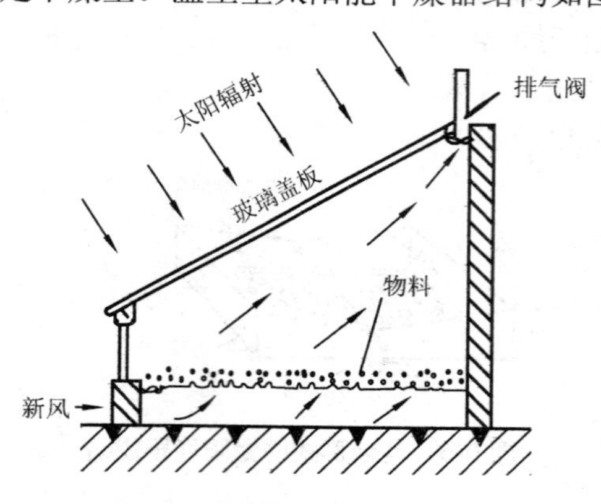

图 6-6 温室型太阳能干燥器结构

三、干燥过程

首先将被干燥物料堆放在干燥室内分层设置的托盘中，或者吊挂在干燥室内的支架上。

太阳辐射能穿过玻璃盖板后，一部分直接投射到被干燥物料上，被其吸收并转换为热能，使物料中的水分不断汽化；另一部分则投射到黑色的干燥室内壁面上，也被其吸收并转换为热能，用以加热干燥室内的空气，温度逐渐上升，热空气进而将热量传递给物料，使物料中的水分不断汽化，然后通过对流把水汽及时带走，达到干燥物料的目的。

在太阳能干燥器工作过程中，可以调节安装在排气烟囱处的调节风门，以便控制干燥室的温度和湿度，使被干燥物料达到要求的含水率。

为了加快湿空气的排放速度，缩短物料的干燥周期，有时在排气烟囱的位置安装排风机，实现干燥介质的强制循环。

为了减少太阳能干燥器顶部的热量损失，可以在顶部玻璃盖板下面增加 1～2 层透明塑料薄膜，利用各层间的空气提高保温性。

四、温室型干燥器的类型

1. 闷晒式太阳能干燥器

闷晒式太阳能干燥器由 4 块木板构成边框，再在上面加一层玻璃或透明塑料薄膜。木板内侧最好用无光黑漆涂成黑色。

在太阳辐照下，干燥器内空气中的水汽含量逐渐增多。但是由于透明盖层的温度较低，因此当干燥器内的水汽含量增多到一定程度时，就会有水滴凝结在上面，然后水珠沿着倾斜放置的透明盖层汇集到中间的低凹处，最后滴落到引水槽中并流到干燥器的外面。

如果在透明盖层的下面不放待干物料，而放一盘水（盘底涂成深色），经过太阳辐照后，可以从引水槽下面接到比较纯净的蒸馏水。所以，这种干燥器也能当做小型蒸馏器使用。

如果在透明盖层下面育苗、养花，它便成了微型温室。

2. 通风式太阳能干燥器

如图 6-7 所示，通风式太阳能干燥器的底部和四周都填满了保温材料，上面覆盖 1～2 层透明盖层，两层之间的距离一般应≥2.5cm。底部和四周都开有通气孔，当干燥器受到太阳辐照后，物料中的水分便蒸发出来，箱内空气的温度和湿度都相应地提高。

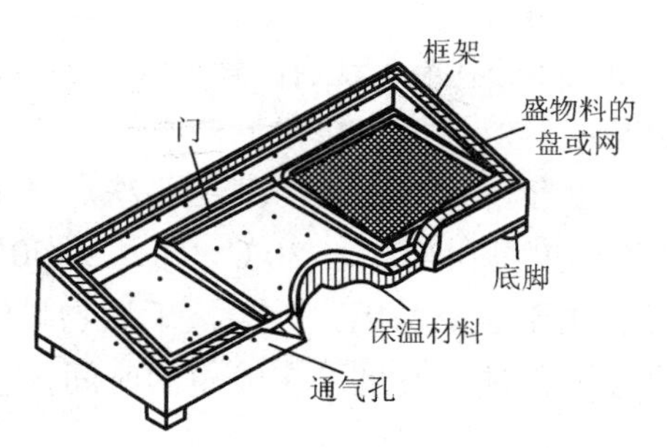

图 6-7 通风式太阳能干燥器

由于热空气的密度较小，它就从四周的通风孔逸出；冷空气的密度较大，通过底部的通风孔补入，这样就可以使物料逐渐干燥。但是，空气不能流通得太快，否则干燥器内的温度就会过低；空气也不能流通得过慢，否则就会在透明盖层上凝结水珠。

空气流通的快慢是由通风孔的大小和多少来控制的。一般来说，太阳辐射越强烈，通风孔就应越多。因此，可以先多钻一些孔，然后根据使用情况把多余的孔堵塞起来，以透明盖层的内侧不发生结露现象为宜。

这种干燥器的框架可以用木板、三合板、金属板甚至竹片等材料来制作。如果不打算搬动，还可以使用土坯、石、砖或水泥等材料来做框架。

保温材料可以选用刨花、木屑、草灰、甘蔗渣和废棉絮等。不过，保温材料一定要干燥，铺垫要均匀，以便取得较好的保温效果。框架的内壁涂上黑漆或其他深色颜料。在框架的后面板上装有小门，以便取放物料。

干燥器的加工要比较精细，以保证它的气密性。操作时要小心，不要让物料把通风孔堵住。此外，最好用网或纱布把通风孔的外口包扎起来，以免小虫钻到干燥器内部去做窝或者蛀蚀物料。

为了提高干燥速率，可以采用加大送风量和提高空气温度的办法。但如果干燥温度过高，或者干燥速率过快，那么待干物料的物理或化学性质就会发生变化，从而导致产品的质量下降。

五、适用范围

因为水分是从湿物料的表面蒸发出来的，因而对那些不易透水、透气的表面干硬物料，就应该采用较低的干燥速率，以免形成硬壳。通常可以通过限制送风量或调节周围空气的湿度来控制传热和蒸发速率。

利用太阳能干燥器干燥食品、饲料和肉类等，它们所含的营养成分和维生素都可以基本上得到保持，而采用自然摊晒方式就可能损失掉60%～80%；卫生状况也比自然干燥好。

此外，油脂类食品长时间在阳光下曝晒，紫外线会加速油脂的氧化，容易产生致癌物质，影响人体的健康。

温室型太阳能干燥器也存在一些不足，其主要缺点是干燥器的温升较小。一般干燥器温度夏季比环境温度高出20℃～30℃，可达到50℃～60℃；冬季只比环境温度高出10℃～20℃。由于这个原因，如果被干燥物料的含水率较高，温室型太阳能干燥器所提供的热量有时就不足以在较短的时间内使物料干燥到安全含水率以下。

温室型太阳能干燥器的适用范围是要求干燥温度较低的物料，允许接受阳光曝晒的物料。

据国内外资料报道，应用温室型太阳能干燥器进行干燥的物料主要有：辣椒、黄花菜等多种蔬菜；红枣、桃、梅、葡萄等水果和果脯；棉花、兔皮、羊皮等多种农副产品；包装箱木材等工业产品。

六、应用实例

温室型太阳能干燥器在我国山西、河北、浙江、广东等地都有应用。以山西某地太阳能干燥红枣为例，简要介绍利用温室型太阳能干燥器进行干燥的一些情况。干燥红枣的温室型太阳能干燥器如图6-8所示。

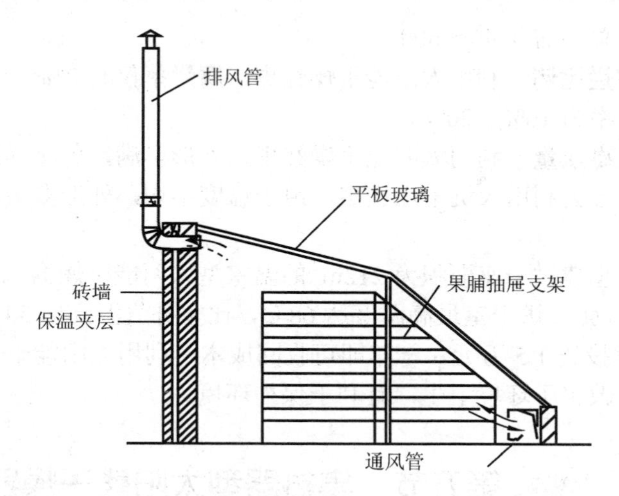

图 6-8　干燥红枣的温室型太阳能干燥器

该太阳能干燥器的长度为 9m，宽度为 5.5m。玻璃盖板的倾角为 35°（当地的地理纬度 35.5°），采光面积为 54m^2。东、西、南三面墙的上半部都是玻璃，玻璃厚度为 3mm。墙壁都是隔热墙，双层砖墙的中间填充蛭石粉保温材料。墙壁的内壁面都涂抹掺有炭黑的黑色油漆。

干燥器的南墙底部设有 3 个进风口，北墙顶部装有 4 个排气烟囱。干燥室分为 6 层，各层按照阶梯形逐渐升高，每层装有长 90cm、宽 80cm、能沿着轨道滑行的托盘 10 个，共可装红枣 2～3t。

1. 红枣的干燥过程

红枣的干燥过程可分为两个阶段。

（1）预热阶段　早晨将红枣放入干燥器，关闭干燥器的进气口和排气烟囱。随着太阳光照射逐渐增加，干燥器内的温度也逐渐上升。但温度上升不宜过快，否则枣皮会因急剧脱水而收缩，而此时红枣内部的水分却仍保持在体内，红枣破皮裂口，影响干燥的质量。

（2）排湿阶段　在红枣本身的温度升高后，表面水分不断蒸发，枣体内的水分又逐渐向表面扩散，其结果使干燥室的空气湿度迅速增加。此时，打开干燥器的进气口和排气烟囱，加速气流循环，以利于红枣排湿，时间约 15min；与此同时，还要不断翻动红枣，以保持干燥均匀。夜间，关闭干燥器的进气口和排气烟囱，并在玻璃盖板上覆盖草帘，保持干燥器的室温。

2. 太阳能干燥红枣的主要优点

（1）缩短干燥时间　一般来说，红枣在太阳能干燥器内只需烘干 2d，再晾晒 15d，就可使红枣的含水率达到安全储存的要求（40%左右）；而利用自然干燥红枣，再在棚内晾晒，总共需要45～60d。

（2）减少腐烂比例 利用太阳能干燥红枣，腐烂率仅有2%～3%；而利用自然干燥红枣，腐烂率为16%～20%。

（3）提高红枣质量 利用太阳能干燥红枣，外形丰满，色泽鲜红，含糖量也有一定的增加；而过去利用火坑干燥红枣，由于温度不均，外形多皱，颜色偏暗，品尝时还略带焦味。

石家庄地区也建过一座面积为212m²的温室型太阳能干燥器，用于干燥兔皮，每次可干燥4000张，烘干室最高温度达68℃，比室外气温高出34℃，日均热效率为19%，该工程投资1.5万元，一年即可收回成本。利用太阳能干燥兔皮，也提高了兔皮的质量，改善了环境卫生，有利于保护环境。

第五节 集热器型太阳能干燥器

一、设计原理

集热器型太阳能干燥器是太阳能空气集热器与干燥室组合而成的干燥装置，这种干燥器利用集热器把空气加热至60℃～70℃，然后通入干燥室，物料在干燥室内实现对流热质交换过程，达到干燥的目的。干燥器一般设计为主动式，用风机鼓风以增强对流换热效果。

集热器型太阳能干燥器的特点是可以根据物料的干燥特性调节热风的温度；物料在干燥室内分层放置，单位面积能容纳的物料多；强化对流换热，干燥效果更好；适合不能受阳光直接曝晒的物料干燥，如鹿茸、啤酒花、切片黄芪、木材、橡胶等。

集热器型太阳能干燥器将集热器与干燥室分开。集热器可以把空气加热到较高的温度，干燥速度比温室型的高，而单独的干燥室又可以加强保温和不使物料直接受阳光曝晒。因此集热器型干燥器可以在更大的范围内满足不同物料的干燥工艺要求。

集热器多采用平板型空气集热器。提高空气流速，强化传热，以降低吸热板的温度，是提高集热器效率的重要途径。但是在集热器的结构和连接方式上，应同时注意降低空气的流动阻力，以减少动力消耗。

二、基本结构与类型

如图6-9所示，集热器型太阳能干燥器是由太阳能空气集热器与干燥室组合而成的干燥装置，主要由空气集热器、风机、干燥室、管道、排气烟囱、蓄热槽等几部分组成。

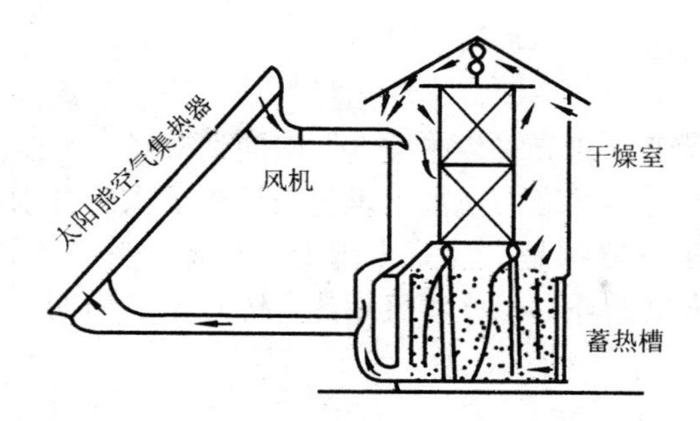

图 6-9　集热器型太阳能干燥器结构

① 空气集热器是这种类型太阳能干燥器的关键部件。用于太阳能干燥器的空气集热器有不同的形式，以集热器吸热板的结构不同划分，可分为非渗透型和渗透型两类。非渗透型空气集热器有平板式、V 形板式、波纹板式、整体拼装平板式、梯形交错波纹板式等。渗透型空气集热器有金属丝网式、金属刨花式、多孔翅片式、蜂窝结构式等。

空气集热器的安装倾角应与当地的地理纬度基本一致，集热器的进口和出口分别通过管道与干燥室连接。

② 风机的功能是将由空气集热器加热的热空气送入干燥室进行干燥作业。根据热空气是否重复使用，可将这种类型的太阳能干燥器分为直流式系统和循环式系统两种。直流式系统是将干燥用空气只通过干燥室一次，不再重复使用；循环式系统是将部分干燥用空气不止一次通过干燥室，循环多次使用。

③ 干燥室有不同的形式，以其结构特征来划分有窑式、箱式、固定床式、流动床式等。目前，窑式和固定床式干燥室应用较多。

④ 干燥室的顶部设有排气烟囱，以便湿空气随时排放到周围环境中去。在排气烟囱的位置通常还装有调节风门，以便控制通风量。

⑤ 为了弥补太阳辐照的间歇性和不稳定性，大型太阳能干燥器通常设有结构简单的蓄热器（如卵石蓄热器），以便在太阳辐射很强时储存富余的能量。

对于一些大型的太阳能干燥器，有时还设有辅助加热系统，以便在太阳辐射不足时提供热量，保证物料得以连续地进行干燥。辅助加热系统既可以采用燃烧炉（如燃煤炉、木柴炉、沼气炉等），也可以采用红外加热炉。

三、干燥过程

集热器型太阳能干燥器是一种只使用间接转换方式的太阳能干燥器。被干燥物料一般分层堆放在干燥室内，不直接受到阳光曝晒。

太阳辐射能穿过空气集热器的玻璃盖板后，投射到集热器的吸热板上，被吸热板吸收并转换为热能，用以加热集热器内的空气，使其温度逐渐上升。热空气通过风机送入干燥室，将热量传递给被干燥物料，使物料中的水分不断汽化，然后通过对流把水汽及时带走，达到干燥物料的目的。

含有大量水汽的湿空气从干燥室顶部的排气烟囱排放到周围环境中去。在太阳能干燥器工作过程中，可以调节安装在排气烟囱的调节风门，以便根据物料的干燥特性，控制干燥室的温度和湿度，使被干燥物料达到要求的含水率。

集热器型太阳能干燥器都是主动式太阳能干燥器。热空气通过风机送入干燥室，实现干燥介质的强制循环，强化对流换热，缩短干燥周期。

四、适用范围

集热型太阳能干燥器由于使用空气集热器将空气加热到60℃～70℃，因而可提高物料的干燥温度，而且可以根据物料的干燥特性调节热空气温度。由于使用风机，强化热空气与物料的对流换热，因而可增进干燥效果，保证干燥质量。

集热器型太阳能干燥器的适用范围为要求干燥温度较高的物料，不能接受阳光曝晒的物料。

可应用集热器型太阳能干燥器进行干燥的物料主要有：玉米、小麦等谷物；鹿茸、切片黄芪等中药材；丝绵、烟叶、茶叶、挂面、腐竹、凉果、荔枝、龙眼、瓜子、啤酒花等农副产品；木材、橡胶、陶瓷泥胎等工业原料和产品。

五、应用实例

集热器型太阳能干燥器在我国山西、山东、陕西、河南、江西、广东、海南、云南、四川等地都有应用。

1. 直流式系统

以山西某地太阳能干燥丝绵为例，简要介绍直流式集热器型太阳能干燥器的应用。该太阳能干燥器使用铝刨花式空气集热器，集热器采光面积为88.4m^2。铝刨花式空气集热器的横截面如图6-10所示。为了减少材料消耗并提高效率，集热器采用整体并排的长通道阵列，共分8个通道，各通道之间用钢板隔开。每个通道宽1.3m、长9.2m；空气流通通道总高100mm，其中铺设60mm厚的铝刨花作为吸热材料；透明盖板为6mm厚的钢化玻璃。集热器采用橡胶条加压板的结构密封，四周及底部保温采用岩棉板。集热器倾角近似为当地的地理纬度35°。

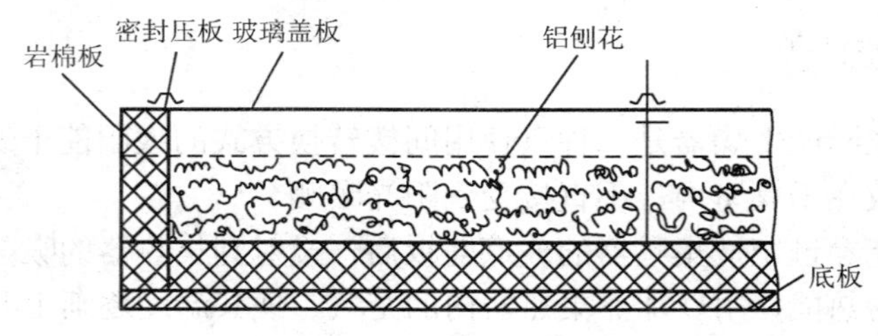

图6-10 铝刨花式空气集热器的横截面

运行时，太阳辐射穿过集热器的玻璃盖板入射在铝刨花上，经过铝刨花的多次反射后被其吸收。当空气流经铝刨花时，在与之进行热交换的过程中被加热，而且铝刨花对空气流的扰动又提高了热交换的效率。

干燥丝绵的集热器型太阳能干燥器如图 6-11 所示。太阳能干燥装置由空气集热器、连接管道、干燥室、风机、排气烟囱、蒸汽暖气片、锅炉房等几部分组成。

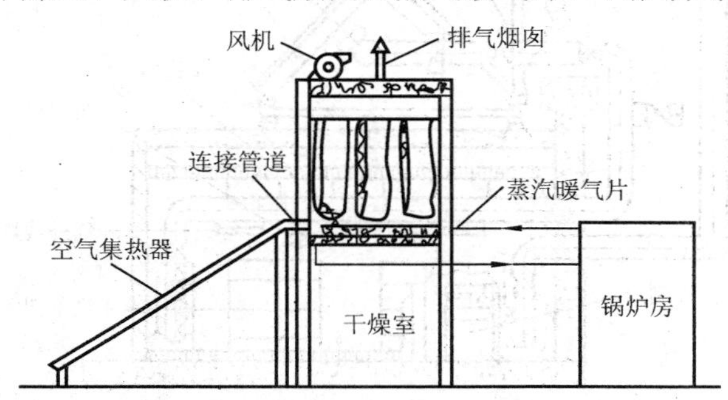

图 6-11　干燥丝绵的集热器型太阳能干燥器

干燥室是利用一座原有的二层楼房改建的。楼房的四周墙壁外加砌了一层 120mm 厚的砖墙。新老墙之间相距 50mm，间隙内填充散装的膨胀珍珠岩。楼房的天花板加装一层吊顶，上面也铺散装的膨胀珍珠岩。干燥室长 5.83m、宽 2.65m、高 2.41m，容积为 37.2m^3。干燥室内布置 28 根挂干燥物的铅丝，可挂丝绵 65kg 以上。

空气集热器与干燥室之间用 8 组矩形截面管道相连接。两台风机并联装设在干燥室顶上，将由空气集热器出来的热空气不断引入干燥室，使潮湿的丝绵逐渐干燥。整个系统是负压运行的。另外，在干燥室顶上还设有排气烟囱，可以根据干燥过程的要求，调节空气流量，提高干燥速度，同时还能降低风机能耗。

若空气流量 64.5m^3/min，晴天，集热器的空气温度可达 49℃～68℃，最高可达 90℃，平均集热效率为 45%～55%。

2. 循环式系统

以河南某地太阳能干燥陶瓷泥胎为例，简要介绍循环式集热器型太阳能干燥器的应用。干燥陶瓷泥胎的集热器型太阳能干燥器如图 6-12 所示。太阳能干燥装置由空气集热器、干燥室、轴流风机、进气管道、排气管道、通风管、红外加热板等几部分组成。

采用拼装式空气集热器，总采光面积为 125m^2，平面吸热板上涂以选择性吸收涂料，双层玻璃盖板倾角为 45°。空气在吸热板的下面流动。为了防止气流短路，吸热板与底部保温层之间安装隔板，构成空气通道。

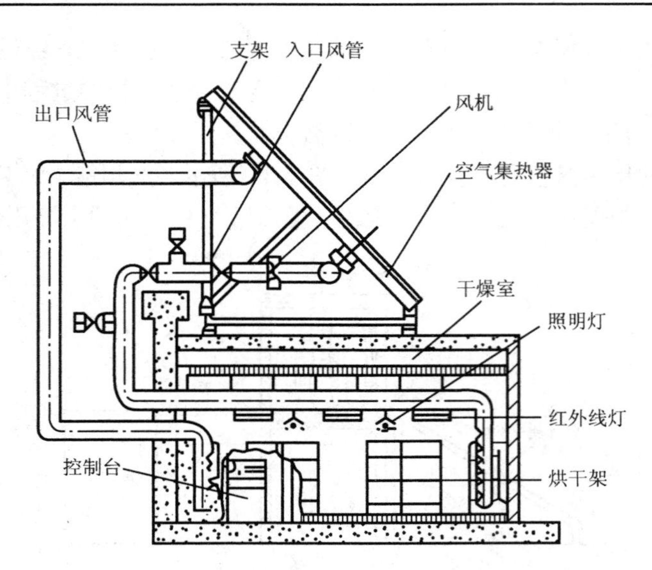

图 6-12 干燥陶瓷泥胎的集热器型太阳能干燥器

干燥室是一座 72m^2 的保温房，内设支架，可装 5t 陶瓷泥胎。为了满足连续化干燥作业的需要，在干燥室的上方安装了 3 块 12.32kW 的红外加热板，作为夜间和阴雨天的辅助热源。

为了适应干燥工艺条件的要求，空气集热器与干燥室之间用双回路管道连接，东、西两回路使干燥系统可分别实现开路、闭路和连续 3 种方式运行，从而使系统运行具有更高的灵活性。

运行时，室外空气由进气口进入空气集热器被加热，热空气穿流通过装有物料的筛屉，对物料进行干燥。变潮湿的空气经过出气口，部分排向室外，部分又进入空气集热器，重复上述过程。

该装置空气集热器的平均集热效率为 34.1%，干燥效率为 19.5%，干燥周期为 1～2d，正品率为 90.7%。

第六节 集热器-温室型太阳能干燥器

一、设计原理

集热器-温室型太阳能干燥器是由太阳能空气集热器和温室组合而成的一种干燥系统。它的干燥室就是具有透明盖层的温室。用空气集热器加热的空气来增强温室的干燥过程。

温室型太阳能干燥器结构简单、效率较高。缺点是温升较小，在干燥含水率高的物料时，如蔬菜、水果等，温室型干燥器所获得的能量不足以在较短的时间内使物料干燥至安全含水率以下。为增加能量以保证物料的干燥质量，在温室外增加一部分集热器，就组成了集热器-温室型太阳能干燥器。

集热器-温室型太阳能干燥器的特点：物料一方面直接吸收透过玻璃盖层的太阳辐射，另一方面又受到来自空气集热器的热风冲刷，以辐射和对流换热方式加热物料，适用于干燥那些含水率较高、要求干燥温度较高的物料。

例如，四川攀枝花制药厂的一个干燥中成药的集热器-温室型太阳能干燥系统，其空气集热器与地面成 30° 倾角（当地的地理纬度），四周用角钢做骨架，底面和侧面用两层钢板焊接，盖板为普通玻璃，集热器内放 3 层涂黑涂料的钢丝网和少量的铁屑作为吸热体。温室为一竖直的长方形容器，置于集热器后上部，与集热器连接，四周用角钢做骨架，顶层和南面用双层玻璃覆盖，其余各面的钢板之间填充玻璃棉保温（现在用聚苯板更好些），室内放置四层料盘，温室内壁涂黑涂料，上部排风口通过控制阀排出湿空气。

工作时将待干燥的物料放置在料盘上，一方面直接吸收透过温室玻璃射入的太阳辐射，在升温的同时，水分不断汽化；另一方面，经太阳能空气集热器加热后的热空气，从温室底部进入后，穿透料层，使物料与温室的温度得到进一步提高，加快了物料内部水分向表层扩散汽化，同时加快了温室内空气流动的速度，增强排湿能力，总之，强化了干燥过程。

四川攀枝花制药厂过去用蒸汽干燥中成药，每干燥 100kg 要消耗标准煤 152kg，而利用太阳能干燥中成药，$3m^3$ 的干燥容积，在天气较好时，一次可干燥湿药丸 31kg，节约标准煤 47kg。常规干燥时，1 个周期 12h，利用太阳能干燥仅用 7.5h，太阳能干燥的中成药符合国家卫生标准，同时还减少了环境污染。

另外，洛阳的“唐三彩”泥胎干燥系统，也采用的是集热器-温室型太阳能干燥器，它由 $151m^2$ 太阳能空气集热器和 $72m^2$ 轻质保温烘干房组成，通过双回路操作系统的控制和泥胎自身的蓄热能力，可以实现开路、闭路或废气部分回收等方式的昼夜连续操作，太阳能保证率达 83%。

集热器-温室型太阳能干燥器的特点如下：

① 空气热量在干燥过程中利用比较充分，因此干燥效率比较高。

② 废气回收使工质空气温度增加的同时，空气循环量增加，较高的气流速度不但可以补偿由于干燥推动力减少造成的干燥过程速度下降，而且使干燥物料的质量得以保证。

③ 必须依靠动力设备才能保证废气回收的正常进行。

④ 这种干燥系统可使干燥作业在空气温度变化不大的情况下进行，干燥速度比较均匀，因此特别适合那些只能在湿空气下进行干燥的作业，如农产品、食品、橡胶、皮革的干燥等。

二、基本结构

集热器-温室型太阳能干燥器主要由空气集热器和温室两大部分组成。空气集热器的安装倾角跟当地的地理纬度基本一致，集热器通过管道和干燥室连接。干燥室的结构与温室型干燥器相同，顶部有向南倾斜的玻璃盖板，内壁面都涂上黑色，室内有放置物料的托盘或支架。集热器-温室型太阳能干燥器结构如图 6-13 所示。

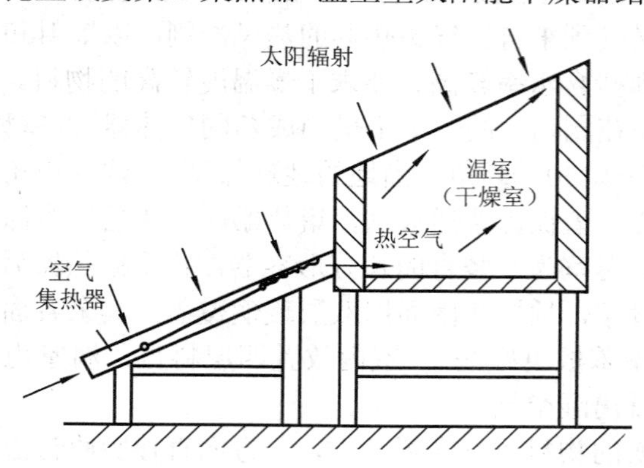

图 6-13 集热器-温室型太阳能干燥器结构

三、干燥过程

集热器-温室型太阳能干燥器的干燥过程是温室型干燥器和集热器型干燥器两种工作过程的组合。

一方面，太阳辐射能穿过温室的玻璃盖板后，一部分直接投射到被干燥物料上，被其吸收并转换为热能，使物料中的水分不断汽化；另一部分则投射到黑色的干燥室内壁面上，也被其吸收并转换为热能，用以加热干燥室内的空气。热空气进而将热量传递给物料，使物料中的水分不断汽化。

另一方面，太阳辐射能穿过空气集热器的玻璃盖板后，投射到集热器的吸热板上，被吸热板吸收并转换为热能，用以加热集热器内的空气。热空气通过风机送入干燥室，将热量传递给被干燥物料，使物料的温度进一步提高，物料中的水分更多地汽化，然后通过对流把水汽及时带走，达到干燥物料的目的。

四、适用范围

集热器-温室型太阳能干燥器可以达到较高的干燥温度，它的适用范围是含水率较高的物料，要求干燥温度较高的物料，允许接受阳光曝晒的物料。

据资料报道，应用集热器-温室型太阳能干燥器进行干燥的物料主要有桂圆、荔枝等果品；中药材、腊肠等农副产品；陶瓷泥胎等工业产品。

五、应用实例

集热器-温室型太阳能干燥器在我国广东、北京、四川、河南等地都有应用。

以广东某地太阳能干燥桂圆、荔枝等果品为例，简要介绍利用集热器-温室型太阳能干燥器进行干燥的应用。

干燥果品的集热器-温室型太阳能干燥器如图 6-14 所示。该装置由空气集热器、支架、风机、干燥室、排气管、回流管、燃烧炉等部分组成。

空气集热器的采光面积为 31m^2，干燥室的采光面积为 27m^2。干燥室是隧道窑式，顶部为玻璃盖板，水果用小车推入干燥室内。

来自空气集热器的热空气用风机输送至干燥室内上下穿透，将热量传递给被干燥的水果，使水果中水分汽化，然后通过对流把水汽及时带走。变潮湿后的热空气部分被排气管排向室外，部分经回流管回到干燥室的进口处。

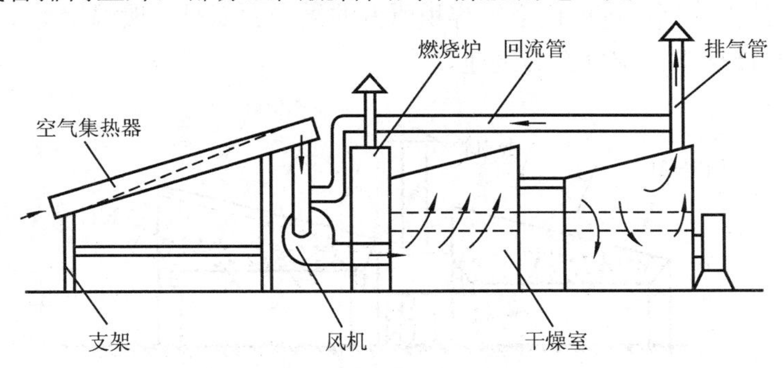

图 6-14 干燥果品的集热器-温室型太阳能干燥器

该装置每次可装水果 2800～3500kg，空气流量为 800m^3/h，消耗功率为 22kW。晴天，集热器的空气温度可达 75℃～80℃，温室的空气温度可达 50℃～70℃，经过 6d 干燥后即可得到干果，干果与所需鲜果质量比为 1∶3.3。

与之相比，传统的水果干燥装置需要消耗大量的木炭，工人的劳动条件也比较恶劣，从鲜果到干果的周期为 10～12d，而且干果与所需鲜果质量比为 1∶3.8。由此可见，太阳能干燥充分显示出它的优越性：节省了燃料消耗，改善了劳动条件，缩短了干燥周期，提高了成品率。

第七节 整体式太阳能干燥器

一、设计原理

整体式太阳能干燥器将太阳能空气集热器与干燥室两者合并成为一个整体。装有物料的料盘排列在干燥室内，物料直接吸收太阳辐射能，起吸热板的作用，空气则由于温室效应而被加热。干燥室内安装轴流风机，使空气在两列干燥室中不断循环，并上下穿透物料层，使物料表面增加与热空气接触的机会。在整体式太阳能干燥器内，辐射换热与对流换热同时起作用，干燥过程得以强化。吸收了水分的湿空气从排气管排出，通过控制阀门还可以使部分热空气随进气口补充的新鲜空气回流，再次进入干燥室减少排气热损失。

二、基本结构

整体式太阳能干燥器是将空气集热器与干燥室两者合并在一起成为一个整体。在这种太阳能干燥器中，干燥室本身就是空气集热器，或者说在空气集热器中放入物料而构成干燥室。

整体式太阳能干燥器结构如图 6-15 所示。整体式太阳能干燥器的特点是干燥室的高度低，空气容积小，每单位空气容积所占的采光面积是一般温室型干燥器的 3～5 倍，所以热惯性小，空气升温迅速。

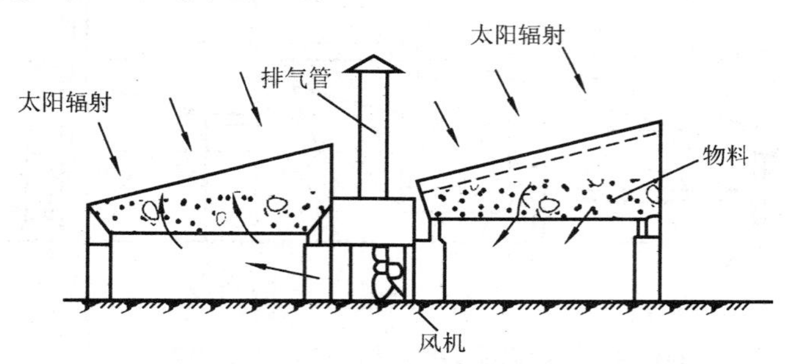

图 6-15 整体式太阳能干燥器结构

三、干燥过程

太阳辐射能穿过玻璃盖板后进入干燥室，物料本身起到吸热板的作用，直接吸收太阳辐射能；而在结构紧凑、热惯性小的干燥室内，空气由于温室效应而被加热。安装在干燥室内的风机将空气在两个干燥室中不断循环，并上下穿透物料层，使物料表面增加与热空气的接触机会。

在整体式太阳能干燥器内，由于辐射换热和对流换热同时起作用，因而强化了干燥过程。吸收了水分的湿空气从排气管排向室外，通过控制阀门还可以使部分热空气随进气口补充的新鲜空气回流，再次进入干燥室，既可提高进口风速，又可减少排气热损失。

四、适用范围

整体式太阳能干燥器的优点是热惯性小，温升迅速，温升保证率高；太阳能热利用效率高；通过采用单元组合布置，干燥器规模可大可小；结构简单，投资较小。

应用整体式太阳能干燥器进行干燥的物料主要有干果、香菇、木耳、中药材等农副产品。

五、应用实例

整体式太阳能干燥器在我国广东、浙江等地都有应用。以广东某地建造的用于干燥红枣、莲子、果品、中药材等的整体式太阳能干燥器为例。干燥果品的整体式太阳能干燥器如图6-16所示，它是具有两列干燥室的整体式太阳能干燥器单元。两列温室只有0.7m高，其空气容积小，所以这种温室的热惯性小，空气升温迅速。每两列温室组成一个干燥单元。整个干燥器阵列视其总采光面积大小，可由若干单元组成。每个单元都有各自的进气口、排气管和风机，可独立运行。各单元连接在一起，可减少外侧边墙和地底的热损失。

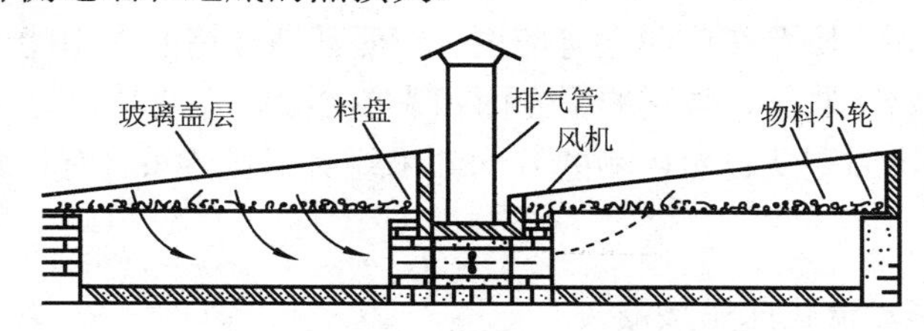

图6-16　干燥果品的整体式太阳能干燥器

该装置的总采光面积为187m^2。物料放在装有4个小轮的料盘上，沿着轨道推入干燥室中。物料含水率从40%降至15%的日平均干燥物料量为1.5～2t，最大投放物料量为5t。装置的太阳能利用效率高，日平均效率为30%～40%，最大可达60%。干燥产品干净卫生、质量优良。

第八节　其他形式的太阳能干燥器和太阳能干燥系统的设计原则

一、其他形式的太阳能干燥器

温室型、集热器型、集热器-温室型和整体式4种形式的太阳能干燥器，在我国已经开发应用的太阳能干燥器中占了95%以上。除此之外，还有其他几种形式的太阳能干燥器。

1. 聚光型太阳能干燥器

聚光型太阳能干燥器是一种采用聚光型空气集热器的太阳能干燥器，可达到较高的温度，实现物料快速干燥，有明显的节能效果，多用于谷物干燥。但这种太阳能干燥器结构复杂，造价较高，机械故障较多，操作管理不便。

聚光型太阳能干燥器在河北、山西等地已有应用。河北某地建造的聚光型太阳能干燥装置用于干燥谷物，采用3组聚光器，采光面积共90m^2，集热效率约40%，吸收器温度达80℃～120℃。被干燥谷物用提升机输送到管状吸收器中，机械化连续操作，谷物从一端进，从另一端出，含水率降低1.5%～2.0%，杀虫率可达95%以上，日处理量为20～25t。该装置比常规的火力滚筒式烘干机耗电少50%，比高频介质烘干机省电97%。

2. 太阳能远红外干燥器

太阳能远红外干燥器是一种以远红外加热为辅助能源的太阳能干燥器，有明显的节能效果，可全天候运行。

太阳能远红外干燥器在广西已有应用。广西某地建造的太阳能远红外干燥装置用于干燥水果和腊味制品，装置的采光面积为100m^2，安装倾角为33°。利用该装置烘制腊鸭，干燥周期从自然摊晒的6～8d缩短到只需50h，而且质量符合食品出口标准。

3. 太阳能振动流化床干燥器

太阳能振动流化床干燥器是一种利用振动流化床原理以强化传热的太阳能干燥器，有明显的节能效果。

太阳能振动流化床干燥器在四川已有应用。四川某地建造的太阳能振动流化床干燥装置用于干燥蚕蛹，装置的空气集热器分成4个阵列，总采光面积为120m^2，安装倾角为28°，吸热板采用V形板。该装置利用太阳能为干燥器提供热源，利用常规能源作为辅助能源，每天可干燥蚕蛹800～1000kg，产品含水率等质量指标均达到要求。

二、太阳能干燥系统的设计原则

太阳能干燥温室与普通种植温室结构原理相同，白天应尽可能吸收太阳能，使室温升高，有利于干燥作业的进行。不同的是保温的性能要求更高，在不断排湿的同时，能保持较高的温度，以适应不同物料干燥的要求，因此干燥系统在设计时应注意以下原则。

① 尽可能提高太阳辐射量的吸收和利用率。直射光线的吸收决定于采光面的方位、地理纬度和时间。一般午后太阳辐射总量比午前大，午后气温比午前高，故午后太阳辐射能利用率比午前高，因而干燥室的方位以朝南偏西为宜。以偏西3°～10°为宜。漫射光的采集与温室结构有关，主要参数是采光面积（F_c）与温室干燥容积（V）之比（F_c/V）。此比值越大，吸收辐射能越多，且侧壁散热越小，越有利于保温。一般温室干燥器的F_c/V值为2～3.3（m^2/m^3），侧壁散热面积与采光面积之比为0.8～1.0（m^2/m^{2}采光面积）。

② 设计时应尽量减少气流流动阻力，使干燥器具有良好的空气动力特性。一台空气动力良好的温室干燥系统，应该是物料干燥过程水分分布均匀，湿空气排出顺畅，不会在采光盖板内壁上形成水滴，且干燥速度比较高。

③ 要有良好的气密性和保温性。

④ 尽可能使干燥作业操作方便。

第九节　太阳能干燥的发展概况

太阳能干燥具有干燥周期短、干燥效率高、干燥产品品质好等优点。实践证明，太阳能干燥是一种行之有效的方法，对发展农村经济，节约常规能源，避免环境污染，提高产品质量，改变落后的生产加工方式以及使农民致富起到积极作用。

我国干燥生产是耗能的大户之一，所用能源占国民经济总能耗的12%左右。物料干燥过程造成的污染常常是造成环境污染的主要原因，因此干燥技术的节能与环保问题十分重要。利用太阳能进行干燥作业能有效地节约能源、保护环境。一般农产品要求的干燥温度比较低，为 40℃～55 ℃，这正好与太阳能热利用领域中的低温热利用相匹配，不仅能大大缩短干燥周期，显著提高产品质量，还不会破坏其食品的营养价值。因此，应用太阳能干燥农副产品具有广阔的发展前景。

1. 太阳能干燥农副产品的优势

太阳能干燥农副产品的优势为节省燃料，减少对环境的污染，缩短产品的干燥周期，提高产品的质量，提高优质产品成品率，投资少，回收期短。

2. 国外太阳能干燥农副产品的研究现状

太阳能干燥的推广应用大部分在热带和亚热带国家，如泰国早在 20 世纪 80 年代就推广使用一种太阳能干燥器烘干谷物，在非收获季节还可以用于干燥胡椒、辣椒、咖啡豆、小虾等，全年都可利用。印度研制了太阳能与烟气联合的谷物干燥机，日干燥能力为 650～1000kg，也有每 1h 干燥能力为 375kg 的太阳能谷物干燥机，还有用于干燥胡椒的太阳能干燥房，效果很好。此外，印度也在推广烟草和马铃薯等农作物使用太阳能干燥。印度尼西亚的太阳能干燥多数为温室型，也有用木屑燃料加热水作为辅助能源的组合干燥装置，干燥对象主要是谷物等农作物。

国外已建成一批采光面积超过 500m^2 的大型太阳能干燥器，其中美国 4 座、印度 2 座、阿根廷 1 座，这标志着太阳能干燥在世界上已经进入生产应用阶段。由于全球的能源和环境问题日益突出，近 10 年来太阳能干燥技术的应用有较大的发展。太阳能干燥技术的推广应用有以下几个特点：

① 太阳能干燥对象以谷物、烟草、水果等农副产品为主，其次是木材。

② 太阳能干燥的发展方向是提高太阳能干燥装置的热效率和降低成本。

③ 注重实用性，尽量使用廉价材料。例如，以干沙作为吸热体，用塑料薄膜作为透光材料。

④ 许多国家对太阳能、风能等新能源的开发和推广应用都有相应的鼓励和扶持政策。例如，在瑞典对节能干燥技术有15%的财政资助；在德国、美国、澳大利亚、日本和印度尼西亚等国，对太阳能干燥实行免税、减税、补贴、无息或贴息贷款等优惠措施。

3. 国内太阳能干燥农副产品的研究现状

我国通过大量投入把太阳能干燥与利用列入国家科技攻关计划，使该项研究发展较快，除了开展杂粮类、果品类、蔬菜类和木材的太阳能干燥试验和应用研究，还进行了中草药、茶叶、鲜花植物叶片、食品（鱼、腊肠等）、天然橡胶、污泥等物料的干燥工艺研究和干燥设备的开发与研制，并取得了一些科研成果，有的已经将新技术投放市场，进入了技术应用推广阶段，取得了较大的经济与社会效益。

从太阳能干燥装置的规模来看，我国的太阳能干燥器多数是采光面在200m^2以下的中小型装置，尤其以小型装置居多。目前已知最大的太阳能干燥系统是采光面积为650m^2的太阳能腊味干燥装置，其次是620m^2大型太阳能干燥示范装置，以及采光面积为500m^2的湖南省东连州市糖果厂的太阳能干燥装置。

我国有较丰富的太阳能资源，约有2/3的国土年辐射时间超2200h，年辐射总量超过5000MJ/m^2。近20年来，我国太阳能干燥的应用研究和其他太阳能热利用一样，经历了一个由浅入深、由简单小试到较完善生产试验的发展过程。据不完全统计，到目前为止我国已建各种类型的太阳能干燥装置200多座，总采光面积近20000m^2。太阳能干燥已广泛地应用于工农业生产的干燥作业。

4. 太阳能干燥农副产品的发展前景

干燥是农副产品加工过程中的一个重要工艺过程，采用常规能源干燥农副产品，投资大，需消耗大量能源，以致农副产品加工成本增高，并造成不同程度的环境污染。采用太阳能干燥农副产品能节约常规能源，避免环境污染，提高产品质量，改变落后的生产加工方式。因此，我国应用太阳能干燥农副产品发展前景广阔。

总体而言，国内太阳能干燥在食品领域的应用还处于起步阶段，有许多需要完善的地方，实用性、自动化和工业化是其主要的发展方向。我们尚需对太阳能干燥系统、太阳能空气集热器加热系统的优化设计，太阳能与常规能源的结合方式，各种不同物料的太阳能干燥新工艺及其优化干燥工艺条件的自控系统等课题，展开进一步研究，以使太阳能干燥技术更好地适应现代化生产的需要。

影响太阳能干燥推广应用的因素有太阳能是间歇性能源，能源密度低、不连续、不稳定。简易太阳能干燥虽投资少，但容量小，热效率低；而大中型的太阳能干燥投资大、占地面积大。太阳能干燥常需要与其他能源联合，如太阳能-热泵、太阳能-蒸汽、太阳能-炉气等形式，使干燥设备的总投资增加。

第七章

太阳能游泳池加热

第一节　概　　述

太阳能游泳池加热是利用太阳能集热器将太阳辐射能转化成热能以加热水，保证游泳池使用的适度水温。虽然游泳池的水温要求在40℃以下，但是当室外温度较低的时候，为了延长游泳池的使用时间，室内游泳池经常需要加热系统。在季节交替期间，通过太阳能加热，提高几度就可以获得很适合人体的水温，因此，使用太阳能为游泳池加热是一个好的选择，可以满足使用需求，并节约大量的常规燃料消耗。

太阳能集热系统给游泳池补充热水的原理，与太阳能洗浴系统的原理是相同的。所以太阳能游泳池加热系统的设计方法和步骤，在许多方面与太阳能热水系统相似，在这里就不再详述太阳能集热器选择、集热面积计算等内容，而主要介绍太阳能游泳池加热的特殊之处。

太阳能游泳池加热系统设计的一个重要参数就是游泳池的加热负荷。先计算出游泳池不同季节加热所需的热量，才能确定合理的太阳能集热器集热面积，以及设计有效的运行管理模式。

一般来说，广泛应用于太阳能热水系统的平板集热器和真空管集热器，都可以作为太阳能游泳池加热的集热器，但是，由于游泳池池水的水温比生活热水的温度低得多，所以可以选择更加经济实用的集热器。

第二节　游泳池的加热负荷

游泳池的加热负荷是游泳池的主要能耗，是太阳能游泳池加热系统设计中的一个重要参数，其计算方法的准确与否，直接关系到游泳池的使用效果、设备选型和运行费用。

游泳池加热所需的热量是游泳池各项热损失的总和，其中包括池水表面蒸发损失的热量、池底池壁传导损失的热量、管道和设备损失的热量、补充新鲜水加热所需的热量、游泳池有人使用时增加损失的热量、池水表面对流损失的热量、辐射损失的热量等。

中国工程建设标准化协会标准《游泳池和水上游乐池给水排水设计规程》（CECS 14:2002）给出了相关计算数据和计算方法。

一、相关计算数据

1．游泳池和水上游乐池的池水设计温度

游泳池和水上游乐池的池水设计温度见表 7-1。

表 7-1　游泳池和水上游乐池的池水设计温度

池子类型	池水设计温度/℃	池子类型	池水设计温度/℃
竞赛游泳池	25～27	公共游泳池	26～28
训练游泳池、宾馆内游泳池	26～28	造浪池、环流池	28～29
跳水池	26～28	滑道池、休闲池	28～29
儿童池、戏水池	28～30	按摩池	≤40
蹼泳池	≥23		

2．初次充水时间和每日补充新鲜水量

游泳池和水上游乐池的初次充水时间，应根据使用性质、城市给水条件等因素确定，宜采用 24～48h。

游泳池和水上游乐池运行过程中每日需补充的水量，应根据池水的表面蒸发、池子排污、游泳者或游乐者带出池外和过滤设备冲洗（如用池水反洗时）等所损耗的水量确定。初次充水时间和每日补充新鲜水量见表 7-2。

表 7-2　初次充水时间和每日补充新鲜水量

序号	游泳池、游乐池的名称		每日补充水量占泳池水容积的百分数（%）
1	竞赛池、训练池、跳水池	室内	3～5
		露天	5～10
2	多功能池、游乐池、公共泳池	室内	5～10
		露天	10～15
3	按摩池	公用	10～15
4	儿童池 幼儿戏水池	室内	≥15
		露天	≥20
5	环流池		10～15
6	家庭游泳池	室内	3
		露天	5

注：① 室内游泳池、水上游乐池的最小补水量应保证在 1 个月内池水全部更换 1 次。
② 当地卫生防疫部门有规定时，应按卫生防疫部门的规定执行。

3. 水的蒸发潜热和饱和蒸汽压

水的蒸发潜热和饱和蒸汽压见表 7-3。

表 7-3 水的蒸发潜热和饱和蒸汽压

水温/℃	蒸发潜热 r/（kcal/kg）	饱和蒸汽压 P_b/mmHg	水温/℃	蒸发潜热 r/（kcal/kg）	饱和蒸汽压 P_b/mmHg
18	587.1	15.5	25	583.1	23.8
19	586.6	16.5	26	582.5	25.2
20	586.0	17.5	27	581.9	26.7
21	585.4	18.7	28	581.4	28.3
22	584.9	19.8	29	580.8	30.0
23	584.3	21.1	30	580.4	31.8
24	583.6	22.4	—	—	—

4. 气温与相应的蒸汽分压表

气温与相应的蒸汽分压见表 7-4。

表 7-4 气温与相应的蒸汽分压

气温/℃	相对湿度（%）	蒸汽分压 p_q /mmHg	气温/℃	相对湿度（%）	蒸汽分压 p_q /mmHg
21	50	9.3	26	50	12.5
	55	10.2		55	13.8
	60	11.1		60	15.2
22	50	9.9	27	50	13.3
	55	10.9		55	14.7
	60	11.9		60	16.0
23	50	10.5	28	50	14.3
	55	11.5		55	15.6
	60	12.6		60	17.0
24	50	11.1	29	50	15.1
	55	12.3		55	16.5
	60	13.4		60	18.0
25	50	11.9	30	50	16.0
	55	13.0		55	17.5
	60	14.2		60	19.1

二、游泳池的热负荷计算

游泳池和水上游乐池水加热所需热量，应为各项耗热量的总和：游泳池和水上游乐池水表面蒸发损失的热量，游泳池和水上游乐池池壁和池底传导损失的热量，管道和净化水设备损失的热量，补充新鲜水加热需要的热量。

① 游泳池和水上游乐池水表面蒸发损失的热量，可按下式计算：

$$Q_z = ar(0.0174v_i + 0.0229)(P_b - P_c)A(760/B)$$

式中：Q_z——游泳池水表面蒸发损失的热量（kJ/h）；

a——热量换算系数，a＝4.1868kJ/kcal；

r——与游泳池水温相等的饱和蒸汽的蒸发汽化潜热（kcal/kg）；

v_i——游泳池水面上的风速（m/s）；室内游泳池或水上游乐池 0.2～0.5m/s；室外游泳池或水上游乐池 2～3m/s；

P_b——与游泳池水温相等的饱和空气的水蒸气分压力（mmHg）；

P_c——游泳池的环境空气的水蒸气压力（mmHg）；

A——游泳池的水表面面积（m^2）；

B——当地的大气压力（mmHg）。

②游泳池、水上游乐池的水表面、池底、池壁、管道和设备等传导所损失的热量，应按游泳池、水上游乐池水表面蒸发损失热量的 20%计算确定。

③游泳池、水上游乐池补充新鲜水加热所需的热量，应按下式计算：

$$Q_b = aq_b r(T_r - T_b)/t$$

式中：Q_b——游泳池补充水加热所需的热量（kJ）；

a——热量换算系数，a＝4.1868kJ/kcal；

q_b——游泳池每日的补充水量（L）；

r——水的密度（kg/L），r＝1kg/L；

T_r——游泳池水的温度（℃）；

T_b——游泳池补充水水温（℃）；

t——加热时间（s）。

三、游泳池的其他热损失

1．游泳池有人使用时增加损失的热量

在计算游泳池池水表面蒸发损失的热量时，实际上是假定了游泳池无人使用的情况，即池水表面处于静止状态。但是，当游泳池有人使用时，池水表面扰动，蒸发损失的热量显著增加。

根据国外经验数据，如果游泳池每 100m^2 中有 5 人游泳，则池水表面蒸发的热量损失将比无人使用时增加 20%～50%；如果游泳池每 100m^2 中有 20～25 人游泳，池水表面蒸发损失的热量将比无人使用时增加 70%～100%。因此，在计算游泳池加热负荷时必须认真考虑。

2．池水表面对流损失的热量

池水表面的风速和池水与环境空气的温度差，决定了池水表面对流损失的热

量，可按下式计算：

$$Q_v=(4.1v+3.1)(T_w-T_a)A$$

式中：Q_v——游泳池池水表面与环境之间对流损失热量的速率（W）；

v——池水表面上 0.3m 处的风速（m/s）；

T_w——池水的设计温度（℃）；

T_a——环境空气温度（℃）；

A——游泳池水的表面积（m^2）。

根据国外资料推荐对于室外游泳池，v 是池水表面上 0.3m 处测得的风速数值。如果因条件所限，无法在水面 0.3m 处测量，也可以用 10m 高处记录的风速（v_{10} 标准气象数据）乘以一个系数。对于一般开阔的游泳池，$v=0.3v_{10}$；对于四周有围墙的游泳池，$v=0.15v_{10}$。

对于室内游泳池，风速是实际测得的风速。

3．池水表面辐射损失的热量

游泳池池水表面与环境之间辐射损失的热量，可按下式计算：

$$Q_r=\varepsilon\sigma(T^4{}_w+T^4{}_s)A=\varepsilon h_r(T_w-T_s)A$$

式中：Q_r——游泳池池水表面与环境之间辐射损失热量的速率（W）；

ε——水的发射率，取 0.95；

σ——斯忒藩-波尔兹曼常数，$\sigma=5.67\times10^{-8}$W/（m^2K^4）；

T_w——池水的设计温度（K）；

T_s——天空空气温度（K）；

A——游泳池水的表面积（m^2）；

h_r——可按公式计算，$h_r=\sigma(T^2{}_w+T^2{}_s)(T_w+T_s)$。

天空空气温度 T_s 的计算方法：对于室外游泳池，晴天时，$T_s\approx T_a-20$K；阴天时，二者近似；其他天气，可取两者之间的数值。T_a 为环境空气温度（K）。对于室内游泳池，T_s 可取室内墙壁的温度。

游泳池池水表面与环境之间的对流与辐射的损失热量，都分别与池水和环境空气之间的温度差成正比。这表示，室外泳池，冬季和春秋季，环境温度低于池水温度时，对流和辐射损失的热量都应考虑在内；夏季，如果环境温度接近池水温度，对流和辐射散热的损失可以忽略不计；在非常炎热的天气，环境温度高于池水温度，对流和辐射的热损失成为负值。室内泳池的对流和辐射散热损失相对较小，如果室内温度与池水设计温度相差不大，可以忽略不计。

第三节　太阳能游泳池加热系统设计中的若干问题

太阳能游泳池加热系统的设计方法和步骤，与太阳能热水系统的应用设计大同小异。在计算出需要的集热热量，确定集热器的类型和集热面积之后，也要考虑集热器安装倾角、安装方位、确定间距、固定集热器的方法、排列连接、管路设计、自动控制系统等。这些内容在此不再一一详述，下面仅就太阳能游泳池加热设计中需要特殊注意的地方，进行简单说明。

一、无透明盖板集热器与有透明盖板集热器

由于游泳池池水水温比较低，在选择太阳能集热器时，也可以考虑无透明盖板集热器。

无透明盖板集热器结构简单，价格便宜，安装方便，尤其在夏季和我国南方冬季也比较暖和的区域，可以基本满足使用要求，替代平板集热器和真空管集热器等有透明盖板的集热器。

二、直接系统与间接系统

太阳能游泳池加热系统选用直接系统或间接系统，应根据游泳池的性质、规模和用途等因素决定。

采用直接系统，太阳能集热器直接对池水进行加热循环，太阳能集热系统与游泳池构成循环回路。这种系统结构简单、成本较低、性能优良，适用于池水比较干净的小型家庭游泳池。如果中、大型公共游泳池采用太阳能直接加热系统，则要求过滤系统比较完备，保证水中没有悬浮物与污物。

间接系统适用于大型公共游泳池，太阳能集热器不直接加热泳池内的水，太阳能集热器与换热器构成循环回路，通过换热器再对池水进行加热。这种系统因为加装换热设备，成本较高。

三、太阳能游泳池加热系统中辅助热源的设计

不采用任何形式辅助热源的太阳能单独加热系统，适用于灵活使用的家庭游泳池。一般的太阳能游泳池加热系统中，都要配备相宜的辅助热源，以保证游泳池的连续使用。

1. 常规能源的选用

常规能源应按照下列顺序选用：城市热力网、区域或建筑物内的集中锅炉房、

自设锅炉房、电力网。

2．池水的加热方式

池水的加热方式应根据游泳池的使用性质决定。

① 竞赛用游泳池应采用间接式加热方式。

② 公共游泳池，在有保证蒸汽水混合均匀措施和池水水质的条件下，可以采用蒸汽-水混合加热方式。

③ 中、小型游泳池可采用燃气、燃油热水机组和电热水器直接加热方式。

④ 循环水如采用一部分水加热，另一部分水不加热的加热方式时，应符合下列要求：被加热的循环水量不少于全部循环水量的 20%～25%；被加热循环水的温度，不宜超过 40℃，以利于与未加热水的混合；循环水被加热部分与未加热部分，应设置混合器，以利充分混合，确保水温均匀。

3．池水的加热时间

游泳池和水上游乐池池水的初次加热时间，应根据当地热源条件、热负荷和使用要求等因素确定。初次充水加热时间为 24～48h。在池水加热与其他热负荷（如淋浴加热、采暖供热）不同时使用的情况下，池水初次充水和再次充水时的加热时间可以适当缩短；反之，可以适当延长。

4．加热设备的形式

加热设备的形式应根据热源条件、游泳池和水上游乐池池水初次加热时间和所需热量、正常使用时循环水量和补充新鲜水加热所需热量等情况综合比较确定。

① 竞赛游泳池、大型游泳池和水上游乐池，宜采用快速式换热器或板式换热器。

② 单个的短泳池和小型游泳池，可采用半容积式换热器或燃气、燃油、电热水机组直接加热。

③ 如采用板式换热器，且为一部分水加热而一部分水不加热时，应设置增压水泵以保证两部分水混合时的压力平衡。

5．加热设备的设置

① 不同用途游泳池的加热设备宜分开设置。当必须合用加热设备时，不同池子和不同水温要求的池子，应设独立给水管道和温控装置。

② 大型游泳池、中型游泳池和水上游乐池的加热设备数量，按不少于 2 台同时工作选定。

③ 每台加热设备应装设温度自动调节装置。

第八章

太阳能海水淡化 »»»

第一节 概　述

淡水是人类社会赖以生存和发展的基本物质之一。地球表面积约为 $5.1\times10^{14}m^2$，其中海洋面积就占据了 70.8%。若以地球上人均占有水量来衡量，水资源是十分丰富的，然而，由于含盐度太高而不能直接饮用或灌溉的海水占据了地球上总水量的 97%以上，仅剩不到 3%的淡水，其分布也极其不均，它的 3/4 被冻结在地球的两极和高寒地带的冰川中，其余的从分布上看，地下水也比地表水多得多（多 37 倍左右）。剩下的存在于河流、湖泊和可供人类直接利用的地下淡水已不足 0.36%，人为污染又进一步加剧了淡水供求之间的矛盾。

我国的水资源匮乏，人均水资源拥有量仅为世界人均水资源拥有量的 1/4。我国海岸线长，一些岛屿和沿海盐碱地区以及内陆苦咸水地区均属缺乏淡水的地区，这些地区的人们由于长期饮用不符合卫生标准的水，产生了各种病症，直接影响着他们的身体健康和当地的经济建设。因此，解决淡水供应不足是我国面临的一个严峻问题。

为了增大淡水的供应，除了采用常规的措施，如就近引水或跨流域引水之外，一条有利的途径就是就近进行海水或苦咸水的淡化，特别是对于那些用水量分散而且偏远的地区更适宜用此方法。

对海水或苦咸水进行淡化的方法很多，但常规的方法，如蒸馏法、离子交换法、渗析法、反渗透膜法和冷冻法等，都要消耗大量的燃料或电力，进而带来环境的污染。因此，寻求用丰富清洁的太阳能来进行海水或苦咸水的淡化，有着广阔的前景。

利用太阳能进行海水淡化，一种是将太阳能转换成热能，用以驱动海水的相变过程；另一种是将太阳能转换成电能，用以驱动海水的渗析过程。本章主要介绍利用太阳能转换成热能的海水淡化系统，不包括太阳能发电淡化海水的方法。

利用太阳能产生热能以驱动海水相变过程的海水淡化系统，统称为太阳能蒸馏系统，也称为太阳能蒸馏器。太阳能蒸馏系统可分为被动式太阳能蒸馏系统和主动式太阳能蒸馏系统两大类。被动式太阳能蒸馏器以盘式太阳能蒸馏器最为典型，

太阳能蒸馏器的研究主要集中于材料的选取、各种热性能的改善和将它与各类太阳能集热器配合使用上。与传统动力源和热源相比，太阳能具有安全、环保等优点，将太阳能采集和脱盐两个工艺系统结合是一种可持续发展的海水淡化技术。太

阳能海水淡化技术由于不消耗常规能源、无污染、所得淡水纯度高等优点而逐渐受到人们重视。

第二节 盘式太阳能蒸馏器

世界上第一个大型的太阳能海水淡化装置是于 1874 年在智利北部建造的。它由许多宽 1.14m、长 61m 的盘形蒸馏器组合而成，总面积为 47000m^2。在晴天条件下，它每天生产 2.3×10^4L 淡水［4.9L/（m^2 • d)］。这个系统运行了近 40 年。

人类早期利用太阳能进行海水淡化，主要是利用太阳能进行蒸馏，所以早期的太阳能海水淡化装置一般称为太阳能蒸馏器。早期的太阳能蒸馏器由于水产量低，初期成本高，因而在很长一段时间里受到人们的冷落。第一次世界大战之后，太阳能蒸馏器再次引起了人们极大的兴趣。当时不少新装置被研制出来，如顶棚式、倾斜幕芯式、倾斜盘式和充气式太阳能蒸馏器等，为当时的海上救护和人民的生活用水解决了很大问题。

一、盘式太阳能蒸馏器的工作原理

盘式太阳能蒸馏器也称为温室型蒸馏器，其结构简单，制作、运行和维护都比较容易，以生产同等数量淡水的成本计，这种蒸馏器优于其他类型，因而至今仍有大量使用。

盘式太阳能蒸馏器是一个密闭的温室，涂黑的浅盘中装薄薄的海水，用玻璃或透明塑料制作透明顶盖。透过透明顶盖的太阳辐射，除了小部分从水面反射外，其余大部分通过盛水盘中的黑色衬里被水体吸收，海水温度因此升高，并开始蒸发。顶盖因为向大气散热，顶盖温度低于室中的水温，盘中水蒸发形成的水蒸气会在顶盖的下表面凝结而放出汽化潜热。有合适倾角的顶盖，凝结水会在重力的作用下顺顶盖流下，汇集在集水槽中，再通过装置的泄水孔流出蒸馏器外成为成品淡水。

二、盘式太阳能蒸馏器的缺点和改进方式

影响盘式太阳能蒸馏器效率的主要原因之一，是蒸馏器装置的总热容量，如盘中水的水量、盘底和侧壁等材料的热容量（也称热惰性或热惯性）。如果热容量太大，就会降低盘中水温的增加速率，也就减少了装置的出水时间和产水量。

蒸馏器内部的气体运动过程，如果不是很高的运行温度，自始至终都是一个自然对流的过程。自然对流会影响传热传质速率，影响蒸馏器的效率。

盘中海水蒸发后，上升到盖板处凝结，放出潜热，经盖板最后散失到大气中去。产水量越大，散失到大气中的热量就越多，盘中水温就不容易进一步升高。不能重复利用水蒸气的凝结潜热，也是单级盘式太阳能蒸馏器的缺点。

为了提高盘式太阳能蒸馏器的产水效率，可以适当减小海水的厚度，这个厚度不能薄到露出盘底。除了考虑盘中水量外，还要在盘底下使用性能良好的隔热材料。

第三节　其他类型的被动式太阳能蒸馏器

一、多级盘式太阳能蒸馏器

单级盘式太阳能蒸馏器的传热过程中，水蒸气在盖板处凝结所释放出来的潜热，未能充分利用，导致了产水效率降低。

为了充分利用水蒸气的凝结潜热，研究者们设计出了许多多级盘式太阳能蒸馏器。增加蒸馏器内盘的级数，但是当级数增加到 3 级以上时，会因为装置内温差减少，减弱了传热传质的动力。一般来说，多级盘式太阳能蒸馏器最多不超过 2 级。

二、外凝结器盘式太阳能蒸馏器

传统的盘式太阳能蒸馏器是利用装置上方的透明盖板作为凝结器，这样的装置简单，但也有两点缺陷：一是水蒸气凝结时放出潜热，提高了盖板附近的水蒸气分压，使蒸发表面与冷凝表面之间的水蒸气分压差减小；二是蒸汽在盖板上凝结的水膜与水珠，降低了盖板的透射比，减少太阳辐射能的吸收。

为了规避以上两点，研究者在传统的盘式太阳能蒸馏器之外另加凝结器。可以通过设计外接冷凝器的冷凝面积和外接方式，提高产水量。

三、多级芯盘式太阳能蒸馏器

为了克服传统的盘式太阳能蒸馏器海水热容量大、受热升温缓慢、延迟出淡水时间的缺点，研制出了一种多级芯盘式太阳能蒸馏器。

多级芯盘式太阳能蒸馏器的运行原理是将装置中的海水集中盛在一个水槽中，用一些对水有强亲和作用或毛细作用的多纤维材料，一端浸在海水里，另一端置于一个倾斜平面的顶部，而一部分纤维还从倾斜面顶部一直延伸至底部，形成一个平整的纤维薄层。

水在纤维的毛细管作用下，被吸到倾斜面的高端，在重力作用下，顺着倾斜面的纤维流向低端，形成一个均匀的海水薄层。由于海水层薄，海水能够在太阳的辐照下很快蒸发，加快了出淡水的时间和效率。为了增加对太阳辐射的吸收，这些多纤维材料可以染成黑色。

这种装置的要点在于整个吸水芯保持湿润的状态，在倾斜面上形成均匀水膜。采取这些措施后，蒸馏器单位面积的产水量比传统盘式蒸馏器提高 16%～50%，效率提高 6.5%～18.9%。

另外，因为根据四季太阳能的高度角与方位角的变化，可以设计倾斜式的太阳能蒸馏器，要布置阶梯状的水盘，水盘内水深仅为1.27cm，倾斜的盖板表面因有合适的角度而能接收到更多的太阳辐射，因此，这种太阳能蒸馏器效率明显优于一般的太阳能蒸馏器。

四、聚光式太阳能蒸馏器

聚光式太阳能蒸馏器，太阳辐射能是由经CPC太阳能集热器（复合抛物面聚光器，是一种热管真空管集热器）吸收后被二次反射到装置的水盘底部，增强蒸馏器底部的供热。这种装置的CPC太阳能集热器是倾斜放置的，因而特别适合在高纬度地区使用，因为高纬度地区太阳高度角较小，非常有利于太阳辐射进入CPC太阳能集热器，因而CPC太阳能集热器的效率很高。

这种装置单位采光面积的产水量比传统盘式太阳能蒸馏器的产水量提高20%以上，有的可提高30%。

第四节 主动式太阳能蒸馏器

主动式太阳能蒸馏器由于配备附属设备，可大幅度提高运行温度，内部的传热传质过程也得以改善，大部分主动式太阳能蒸馏器都能主动回收蒸汽在凝结过程中释放的潜热，所以，主动式太阳能蒸馏器能够得到比传统盘式太阳能蒸馏器高1倍甚至数倍的产水量。

这种蒸馏器是在传统的盘式太阳能蒸馏器外另加太阳能集热器。太阳能集热器，通过泵与置于蒸馏器内的盘管换热器，并通过水等介质，将收集到的太阳辐射能送入蒸馏器中，使海水温度升高，因而收集到更多的淡水。

第五节 我国太阳能海水淡化的发展概况

我国对太阳能海水淡化技术的研究有较好的基础，还在20世纪80年代初，广州能源研究所即开展了太阳能海水淡化技术的研究，完成了空气饱和式太阳能蒸馏器的实验研究，并于1982年左右在我国浙江省嵊泗岛建造成一个具有数百平方米太阳能采光面积的大规模的海水淡化装置，成为我国第一个实用的太阳能蒸馏器。接着，中国科学技术大学也进行了一系列的太阳能蒸馏器的研究，并在理论上进行了探讨。对海水浓度和装置的几何尺寸等因素对海水蒸发量的影响进行了实验，给出了有益的结果。

进入20世纪90年代后，西北工业大学、西安交通大学等单位也加入到了太阳能海水淡化技术研究的行列，提出了一系列新颖的太阳能海水淡化装置的实验机型，并对这些机型进行了理论和实验研究。比较有代表意义的有西北工业大学提出的“新型、高效太阳能海水淡化装置”，天津大学提出的“回收潜热的太阳能蒸馏器”，中国科学技术大学提出的“降膜蒸发气流吸附太阳能蒸馏器”等，使太阳能海水淡化技术有了较大进步。

进入21世纪之后，太阳能海水淡化技术进一步成熟。其中西安交通大学、北京理工大学等提出了“横管降膜蒸发多效回热的太阳能海水淡化系统”，试制出了多个原理样机，并对样机进行实验测试和理论研究。清华大学等单位在借鉴国外先进经验的基础上，对多级闪蒸技术在太阳能海水淡化领域的应用进行了探索，试制出了样机，并在河北省秦皇岛市建立了主要由太阳能驱动的实际运行系统，取得有益的经验。

我国太阳能海水淡化技术的研究走过了近25年的历史，取得了可喜的成绩。综观整个研究过程，基本可分为3个阶段。

第一阶段在20世纪80年代。这个阶段是我国太阳能海水淡化技术研究的起步阶段，也是我国太阳能热利用研究的起步阶段。那时，包括太阳能蒸馏器在内的许多太阳能应用技术，如太阳能干燥器、太阳能热水器、太阳能集热器、太阳房和太阳能聚光器等都吸引了许多科学家进行研究。但由于是起步阶段，因此整个研究都处于较低的水平，如对太阳能海水淡化技术的研究，基本都集中在单级盘式太阳能蒸馏器上。在晴好天气，每$1m^2$采光面积的产淡水量为3.5～4.0kg。

第二阶段在20世纪90年代。此阶段在设法减少装置中海水的容量方面，采取了梯级送水、湿布芯送水和在海水表层加海绵等方式，大大减小了装置中的海水存量，使装置中待蒸发的海水温度得到进一步提高，也使装置更快地有淡水产出，延长了产水时间，提高了装置的产水效率。在回收水蒸气的凝结潜热方面，对多级迭盘式太阳能蒸馏器和其他回收水蒸气潜热的太阳能蒸馏器进行了试验。采取这些措施之后，装置的总效率提高到了约50%。

20世纪90年代末至今，对太阳能海水淡化技术的研究进入了第三个阶段。研究者纷纷选择了对主动式（加有动力，如水泵或风机等）太阳能蒸馏器的研究。此期间出现了气流吸附式、多级降膜多效回热式、多级闪蒸式等许多新型的太阳能海水淡化装置，装置的总效率也有了较大提高，达到80%左右（包括电能的消耗）。

未来的太阳能海水淡化技术在近期内将仍以蒸馏方法为主。利用太阳能发电进行海水淡化，虽在技术上没有太大障碍，但在经济上仍不能与传统海水淡化技术相比拟。比较实际的方法是在电力缺乏的地区，利用太阳能发电提供一部分电力，为改善太阳能蒸馏系统性能服务。

由于中温太阳能集热器的应用日益普及，如真空管型、槽形抛物面型集热器和中温大型太阳池等，使得建立在较高温度段（75℃）运行的太阳能蒸馏器成为可能。也使以太阳能作为能源与常规海水淡化系统相结合变成现实，而且正在成为太阳能海水淡化研究中的一个很活跃的课题。

人们进一步认识到，太阳能海水淡化装置的根本出路应是与常规的现代海水淡化技术紧密结合起来，采取先进的制造工艺和强化传热传质新技术，并与太阳能的具体特点结合起来，实现优势互补，才能极大地提高太阳能海水淡化装置的经济性，才能为广大用户所接受，也才能进一步推动我国的太阳能海水淡化技术向前发展。

我国沿海地区（如天津、大连、青岛、浙江等）相继建设了一批海水淡化项目。到 2007 年年初，我国已建成海水淡化装置 43 套，日产淡水量为 15.8×10^4t。目前，我国在建和待建的海水淡化工程有 30 项之多，其中有 1/3 的工程淡化规模达到了 1×10^5t/d 以上。全部建成后，我国海水淡化规模将达到 1.958×10^6t/d。然而，以太阳能作为能源，尤其使用聚光集热方法的太阳能海水淡化系统尚无应用，仍需加大研究力度。

图 8-1 为某海岛驻地太阳能＋风能组合新能源海水淡化，图 8-2 为西沙海岛太阳能海水淡化海水集热流程。

图 8-1 海岛驻地太阳能＋风能组合新能源海水淡化

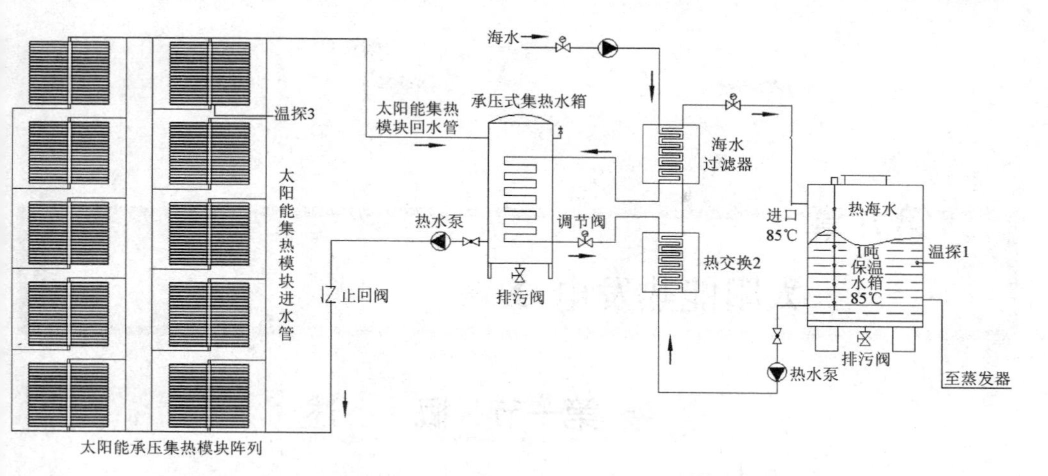

图 8-2　西沙海岛太阳能海水淡化海水集热流程

第九章 太阳能热发电

第一节 概　述

利用太阳能光热技术按所产生的温度不同，被划分为低温（80℃以下）、中温（80 ℃～250℃）、高温（250℃以上）3 个区段，相对应的产业分别为生活热水、热能、热电。

中温技术主要是通过光热产生热能进而形成动力，在太阳能空调、海水淡化、工业用热和农业烘干等领域有着广泛的发展前景。中高温技术的发展突破了低温热水的限制，实现太阳能利用从热水到热能的转变。高温技术主要集中在光热发电方面。太阳能热发电技术可分为两大类型：

① 一类是利用太阳能直接发电，如利用半导体材料或金属材料的温差发电，真空器件中的热电子和热离子发电，碱金属的热电转换，以及磁流体发电等。其特点是发电装置本体无活动部件。但它们目前的功率均很小，有的仍处于原理性实验阶段，刚进入商业化应用。

② 另一类是太阳能热动力发电，首先把热能转换成机械能，然后把机械能转换为电能，也就是通常说的太阳能热发电是通过大量反射镜，以聚焦的方式将太阳能直射光聚集起来，加热工质，产生高温高压的蒸汽，蒸汽驱动汽轮机发电，所以也称为聚光太阳能发电（Concentrating Solar Power，缩写为 CSP）。这种技术已达到实际应用的水平，美国等国家已建成具有一定规模的实用电站。

目前，太阳能热发电技术相对成熟，应用最广泛的是抛物面槽式，效率提升与成本下降潜力最大的是集热塔式，适合以低造价构建小型系统的是线性菲涅尔式，效率最高、便于模块化部署的是抛物面碟式。

太阳能热发电系统与火力发电系统的热源不同，但是工作原理基本相同，所以下面先介绍火力发电的原理，再对太阳能热发电系统的工作原理、系统组成、基本类型、发展现状与未来展望等内容加以介绍。

第二节 火力发电系统工作原理

一、发电形式和火力发电系统设备组成

1. 发电形式

发电形式有以下几种：火力发电（用煤燃烧发电、用油发电）是最常见、应用最广泛、耗能最多的形式；水力发电（三峡、丰满电站）；核电站（秦山、大亚湾电站）；太阳能发电（光热发电、光伏发电）；潮汐能发电（要有自然资源、地域优势）；风力发电（八达岭风力发电试验站）。

2. 火力发电系统设备组成

所谓火力发电就是将从煤炭、石油和天然气等燃料所得到的热能变换成机械能，再带动发电机转动产生电能的发电方式。火力发电有汽轮机发电、内燃机发电和燃气轮发电等方式。通常所说的火力发电，主要是指汽轮机发电，也就是利用燃料在锅炉中燃烧得到的热能将水加热成为蒸汽，蒸汽冲动汽轮机，汽轮机带动发电机发出电。火力发电系统设备由锅炉、汽轮机、发电机等主要设备和许多附属设备组成，如图 9-1 所示。

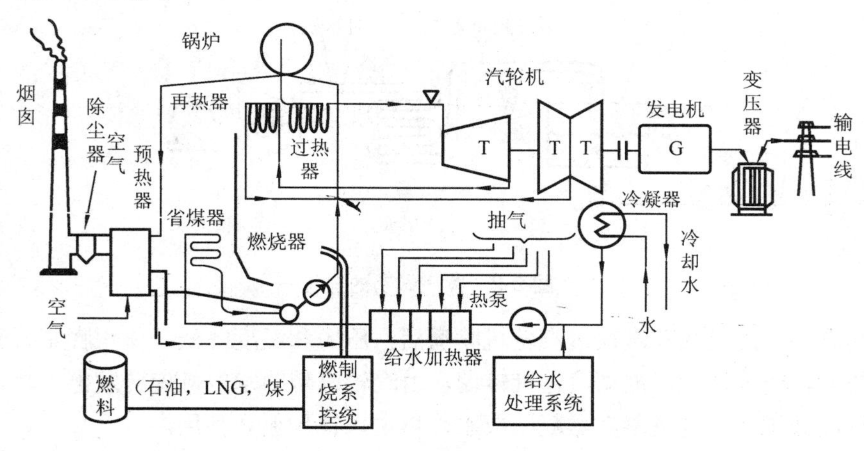

图 9-1 火力发电系统设备组成

二、蒸汽的能量

在一定压力下将水加热至沸腾，只要有一部分水还未蒸发成蒸汽，水和蒸汽就都保持一定的温度不变，直到全部水都蒸发为水蒸气。这时的温度称为饱和温度，

压力称为饱和压力，饱和温度下的蒸汽称为饱和蒸汽。

混合着一些水分的饱和蒸汽称为湿饱和蒸汽，不含水分的饱和蒸汽称为干饱和蒸汽。保持压力不变，继续加热饱和蒸汽，当温度超过饱和温度后，就成了过热蒸汽。

在热能发电过程中，煤粉末燃烧产生的热量被水吸收，成为水或蒸汽的热能。热力学以焓来表征蒸汽或水持有的热能，以 0℃时 1kg 水所持有的热量作为比较的基准，单位为 kJ/kg。

显然，一定容积的蒸汽随着温度的增加，对其容器的膨胀压力会越来越大。根据热力学定律，热能与机械能可互相转换，设两者的交换值为 Q（J），则

$$Q=A_U+W \tag{9-1}$$

式中：W——膨胀功率；

A_U——蒸汽内能的变化量。火力发电中利用蒸汽来交换电能正是高温高压蒸汽所产生的膨胀功率。

三、蒸汽做功的过程

蒸汽做功的过程如图 9-2 所示。燃料燃烧产生的热能将锅炉中的水加热产生湿饱和蒸汽，湿饱和蒸汽通过输汽管时继续被加热成为干饱和蒸汽，再经过过热器进一步加热成为过热蒸汽。

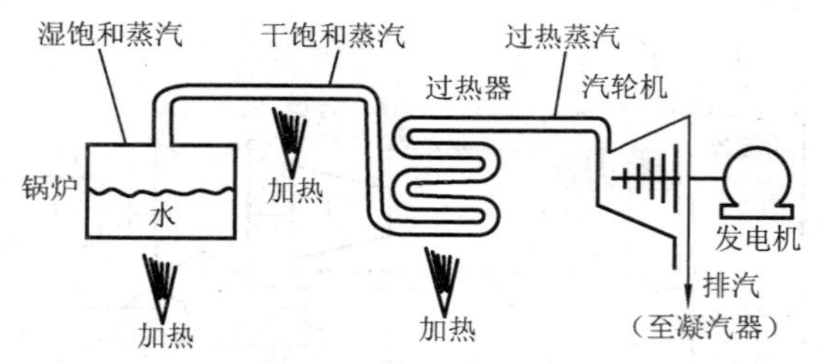

图 9-2 蒸汽做功的过程

高温高压的过热蒸汽通过汽轮机喷嘴后，压力和温度降低，体积膨胀，流速增高，热能转变为动能，推动汽轮机转动，由汽轮机带动发电机旋转发电。汽轮机排出的低温低压蒸汽送进凝汽器凝结成水，再送入锅炉循环使用。

火力发电过程中，燃料的热能要经过锅炉、汽轮机和发电机才能转变为电能，在锅炉和汽轮机等处都有能量损失，其热效率只有 30%～40%。

四、火力发电过程的热流程

提高火力发电效率的关键是采取措施更加有效地利用热能。可通过热循环来考

察火力发电过程中热能的演变，蒸汽火电厂的热循环包括朗肯循环、回热循环和再热循环。

1. 朗肯循环

朗肯循环是现代蒸汽动力装置的基本热力循环。因由苏格兰工程学教授朗肯对卡诺循环进行改进而成，故称为朗肯循环。火电厂的热流动如图 9-3a 所示，燃料燃烧产生热量，将送进锅炉的水（给水）加热成为蒸汽。为有效地利用锅炉的燃烧热，锅炉内设有过热器，把蒸汽进一步加热为过热蒸汽。过热蒸汽进入汽轮机后膨胀做功，将一部分热能转换为推动汽轮机旋转的动能，成为低温低压蒸汽从汽轮机排出（排气）进入凝汽器，经冷却后又凝结成水。整个热循环为给水＋蒸汽＋排汽＋凝水＋给水，如图 9-3b 所示。

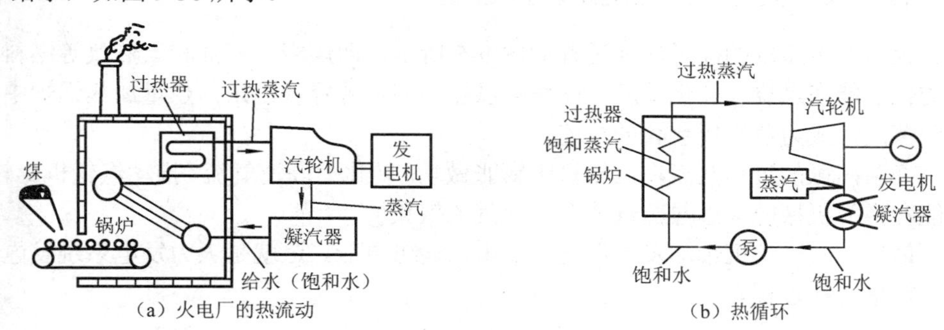

图 9-3　火电厂的热流动和热循环

2. 回热循环

回热循环是现代蒸汽动力装置普遍采用的一种热力循环，是在朗肯循环基础上对吸热过程加以改进而成。在朗肯循环中，汽轮机排汽所含的蒸发热在凝汽器中丢失，这部分热量很大。如图 9-4a 所示，为提高热效率，在汽轮机内膨胀的过程中抽出一部分蒸汽，用来加热锅炉的给水，这个热循环就称为回热循环。它不仅减少了凝汽器中丢失的热量，并且还提高了通过汽轮机的过热蒸汽的温度和压力，从而使整个系统的热效率提高。

3. 再热循环

再热循环是过热蒸汽在汽轮机高压缸中膨胀至某一中间压力后全部返回锅炉再度加热，然后引入汽轮机低压缸中继续做功的一种水汽循环。在图 9-4b 所示的再热循环过程中，汽轮机分为高压和低压两级，高压级的排汽全部引出后送到锅炉的再热器中再加热，然后再送到低压级继续做功。通过再热循环可以最大限度地利用蒸汽的热能，通常用于10万kW以上的汽轮发电机组。

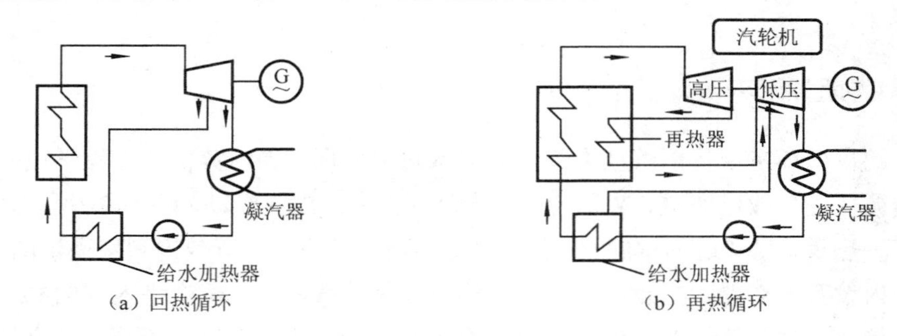

图9-4 回热循环和再热循环

五、火力发电系统的能量转换过程

火力发电系统的能量转换过程如图9-5所示，即煤炭、石油和天然气等燃料包含的化学能在燃烧（氧化反应）过程中以热量的形式释放出来，热量加热锅炉中的水和蒸汽，成为蒸汽所包含的热能。

高温高压的过热蒸汽在汽轮机中膨胀做功，转化为高速气流，推动汽轮机旋转，热能转换为机械能（过热蒸汽才有高速气流效果）。

最后，由汽轮机带动发电机旋转发电，输出电能。这就是火力发电系统发电的整个能量转换过程。

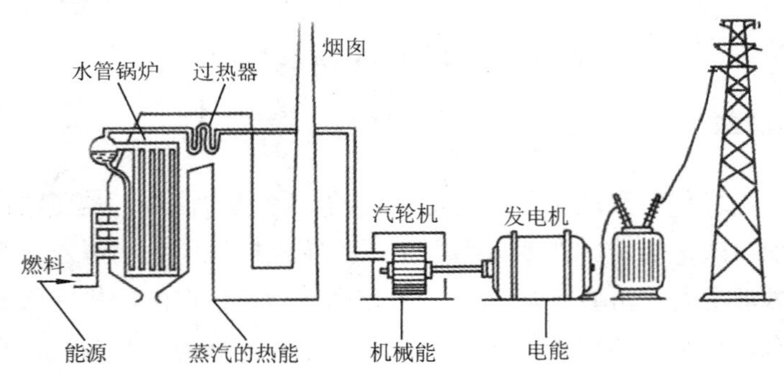

图9-5 火力发电系统的能量转换过程

第三节 太阳能热发电系统工作原理

太阳能热发电是指将太阳光吸收，然后将其转化为足够温度的热能，通过热机转换成机械能，最后转化成电能的技术。从热力学角度讲，温度越高，热-电转换效率越高，采用聚光系统是实现高效光-热-电转换的有效途径。

一、太阳能热发电的特点

太阳能热发电系统与常规的化石能源热力发电方式的热力学工作原理相同，都是通过朗肯循环（也称兰金循环）、布雷顿循环或斯特林循环将热能转换为电能，它和普通热电厂的不同在于太阳能热发电系统有太阳能集热系统、蓄热系统和热交换系统。

太阳能热发电就是利用聚光集热器把太阳能聚集起来，将某种工质加热到数百摄氏度的高温，然后经过热交换器产生高温高压的过热蒸汽，驱动汽轮机并带动发电机发电。从汽轮机出来的蒸汽，其压力和温度均已大为降低，经过冷凝器冷凝结成液体后，被重新泵回热交换器，又开始新的循环。由于整个发电系统的热源来自于太阳能，因而称之为太阳能热发电系统。

采用不同的集热方式得到的传热工质温度不同。传热工质可以是水、空气或者有机液体、无机盐、碱和金属钠，它们分别适用于不同的温度范围。传热工质通过温度变化、相变化（蒸发、冷凝）等过程来实现太阳热能到电能的转化。

利用太阳能进行热发电的能量转换过程，首先是将太阳辐射转换为热能，然后是将热能转换为机械能，最后是将机械能转换为电能。

太阳能热发电系统的效率由组成系统的 3 个部分的效率决定，即太阳能热发电系统的效率为太阳场效率、动力系统效率和发电机效率的乘积。太阳场效率随着集热温度的上升逐渐降低，动力系统效率则受制于卡诺原理，随着集热温度的上升逐渐增加。整个系统的效率首先随着集热温度不断增加而提高，达到最大值后再慢慢下降。因此，系统效率相对于集热温度存在一个最优值。

二、热机效率

理想热机的卡诺循环是法国工程师卡诺于 1824 年首先提出的。该循环是由绝热压缩（工质温度由 T_2 提高至 T_1）、定温吸热（工质在 T_2 下从同温度的高温热源吸取热量 Q_1）、绝热膨胀（工质温度从 T_1 降至 T_2）、定温放热（工质在 T_2 下向外部低温热源定温排出热量）4 个过程组成的一个可逆循环。

在相同的界限温度（T_1 和 T_2）间，任何实际的热力循环由于不可逆损失与非定温传热，不可能达到如此理想的热效率，故卡诺循环是一个理想的循环。对卡诺循环的研究，使热能转变为功的过程成为可能，并对提高实际循环的热效率提出了方向。

将热能转换为机械功的条件及理论上可得到的最大转换效率，已由热力学第二定律和卡诺循环原理所阐明。热力学第二定律表明，任何热机都不可能从单一热源吸取热量并使之全部变为机械功。所以，热机从热源吸取的热量中必有一部分要传递给另一低于热源温度的物体，称为冷源。要提高热机效率 V_m，热源温度 T_1 应尽可能高，冷源温度 T_2 应尽可能低。对于太阳能热发电系统来说，冷源（冷凝器）的温度主要取决于环境，而在实际应用中冷源的温度是很难低于环境温度的。因此，提高热机效率的主要途径是提高热源的温度，这就需要采用聚光集热器。但温度过高也会带来诸多问题，如对结构材料的要求苛刻，对聚光跟踪的精度要求高，集热器的热效率随着温度的增加而减少等，所以过于提高热源的温度也并不总是有利的。

太阳能热发电系统的总效率 V_o 为集热器效率 V_c、热机效率 V_m 和发电机效率 V_t 的乘积，即

$$V_o = V_c V_m V_t \tag{9-2}$$

由于太阳能的不稳定性，系统中必须配置蓄能装置，以便夜间或雨雪天时提供热能，保证连续供电。也可考虑太阳能与常规能源相结合的混合型发电系统，用常规能源补充太阳能的不足。

三、太阳能气流发电实例

1978 年，根据德国史兰赫博士的奇妙构思，一个新奇的电站建成了，并获得试验成功。史兰赫独辟蹊径的设计思想受到了人们的高度赞扬，在当代科学界传为美谈。

太阳能气流发电站的中央，竖立着一个大“烟囱”。它用波纹薄钢板卷制而成，其直径达 10.3m，高 200m，重约 200t。在“烟囱”的周围，是巨大的环形曲面半透明塑料大棚。

大棚的中央部分高 8m、边缘部分高 2m、周长为 252m。这个庞然大物是在金属骨架上装半透明塑料板制成的。在“烟囱”底部安装有汽轮发电机。

当大棚内的空气经太阳曝晒以后，其温度比棚外空气约高 20℃。由于空气具有热升冷降的特点，再加上大“烟囱”向外排风的作用，就使热空气通过“烟囱”快速地排出，因而底部进风口抽力很大，流速很快，从而使设在“烟囱”底部的汽轮发电机发电。

这座电站，白天可发电 10 万 kW，夜间虽没阳光，但棚内空气温度高，仍可发电 40kW。它的发电成本与核电站相近，相当低廉。

气流发电站的试验成功鼓舞了史兰赫，并积累了经验。于是，他又提出了建造大规模太阳能气流发电站的计划。

这个未来的气流发电站，将要建在阳光充足、地面开阔的沙漠地区。它的发电能力预计为 100 万 kW，“烟囱”高 1000m 以上，塑料大棚的直径则达 10km，并且使用寿命长达 20 年。太阳光透过半透明的塑料大棚，将其中的空气加热到 20℃～50 ℃，使热空气以 20～60m/s 的速度从“烟囱”排出。更为可贵的是，塑料大棚也可以利用起来作为暖房，种植蔬菜和栽培早熟的农作物。

史兰赫将太阳能气流发电站的设想变成现实，标志着人类利用太阳能的技术得

到进一步的提高，并为利用和改造沙漠创造了良好的条件。但沙漠地域建高塔有较大难度，如地基问题。

第四节 太阳能热发电系统组成

太阳能热发电系统由集热子系统、热传输子系统、蓄热与热交换子系统和发电子系统所组成，如图 9-6 所示。

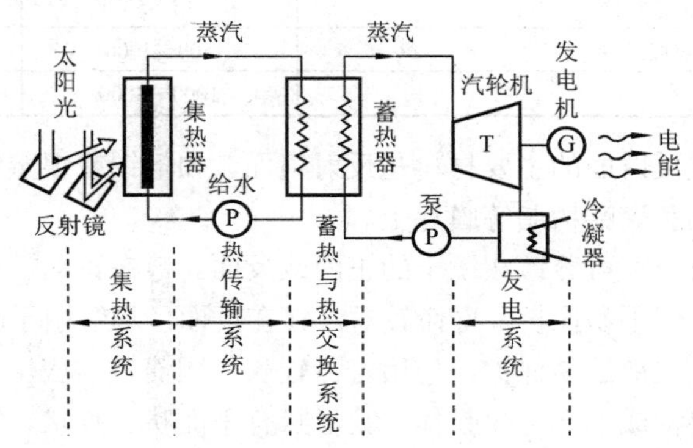

图 9-6 太阳能热发电系统组成

一、集热子系统

吸收太阳辐射能转换为热能的装置主要包括聚光装置、接收器和跟踪机构等部件。根据不同功率和不同工作温度相匹配的结构。100℃以下的小功率装置，多为平板式集热器。

有的装置为增加单位面积上的受光量，而外加反射镜。由于工作温度低，其系统效率一般低于 5%。对于在高温条件下工作的太阳能热发电系统，必须采用聚光集热器来提高集热温度，从而提高系统效率。聚光集热器主要有以下几种类型：

① 复合抛物面反射镜聚焦集热器，需季节性调整其倾角。

② 线聚焦集热器，常采用单轴跟踪的抛物柱面反射镜聚光。

③ 固定的多条槽形反射镜聚焦集热装置和固定的半球面反射镜线聚焦集热装置，其吸热管都需跟踪活动。

④ 点聚焦方式，它提供了最大可能的聚光度，并且成像清晰，但需配备全跟踪机构。

⑤ 菲涅尔透镜，常用硬质或软质透明塑料模压而成，可做成长的线聚焦装置或圆的点聚焦装置，要相应配置单轴跟踪机构或全跟踪机构。

⑥ 塔式聚光集热器，它是大功率集中式太阳能热发电系统的主要聚光集热器的结构方式。

不同集热器的聚光倍率和工作温度见表 9-1。

表 9-1 不同集热器的聚光倍率和工作温度

集热器类型	聚光倍率	工作温度/℃
平板集热器及附加平面反射镜	1～1.5	＜100
复合抛物面反射镜聚焦集热器	1.5～10	100～250
菲涅尔透镜线聚焦集热器	1.5～5	100～150
菲涅尔透镜点聚焦集热器	100～1000	300～1000
柱状抛物面发射镜线聚焦集热器	15～50	200～300
盘式抛物面反射镜点聚焦集热器	500～3000	500～2000
塔式聚光集热器	1000～3000	500～2000

构成聚光装置反射面的主要材料是反射镜面，如把铝或银蒸镀在玻璃上，或者蒸镀在聚四氟乙烯和聚酯树脂等膜片上。

对于玻璃反射镜，可蒸镀在镜子的正面或反面。镀在正面，反射率高，没有光透过玻璃的损失，但不易保护，寿命较短。镀在反面，尽管由于阳光必须透过玻璃会引起一些损失，但镀层易保护，使用寿命较长，因而目前应用较多。

接收器的主要构成部件是吸收体。其形状有平面状、点状、线状，也有空腔结构。在吸收体表面往往覆盖选择性吸收面，如经过化学处理的金属表面；由铝-钼-铝等类多层薄膜构成的表面；用等离子体喷射法在金属基体上喷镀特定材料后所构成的表面等。它们对太阳光的吸收率 e 很高，而吸收体反射率越小，接收器所能达到的温度越高。还可在包围吸收体的玻璃等表面镀上一定厚度的钼、锡、钛等金属制成选择性透过膜。这种膜能使可见光区域的波长几乎全部透过，而对红外区域的波长则几乎完全反射。这样，吸收体吸收了太阳辐射并变成热能再以红外线辐射时，此膜即可将热损耗控制在最低限度。

为使聚光器、接收器发挥最大的效果，反射镜应配置跟踪太阳的跟踪机构。跟踪的方式有反射镜可以绕一根轴转动的单轴跟踪，有反射镜可以绕两根轴转动的双轴跟踪。

实现跟踪的方法，有程序控制式和传感器式。程序控制式是预先用计算机计算并存储设置地点的太阳运行规律，然后依据程序以预定的速度转动光学系统，使其跟踪太阳。传感器式是用传感器测出太阳入射光的方向，通过步进电动机等驱动机构调整反射镜的方向，以消除太阳方向同反射镜光轴间的偏差。

二、热传输子系统

对于热传输子系统的基本要求是输热管道的热损耗小，输送传热介质的泵功率小，热量输送的成本低。

对于分散型太阳能热发电系统，通常将许多单元集热器串、并联起来组成集热器方阵，这就使得由各个单元集热器收集起来的热能输送给蓄热子系统时所需要的输热管道加长，热损耗增大。

对于集中型太阳能热发电系统，虽然输热管道可以缩短，但要将传热介质送到塔顶，需消耗动力。传热介质根据温度和特性来选择，目前大多选用在工作温度下为液体的加压水和有机流体，也有选择气体和两相状态物质的。

为减少输热管道的热损失，目前主要有两种做法：一种是在输热管外面包上陶瓷纤维、聚氨基甲酸酯海绵等导热系数很低的绝热材料；另一种是利用热管输热。

三、蓄热与热交换子系统

由于地面上的太阳能受季节、昼夜和云雾、雨雪等气象条件的影响，具有间歇性和随机不稳定性，为保证太阳能热发电系统稳定地发电，需设置蓄热装置。蓄热装置常由真空绝热或以绝热材料包覆的蓄热器构成。可把太阳能热发电系统的蓄热与热交换系统分为4种类型。

（1）低温蓄热　以平板式集热器收集太阳热和以低沸点工质作为动力工质的小型低温太阳能热发电系统，一般用水蓄热，也可用水化盐等。

（2）中温蓄热　指100℃～500℃的蓄热，但通常指300℃左右的蓄热。这种蓄热装置常用于小功率太阳能热发电系统，适宜于中温蓄热的材料有高压热水、有机流体（在300℃左右可使用导热油、二苯基氧-二苯基族流体、稳定饱和的石油流体和以酚醛苯基甲烷为基体的流体等）和载热流体（如烧碱）等。

（3）高温蓄热　指500℃以上的高温蓄热装置，其蓄热材料主要有钠和熔化盐等。

（4）极高温蓄热　指1000℃左右的蓄热装置，常用铝或氧化锆耐火球等作为蓄热材料。

四、发电子系统

发电子系统由热力机和发电机等主要设备组成，与火力发电系统基本相同。应用于太阳能热发电系统的动力机有汽轮机、燃气轮机、低沸点工质汽轮机、斯特林发动机等。这些发电装置，可根据集热后经过蓄热与热交换系统供汽轮机入口热能的温度等级及热量等情况选择。对于大型太阳能热发电系统，由于其温度等级与火力发电系统基本相同，可选用常规的汽轮机，工作温度在800℃以上时可选用燃气轮机；对于小功率或低温的太阳能热发电系统，则可选用低沸点工质汽轮机或斯特林发动机。

如图 9-7 所示，低沸点工质汽轮发电机组是一种使用低沸点工质的朗肯循环热机，一般把它的热温度设计成 150℃。过去常用氟利昂作为工质，现在多用丁烷和氨等。来自蓄热与热交换系统的热能送入气体发生器，使加压的液体工质蒸发，然后被引至汽轮机膨胀做功。压力下降后的低压气体经冷凝器冷却并液化，再由泵将加压的工质送回气体发生器。

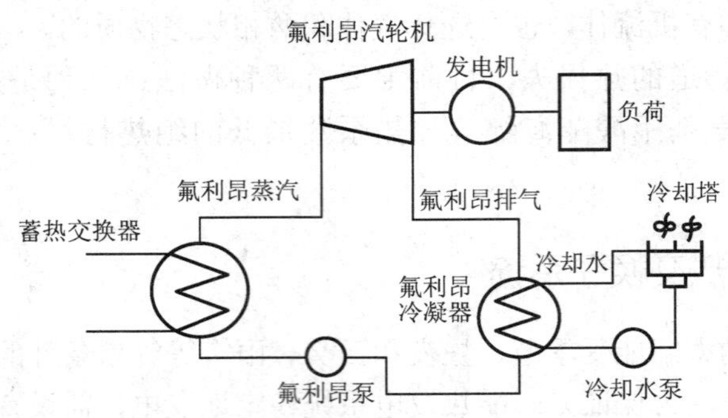

图 9-7 低沸点工质汽轮发电机组

斯特林发动机又称为热气机，它是一种由外部供热使气体在不同温度下做周期性压缩和膨胀的闭式循环往返式发动机，具有可适用于各种不同热源、无废气污染、效率高、振动小、噪声低、运转平稳、可靠性高和寿命较长等优点。斯特林发动机结构如图 9-8 所示，其主要部件有加热器、回热器、冷却器、配气活塞、动力活塞和传动机构等。

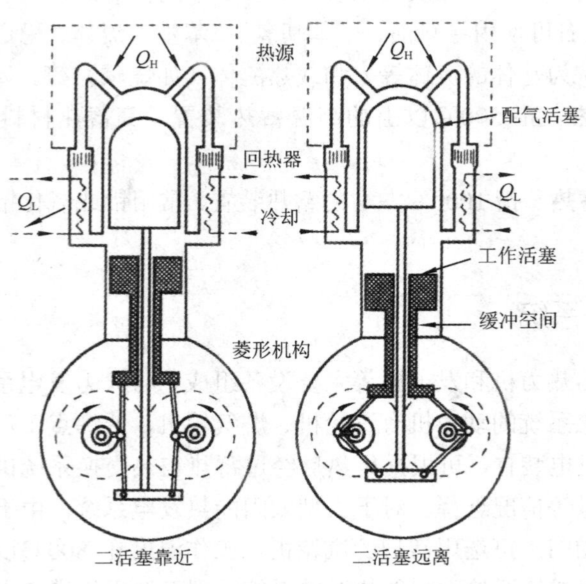

图 9-8 斯特林发动机结构

五、太阳能热发电系统的主要类型

太阳能热发电分类方法较多，可以按照集热器不同分类，也有按照热力循环方式不同分类，或者按照太阳能利用模式不同分类等。我们采用目前比较普遍的按照集热方式不同分类，可分为槽式、塔式和碟式太阳能热发电系统。

槽式系统是利用抛物柱面槽式反射镜将阳光聚焦到管状的接收器上，并将管内的传热工质加热产生蒸汽，推动常规汽轮机发电。塔式系统是利用众多的定日镜，将太阳热辐射反射到置于高塔顶部的高温集热器（太阳锅炉）上，加热工质产生过热蒸汽，或直接加热集热器中的水产生过热蒸汽，驱动汽轮机发电机组发电。碟式系统利用曲面聚光反射镜，将入射阳光聚集在焦点处，在焦点处直接放置斯特林发动机发电。这 3 种聚光式太阳能电站的发展状况及其优缺点见表 9-2。

表 9-2　3 种聚光式太阳能电站的发展状况及其优缺点

项目＼形式	槽式	塔式	碟式
发展状况	中、高温过程热，联网发电运行（最高的单元容量为 80MW），总的装机容量为 354MW	高温过程热，联网运行（最高的单元容量为 10MW，另一个 10MW 的电站正在建设）	独立的小型发电系统构成大型的联网电站（最高的单元容量为 25kW，目前设计的单元容量为 10kW）
优点	1. 具有商业运行的经验（1.2×10kW·h），潜在的运行温度可达 500℃（商业化运行的温度已达到 400℃）； 2. 商业化的年净效率为 14%； 3. 最低的材料要求； 4. 可以模块化或联合运行； 5. 可以采用蓄热降低成本	1. 从中期来看具有高的转化效率，潜在的运行温度超过 1000 ℃（565℃在 10MW 的电站中实现）； 2. 可高温蓄热； 3. 可联合运行	1. 非常高的转化效率，峰值效率为 30%； 2. 可模块化或联合运行； 3. 处于实验示范阶段
缺点	导热油传热工质的使用限制了运行温度只能达到 400℃，只能停留在中温阶段	处于实验示范阶段，商业化的投资和运行成本需要证实	商业化的可行性需要证实，大规模生产的预计成本目标需要证实

这 3 种系统中，目前只有槽式发电系统实现了商业化。1981—1991 年，在美国加州的莫哈韦沙漠相继建成了 9 座槽式太阳能热发电站，总装机容量为 353.8MW（最小的一座装机容量为 14MW，最大的一座装机容量为 80MW），总投资额为 10 亿美元，年发电总量为 8 亿 kW·h。太阳能热发电技术同其他太阳能技术一样，在不断完善和发展，但其商业化程度还未达到热水器和光伏发电的水平。太阳能热发电正处在商业化前夕，专家预计在 2020 年前，太阳能热发电将在发达国家实现商业化，并逐步向发展中国家扩展。

第五节 槽式聚光热发电系统

一、工作原理

槽式聚光热发电系统的组成：大面积槽形抛物面聚光器、跟踪装置、热载体、蒸汽产生器、蓄热系统和常规朗肯循环蒸汽发电系统。采用双回路：一回路为吸热回路，工质为导热油；二回路为水-蒸汽回路，工质为水。

槽式抛物面镜线聚光太阳能热发电系统基本结构如图 9-9 所示。

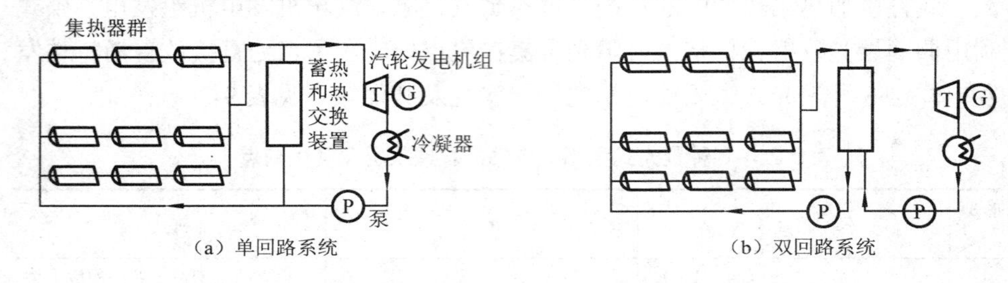

图 9-9 槽式抛物面镜线聚光太阳能热发电系统基本结构

槽式聚光太阳能热发电是最早实现商业化的太阳能热发电系统。它采用大面积的槽式抛物面反射镜将太阳光聚焦反射到线形接收器（集热管）上，通过管内热载体将水加热成蒸汽，同时在热转换设备中产生高压、过热蒸汽，然后送入常规的蒸汽涡轮发电机内进行发电。槽式抛物面太阳能发电站的功率为 10～1000MW，是目前所有太阳能热发电站中功率最大的。通常接收太阳光的采光板采用模块化布局，许多采光板通过串、并联的方式，均匀地分布在南北轴线方向。为了保证发电的稳定性，通常在发电系统中加入化石燃料发电机。当太阳光不稳定的时候，化石燃料发电机补充发电，来保证发电的稳定性和实用性。一些国家已经建立起示范装置，对槽式发电技术进行深入的研究。

二、工作过程

槽式抛物面镜线聚光太阳能热发电系统工作过程如图 9-10 所示。高温真空管集热管将槽式抛物面聚光器收集到的太阳光能转化为热能，加热真空管集热管内流动的工质导热油；导热油-水（蒸汽）换热子系统由 3 台换热器组成，即预热器、蒸汽发生器和过热器，导热油在该系统中将热量传递给水，产生过热蒸汽；过热蒸汽汽轮发电子系统将热能转化为动能，并产生电能，从汽轮发电机组出来的蒸汽经处理后，重新回到换热子系统的换热器内循环使用。

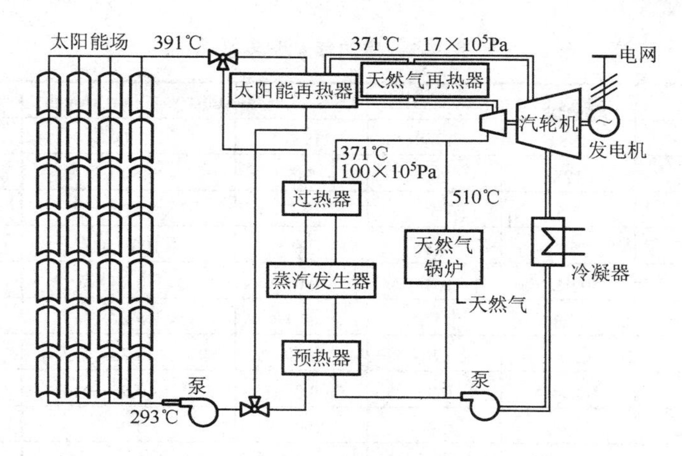

图 9-10　槽式抛物面镜线聚光太阳能热发电系统工作过程

槽式太阳能热发电系统见图 9-11。

（a）

（b）

图 9-11　槽式太阳能热发电系统

聚光器由反射镜和支撑聚光器的支架两部分组成。一般聚光器长度为 100m 左右，现在有的长达 150m。反射镜可以是整体式的，或者由几个曲面镜组合而成。商业化的聚光器采用后者，由反射材料、基材和保护膜构成。以基材为玻璃的玻璃镜为例，槽式太阳能热发电常用的是以反射率较高的银或铝为反光材料的抛物面玻璃背面镜，银或铝反光层背面再喷涂一层或多层保护膜。很多槽式集热器相连成行，沿着东西方向组成集热器场，或者太阳能场。需要注意的是，在设计太阳能场时，要考虑相邻行集热器间距离，间隔要足够，以免早晚互相遮挡阳光。一般而言，行间距是抛物线聚光器开口的 3 倍。此外，土地和管道成本也要考虑。集热器装配系数见表 9-3。

表 9-3 集热器装配系数

集热器	LS-1（LUZ）	LS-2（LUZ）	LS-3（LUZ）	ET-100（Euro Trough）	DS-1（solargenix）
年份	1984	1988	1989	2004	2004
面积/m^2	128	235	545	545/817	470
开口宽度/m	2.5	5	5.7	5.7	5
长度/m	50	48	99	100/150	100
接收管直径/m	0.042	0.07	0.07	0.07	0.07
聚光比	61.1	71.1	82.1	82.1	71.1
光学效率	0.734	0.764	0.8	0.78	0.78
吸收率	0.94	0.96	0.96	0.95	0.95
镜面反射率	0.94	0.94	0.94	0.94	0.94
集热管发射率	0.3	0.19	0.19	0.14	0.14
温度/（℃/°F）	300/572	350/662	350/662	400/752	400/752
工作温度/（℃/°F）	307/585	391/735	391/735	391/735	391/735

聚光器性能的好坏除了与自身的制造精度有关外，还与跟踪装置的好坏有关。按焦线位置的不同，单轴跟踪分为南北地轴式、南北水平式和东西水平式 3 类。一般的太阳能发电站都采用单轴跟踪方式，使抛物面对称平面围绕南北方向的纵轴转动，与太阳照射方向始终保持 0.04° 的夹角，以便在任何情况下都能有效地反射太阳光。

吸收器一般采用双层管结构，被置于抛物面聚光器焦线上，内侧为热载体，外侧为真空，以防热流失。真空集热管的性能要求是吸热面的宽度大于光斑带的宽度，以保证聚焦后的阳光不溢出吸收范围，具有良好的吸收太阳光性能，在高温下具有较低的辐射率、良好的导热性能和良好的保温性能。目前，槽式太阳能集热管使用的主要是直通式金属-玻璃真空集热管，另外还有热管式真空集热管、双层玻璃真空集热管、聚焦式真空集热管和空腔集热管等。直通式金属-玻璃真空集热管是一根表面带有选择性吸收涂层的金属吸收管，外套一根同心玻璃管，玻璃管与金属管通过过渡密封连接，玻璃管与金属管夹层内抽真空以保护吸收管表面的选择性吸收涂层，同时降低集热损失。热管式真空集热管由热管、金属吸热板、玻璃管、金属封盖、弹簧支架和消气剂等构成。工作时，太阳辐射穿过玻璃管，被涂在热管和吸热板表面的选择性吸收涂层吸收转化为热能，加热热管蒸发段内的工质，并使之汽化。汽化后的工质上升到热管冷凝段，将热量释放，传递给集热器中的传热工质。热管内的工质凝结成液体后，依靠自身重力流回蒸发段重新循环工作。

热载体可以是水蒸气、热油或熔盐。槽式聚光集热系统的传热介质迄今为止一般采用热油。美国于 1981—1991 年先后在加利福尼亚州的莫哈韦沙漠里建造了 9 座槽式太阳能热电站，总功率 354MW。这些电厂从投产后一直在商业化运行中。这些电厂所采用的传热介质就是热油（矿物油）。但热油只能耐 400℃，往往需要对油加压以维持温度低于 400℃，因此，要求各部件耐压，增加了投资成本。人们正研究在集热器管道中直接产生蒸汽，可以进一步提高介质温度，提高效率，免除蒸汽回路，包括热交换器等，降低造价。不过要求管道厚度较大，以承受产生的高蒸汽压。

槽式太阳能热发电系统结构紧凑，其太阳能热辐射收集装置占地面积比塔式和碟式系统要小 30%～50%，且槽式抛物面集热装置的制造所需的构件形式不多，容易实现标准化，适合批量生产。用于聚焦太阳光的抛物面聚光器加工简单，制造成本较低，抛物面场每 $1m^2$ 阳光通径面积仅需 18kg 钢和 11kg 玻璃，耗材最少。

第六节　塔式聚光热发电系统

一、工作原理

如图 9-12 所示，塔式太阳能热发电系统也称为集中型太阳能热发电系统。它的基本形式是利用独立跟踪太阳的定日镜群将阳光聚集到固定在塔顶部的接收器上，用以产生高温以加热工质，传热工质可以是水、液态盐等，通过热交换产生过热蒸汽或者高温气体，驱动汽轮机发电机组或者燃气轮机发电机组发电，从而将太阳能转换为电能。

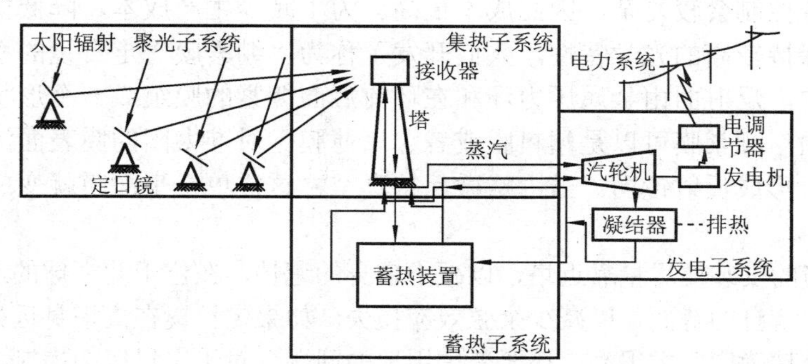

图 9-12　塔式太阳能热发电系统

塔式太阳能热发电系统是采用大量的定向反射镜（定日镜）将太阳光聚集到一个装在塔顶的中央热交换器（接收器）上，接收器一般可以收集 100MW 的辐射功率，产生 1100℃的高温。

二、工作过程

美国“Solar Ⅱ”型定日镜（塔式）太阳能发电系统如图 9-13 所示，主要由定日镜装置、高温吸热器装置、冷热盐储存罐、冷凝器、蒸汽发生器和发电机等组成，采用熔融盐作为传热工质的。

图 9-13 美国“Solar Ⅱ”型定日镜（塔式）太阳能热发电系统

定日镜由反射面组成，包括反射镜、太阳跟踪系统、基座和通信系统。反射镜的作用是将太阳辐射反射到塔顶热接收器上，太阳跟踪系统是为了保持反射镜在太阳光线不断变化的情况下，始终对准塔顶热吸收器，对反射镜进行机械驱动控制的系统，而通信系统则是把塔顶位置随时传输给太阳跟踪系统。

对定日镜的控制不是要将所有的镜面反射都送到塔顶一个位置，而是要获得吸热器面积内均匀的太阳辐射分布。因此，定日镜可以由很多面积较小的镜面组成，每个镜面面积为 2～$4m^2$，分别对这些小镜面进行安装控制，这些镜面组成定日镜场。最大的定日镜场面积可达 $200m^2$。当采用大量的小定日镜时，其生产、安装和系统控制会较复杂，因此成本很高。为了减少生产成本，降低安装控制复杂度，并保持较高的光学特性，人们开发了称为“绷紧膜”定日镜的系统。在这样的系统中，反射面由金属压力环和在环前后面绷紧的膜组成一个形状像“鼓”的反射镜面。绷紧膜可以是塑料膜或者金属薄膜。对准太阳的膜表面沉积一层薄薄的玻璃，形成反射镜面。鼓内略微保持真空，这样单个平面膜就变成了一个聚光器。

定日镜的安装要尽量靠近塔，以减小塔身的遮挡。在位于北半球的地区，定日镜要安装在塔身的背面，以减少余弦效应损失。如果定日镜在离塔身远处安装，则对控制系统精确度要求很高，还要考虑用地的问题。对于定日镜的控制，可以采用电力控制，如沿着反射镜面平行的方向安装太阳电池，提供定日镜驱动系统所需电力。塔身的高度从收集太阳能上讲越高越好，可以安装更大面积的定日镜，但是从经济和技术角度看，则成本和控制难度会越高，一般塔身高度在 80～100m。

塔式聚光系统最初采用的吸热器是管式的，如图 9-14 所示美国的“Solar Ⅰ”塔式太阳能热发电系统，将水在吸热器中加热形成部分过热蒸汽，但是过热蒸汽不利于热交换，而且这样的系统启动过程和部分负载下运行控制复杂。如果为了避免产生过热，则系统运行效率较低，因此，后来人们没有对这种设计进行发展。为了克服上述问题，如图 9-15 所示美国的“Solar Ⅱ”塔式太阳能热发电系统增加了一个热传递介质回路，这个回路的传热介质要求热容高、热导好，而熔融盐如 $NaNO_3$

和 KNO_3 正好满足上述要求。但是在没有太阳、辐照系统停运时，要保持熔融盐处于液态，需要对储存有上述盐的罐、槽、管道和阀门等进行加热，增加了能耗，或者把盐全部冲洗排光。此外，可能存在的局部过热导致熔融盐分解产生的气体造成腐蚀也是一个问题。

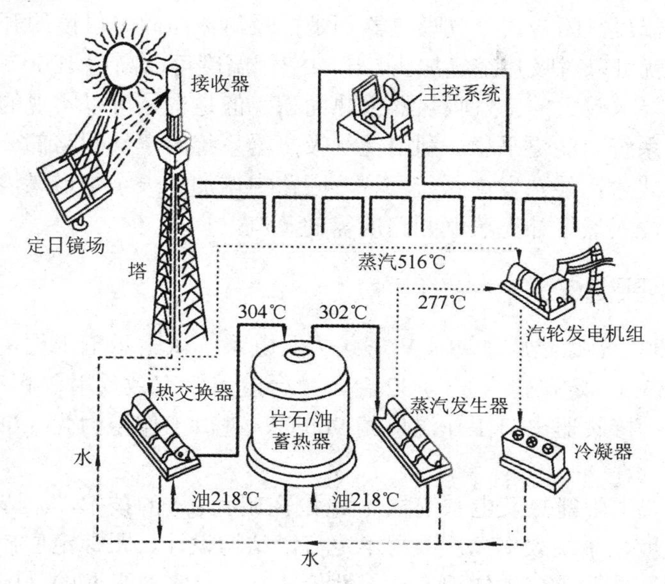

图 9-14 “Solar Ⅰ”塔式太阳能热发电系统

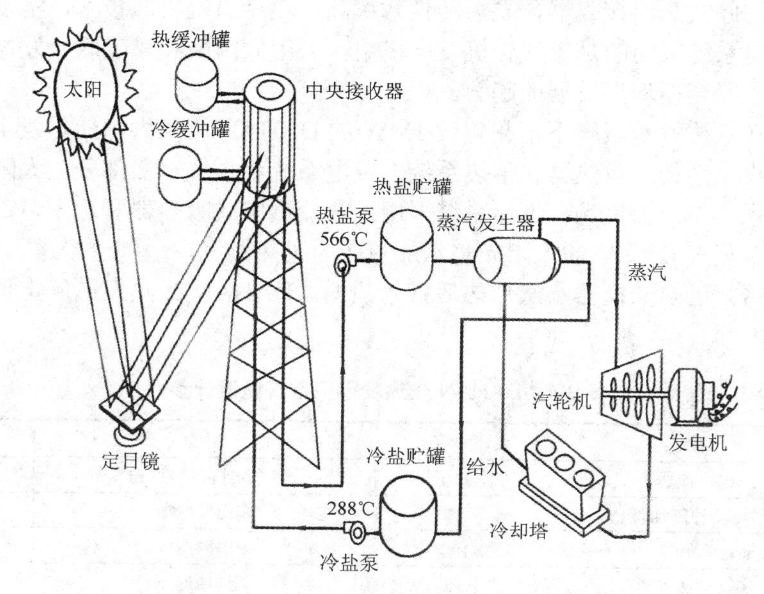

图 9-15 “Solar Ⅱ”塔式太阳能热发电系统

敞开式或者闭合式（压力式）空气吸热器系统具有无毒、无腐蚀、防火且易得等优点，可以用在塔式集热系统上。敞开式空气吸热器由钢丝或者多孔陶瓷组成，其特点是高的热吸收面积与热流道面积比值。这种吸热器的工作过程是环境空气通过鼓风机吸入流经朝向定日镜的吸热器，吸收带走热量，使面向反射镜的吸热器部分温度低于内部不朝向定日镜的部分，因此，从吸热器出来的空气温度高于面向定日镜的吸热器温度。闭合式空气吸热器则是把吸热器面向定日镜的开口用透光材料封起来，这样就可以对吸热空气加压，出口空气温度可以高达1000℃。由于空气热容较小，因此要求较大的空气吸热器吸热面积，但是也是可以实现的，而且空气较小的热容使得系统启动更平稳。利用空气吸热器系统的空气回路部分，蒸汽回路和“Solar Ⅱ”塔式太阳能热发电系统一样。回路中增加了一个管道燃烧器，是在日照较差时利用燃烧天然气补充蒸汽回路所需的蒸汽。

三、应用实例

我国在2005年底建成了70kW塔式热发电系统试验示范工程，额定发电功率70kW，塔高33m，定日镜数量为32台，单台定日镜有效反射面积约20m²，镜面反射率≥85%；接收器出口工作温度约900℃，进口工作压力为4.0bar，峰值转换效率为85%。

70kW塔式太阳能热发电系统整体采用了国际先进的技术，聚光倍数高，易达到较高工作温度，系统效率高；取得了定日镜结构设计、跟踪定位控制、反射镜成形等技术的突破，拥有自主知识产权，性价比高；接收器采取的是国际上一直处于研究热点的腔式高温接收器，光热转换效率高；攻克系统集成技术，实现各项控制功能；发电系统采用的是燃气轮机发电机组，采用太阳能和燃气联合发电，互为补充，符合“联合循环”发展的趋势。

我国在八达岭长城脚下正在建设1MW的DAHAN塔式太阳能热发电系统，包括太阳能收集系统、吸热器、蓄热系统、发电系统和系统平衡部分。太阳能收集系统的聚光系统是定日镜场，吸热系统采用过热蒸汽腔式吸热器和透平，蓄热介质采用油和水（蒸汽）。聚焦的太阳光将水加热成为过热蒸汽，送到透平进入蓄热系统，油从冷槽用泵经热交换器蒸汽加热后打入热槽。DAHAN光热发电厂定日镜设计参数见表9-4。

表9-4 DAHAN光热发电厂定日镜设计参数

参数	设计值	参数	设计值
总定日镜数	100	每个定日镜面积/m²	100
太阳光收集器开口面积/m²	25	镜面反射率	0.9
塔高/m	100	镜面清洁度	0.97
场余弦边界	0.842	场纬度	40.4N
吸收器倾角/（°）	25	场经度	115.9E

塔式热发电的优点是聚光倍数高，容易达到较高的工作温度，阵列中的定日镜数目越多，其聚光比越大，接收器的集热温度也就愈高，能量集中过程是靠反射光线一次完成的，简捷有效；接收器散热面积相对较小，因而可得到较高的光热转换效率。

第七节　碟式聚光热发电系统

一、工作原理

如图 9-16 所示，碟式抛物面镜点聚焦集热器小型太阳能热发电系统，由碟式抛物面反射镜聚光器、太阳热吸收器、斯特林马达和发电机组成。碟式抛物面聚光器双轴跟踪太阳，把直接太阳辐射反射到在聚光器焦点的热吸收器上，在吸热器内转换成热能，输送到斯特林引擎，转换成机械能，并带动发电机发电。

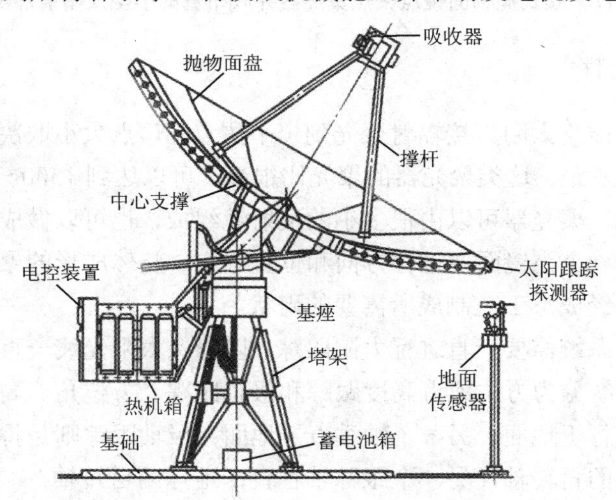

图 9-16　碟式抛物面镜点聚焦集热器小型太阳能热发电系统

碟式（又称盘式）太阳能热发电系统是世界上最早出现的太阳能动力系统，是目前太阳能发电效率最高的太阳能热发电系统，最高可达到 29.4%。碟式系统的主要特征是采用碟（盘）式抛物面镜聚光集热器，该集热器是一种点聚焦集热器，可使传热工质加热到 750℃左右，驱动发动机进行发电。系统可以独立运行作为无电边远地区的小型电源，一般功率为 10～25kW，聚光镜直径为 10～15m；也可用于较大的用户，把数台装置并联起来，组成碟式抛物面镜点聚焦集热器并联布置的小型太阳能热发电站，如图 9-17 所示。

图 9-17 碟式抛物面镜点聚焦集热器并联布置的小型太阳能热发电站

二、工作过程

碟式聚光器能将太阳直接辐射聚光到一个焦点，焦点大小取决于聚光器的精密度、表面状况和焦距。这类聚光器的聚光比很高，可以达到 1500～4000。通常，最大直径可达 25m。聚光器可以由很多小的反射镜组成，也可以做成整个的碟式聚光器。前者对于每一个小镜面要进行方向和位置确定。整体成形的聚光器可以采用塑料或者金属膜，经成形工艺制成所需要的碟状。

碟式聚光器系统需要一直进行太阳跟踪，以确保太阳光线一直平行于聚光系统的光轴。跟踪系统分为方位或者高度跟踪和极轴跟踪。方位角、高度角跟踪是将聚光器的一个轴平行于地面，另一个轴垂直于地面；极轴跟踪则是将聚光器的一个跟踪轴平行于地球的自转轴，另一个跟踪轴垂直于地球的自转轴。

对于碟式聚光器系统，吸收器有许多形式，包括管式吸收器。吸热介质采用气体。斯特林机属于热气机并且使用闭路系统，即工作回路中一直是一种气体。它所需要的能量由外部热源提供，因此，斯特林机也适合于太阳能热利用。

碟式聚光热发电系统适合于中小规模发电，如农村独立发电系统。

第八节 我国太阳能热发电的发展概况

我国对太阳能热发电的应用研究起步较晚，在 20 世纪 70 年代末才在一些科研单位和高等院校对太阳能热发电开展了基础应用研究工作。通过不断努力，终于在天津大学建立了一套功率为 1kW 的塔式太阳能热发电模拟实验装置，在上海建造了一套与天津大学相同功率的平板式低沸点工质太阳能热发电模拟实验装置。在“八五”、“九五”、“十五”和“十一五”的国家科技攻关项目中设立了相应的项目。原国家科委和现在的科技部均将大型太阳能热发电关键技术列入国家重点科技攻关计划，安排科研人员进行科技攻关和研究开发。

一、塔式热发电系统

在中国工程院院士张耀明教授带领下，由河海大学和南京春晖科技实业有限公司合作，在南京江宁经济开发区建成国内首座 70kW 塔式太阳能热发电示范工程，并于 2005 年 10 月底成功投入并网发电。

2009 年，中国华电工程（集团）有限公司与澳大利亚雄狮国际投资有限公司签订了青海省海西区 1000MW 太阳能塔式热发电项目可行性研究报告编制合同。总装机规模达 1000MW，建成后将成为目前世界规模最大的太阳能热发电站。太阳能集热塔单塔容量在 10～20kW，占地面积大约为 5×10^3hm^2，建成后，年可发电量约为 2.5×10^6MW•h，年减排二氧化碳 2×10^6t。

2012 年 8 月 9 日，亚洲首座塔式太阳能热发电站在北京延庆落户。延庆太阳能塔式热发电站发电成功，是我国太阳能塔式热发电领域重大自主创新的成果，使我国成为继美国、德国、西班牙之后世界上第四个实现大型太阳能热发电的国家，为我国太阳能热发电技术的发展奠定了坚实的基础。另外，15MW 塔式太阳能热发电项目（国家 863 重大科技示范项目）于 2013 年开工，2014 年建成，投资 6 亿元，这标志着我国对太阳能热发电项目的重视。

二、槽式热发电系统

2010 年 11 月 17 日，中国华电工程（集团）有限公司的“槽式太阳能热发电集热器研制及系统集成技术研究”科技项目顺利结题，通过验收。该项目的完成标志着我国槽式太阳能热发电的集热工程设计与实验研究取得了一定成果，说明我国掌握了 200kW 槽式太阳能热发电集热装置系统的关键技术，将为我国槽式太阳能热发电的成长提供技术支撑。另外，由北京中航空港通用设备有限公司自主研发设计，并有自主知识产权的槽式太阳能热发电工程样机在 2012 年 3 月发电成功，使我国独立自主建造大规模槽式太阳能热发电站成为可能。

2012 年 5 月 9 日，由兰州大成股份有限公司、兰州交通大学国家绿色镀膜技术与装备工程技术研究中心产学研创新联盟承担研发的 200kW 槽式＋线性菲涅尔式聚光太阳能热发电实验系统在大成太阳能光热产业基地顺利并网发电，有功功率超过 150kW，当天并网发电量超过 200kW • h，同时两组各 150m 长槽式集热单元和两组各96m长线性菲涅尔式集热单元也实现集热并产蒸汽。同年的6月25日，中国广核集团有限公司设在青海省德令哈的太阳能热发电技术实验基地正式获准开工，其50MW槽式太阳能热发电项目总投资20亿元。9月21日，国电西藏分公司在西藏山南地区太阳能热发电项目获准建立。河北张家口市64MW槽式太阳能热发电项目也正式签署协议。

太阳能真空集热管是槽式、线性菲涅尔太阳能集热系统的核心部件，在槽式太阳能真空集热管方面，皇明太阳能公司做了大量工作，在生产、研发等方面取得了一定的进展，目前拥有年产6万支槽式太阳能真空集热管生产线，并在2012年10月正式投产，向大唐新能源在内蒙古50MW项目提供槽式太阳能真空集热管。

兰州交通大学与兰州大成公司自主研发的太阳能真空集热管攻克了太阳能集热管的技术难题，并运用于太阳能槽式热发电站工程，打破了德国和以色列两国长期在该技术领域的垄断。

三、蝶式热发电系统

我国首台10kW蝶式太阳能聚光热发电系统样机于2011年4月15日在宁夏石嘴山惠农区落成发电，发电量为60kW•h。该项目中使用的蝶式太阳能聚光发电系统为我国首创，填补了我国在蝶式太阳能聚光热发电技术方面的空白。

2012年7月9日，总投资320亿元的蝶式太阳能聚光热发电项目正式落户内蒙古阿拉善盟经济开发区。同年7月由瑞典Cleanergy与华原集团合作的大连宏海鄂尔多斯100kW小型蝶式太阳能热发电示范项目完成安装，并于同年10月完成发电站的建设，此发电站位于鄂尔多斯乌审旗，占地面积约5000m^2。电站共有10台10kW蝶式太阳能斯特林热发电系统组成，设计年发电量为200MW•h。8月13日，中航工业西航兆瓦级蝶式斯特林太阳能热发电站示范工程方案被列入陕西省科技创新工程计划专项，这标志着位于陕西富平58台斯特林发动机组成的兆瓦级蝶式斯特林太阳能热发电站示范工程将进入实施阶段。

发展和推广蝶式聚光太阳能热发电项目的关键是开发性能优异的热气机。由于热气机技术复杂，要求配合严密，先进的热气机技术主要掌握在发达国家的少数几个公司。我国也一直重视热气机的研发工作，中国科学院电工所针对蝶式太阳能热发电系统中的聚光器和跟踪控制系统进行了较系统的研究，并且建立了蝶式太阳能热发电系统直接照射式接收器的模拟实验研究，分析其热性能的影响因素。南京工业大学也已经开始针对用于高温太阳能热发电的热管接收器进行研究和开发，目前成功研发了50kW级的热气机，并且可以热电联供，正在进入示范应用，相信不久的将来可以进入商业化应用阶段。热气机的研发成功为我国发展蝶式斯特林太阳能热发电技术提供了坚实的基础。

研究发现，25～30kW 级的斯特林发动机技术相对比较成熟，而且应用在发电系统可以取得较大的经济效益，因此 25～30kW 蝶式斯特林太阳能热发电装置的研发工作也是我国太阳能热发电技术开发的特点。通过一系列关键技术的攻关，结合我国已掌握的热气机技术，有望很快在蝶式太阳能热发电设备的制造方面取得成功。

四、太阳能热发电技术中存在的问题

我国太阳能热发电市场初步形成了产业链，但在发展过程中也遇到一些问题。首先是核心设备和关键配件缺乏实际项目运行检验；其次是无系统集成经验，具有开发、设计、施工、调试、运营全过程技术能力的人才极其匮乏；然后是检测平台和标准体系的缺失；最后是设计、施工、调试和运营的全过程标准体系匮乏。

1. 槽式热发电技术中存在的问题

目前已经商业化示范运行的槽式系统，尽管其热发电成本已经低于光伏发电成本，却没有出现和光伏发电市场一样的快速增长。太阳能热发电产业还有待关键技术的进一步突破，如提高太阳能真空集热管的效率，开发先进的热存储技术。槽式太阳能集热管主要使用直通式金属-玻璃集热管，集中使用了吸收膜层技术、玻璃与金属封接技术和膨胀波纹管技术等尖端科技，现在只有德国 schort 公司、以色列 solel 公司、意大利 Alantom 公司能生产适合太阳能热发电用金属-玻璃集热管。国内生产的金属-玻璃高效集热管只能用在小容量热力系统中。这是大容量、高参数机组投产的最大障碍。廉价的反光器也是降低成本的关键技术。所以我们还有许多关键技术有待于提高。

2. 塔式热发电技术中存在的问题

尽管塔式太阳能热发电技术起步较早，人们也一直希望通过尽可能多的定日镜将太阳能量积聚到几十兆瓦的水平，但塔式太阳能热发电系统的造价较高，产业化困难重重，各反射镜在塔上形成的光斑大小随反射镜与中心塔的距离增加而增长。塔上最后形成的太阳聚焦光斑在一天内可随定日镜场的大小，从几米变化到几十米，聚光强度出现大幅度波动，因此光学设计的复杂性大大增加了建设成本。在塔式系统中，各定日镜相对于中心塔有着不同的朝向和距离，每个定日镜的跟踪都要进行单独的二维控制，且各定日镜的控制各不相同，极大地增加了控制系统的复杂性和安装调试，特别是光学调整的难度，大大提高了对抗风能力和太阳能自动跟踪性能的要求，提高了集热器装配精度，提高了结构承载能力，系统机械装置笨重等，都大大增加了系统建设费用。

3. 蝶式热发电技术中存在的问题

蝶式太阳能热发电系统规模较小，高效发电技术还不成熟，尚处于试验研究阶段，在研制热气机的同时发展太阳能斯特林热发电装置。在上述3种太阳能热发电技术中，它的开发风险最大且投资成本最高。

五、太阳能热发电商业化前景及未来展望

太阳能热发电与常规化石能源在热力发电原理上基本相同，电能质量优良，可以直接无障碍并网，同时可贮能、可调峰、可实现连续发电，更为重要的是热发电的发电环节与火电相同，更适合建大型电站，可以通过规模效应实现成本大幅下降。

我国西部地区太阳能资源丰富，年日照时数均在3000h以上，西部地域广阔，人口较为稀少，这给发展太阳能热发电提供了很好的条件。在2012年太阳能中高温利用国际峰会上，来自太阳能热利用行业的国内外专家均表示我国西部地区太阳能资源丰富，有利于发展太阳能中高温系统。目前在青海、内蒙古、甘肃、宁夏、新疆、西藏等省、自治区开展的太阳能热发电项目正在如火如荼地进行中，中国广核集团有限公司青海太阳能热发电项目、鄂尔多斯500MW槽式太阳能热发电项目、大唐天威10MW太阳能热发电试验示范项目、宁夏哈纳斯沙窝槽式太阳能热发电站项目、国电西藏山南地区太阳能热发电项目、国电青松吐鲁番槽式太阳能热发电项目等均取得了一定的成果。其中，内蒙古鄂尔多斯50MW槽式太阳能热发电项目，成为我国太阳能热发电项目由小型科技示范项目向大型商业化项目跨越的重要里程碑，最终中标电价已经在1元/kW·h以内，初步体现了太阳能热发电对光伏发电的竞争能力，同时此成本也有希望将来与火电进行竞争。根据国际能源署（IEA）预测，到2015年全球聚光太阳能发电（CSP）累计装机容量将到达24.5GW，5年复合增长速率为90%，到2020年上网电价有望降至10美分/（kW·h）以下。

随着新技术、新材料和新工艺的不断发展，研究开发工作的更加深入，应用市场的不断扩大，太阳能热发电系统的造价完全有可能大大降低，同时随着常规能源的价格不断上升和资源的逐步匮乏，以及大量燃用化石能源对环境的影响日益突出，发展太阳能热发电技术将会逐渐显示出其经济社会的合理性，特别是在常规能源匮乏、交通不便而太阳能资源丰富的偏远地区。

附录

附录一　围护结构冬季室外计算参数和最冷最热月平均温度

地名	冬季室外计算温度 t_e/℃				设计计算用采暖期				冬季室外平均风速/（m/s）	最冷月平均温度/℃	最热月平均温度/℃
	Ⅰ型	Ⅱ型	Ⅲ型	Ⅳ型	天数 Z/d	平均温度 $\overline{t}_e$/℃	平均相对湿度 $\overline{\varphi}_e$（%）	度日数 D_{di}/（℃·d）			
北京市	−9	−12	−14	−16	125（129）	−1.6	50	2450	2.8	−4.5	25.9
天津市	−9	−11	−12	−13	119（122）	−1.2	57	2285	2.9	−4.0	26.5
河北省											
石家庄	−8	−12	−14	−17	112（117）	−0.6	56	2083	1.8	−2.9	26.6
张家口	−15	−18	−21	−23	153（155）	−4.8	42	3488	3.5	−9.6	23.3
秦皇岛	−11	−13	−15	−17	135	−2.4	51	2754	3.0	−6.0	24.5
保定	−9	−11	−13	−14	119（124）	−1.2	60	2285	2.1	−4.1	26.6
邯郸	−7	−9	−11	−13	108	0.1	60	1933	2.5	−2.1	26.9
唐山	−10	−12	−14	−15	127（137）	−2.9	55	2654	2.5	−5.6	25.5
承德	−14	−16	−18	−20	144（147）	−4.5	44	3240	1.3	−9.4	24.5
丰宁	−17	−20	−23	−25	163	−5.6	44	3847	2.7	−11.9	22.1
山西省											
太原	−12	−14	−16	−18	135（144）	−2.7	53	2795	2.4	−6.5	23.5
大同	−17	−20	−22	−24	162（165）	−5.2	49	3758	3.0	−11.3	21.8
长治	−13	−17	−19	−22	135	−2.7	58	2795	1.4	−6.8	22.8
五台山	−28	−32	−34	−37	273	−8.2	62	7153	12.5	−18.3	9.5
阳泉	−11	−12	−15	−16	124（129）	−1.3	46	2393	2.4	−4.2	24.0
临汾	−9	−13	−15	−18	113	−1.1	54	2158	2.0	−3.9	26.0
晋城	−9	−12	−15	−17	121	−0.9	53	2287	2.4	−3.7	24.0
运城	−7	−9	−11	−13	102	0.0	57	1836	2.6	−2.0	27.2
内蒙古自治区											
呼和浩特	−19	−21	−23	−25	166（171）	−6.2	53	4017	1.6	−12.9	21.9
锡林浩特	−27	−29	−31	−33	190	−10.5	60	5415	3.3	−19.8	20.9
海拉尔	−34	−38	−40	−43	209（213）	−14.3	69	6751	2.4	−26.7	19.6
通辽	−20	−23	−25	−27	165（167）	−7.4	48	4191	3.5	−14.3	23.9
赤峰	−18	−21	−23	−25	160	−6.0	40	3840	2.4	−11.7	23.5
满洲里	−31	−34	−36	−38	211	−12.8	64	6499	3.9	−23.8	19.4

续附录 1

地名	冬季室外计算温度 t_e /℃				设计计算用采暖期				冬季室外平均风速 /（m/s）	最冷月平均温度/℃	最热月平均温度/℃
	Ⅰ型	Ⅱ型	Ⅲ型	Ⅳ型	天数 Z/d	平均温度 $\bar{t}_e$ /℃	平均相对湿度 $\bar{\varphi}_e$（%）	度日数 D_{di}/（℃·d）			
博克图	−28	−31	−34	−36	210	−11.3	63	6153	3.3	−21.3	17.7
二连浩特	−26	−30	−32	−35	180（184）	−9.9	53	5022	3.9	−18.6	22.9
多伦	−26	−29	−31	−33	192	−9.2	62	5222	3.8	−18.2	18.7
白云鄂博	−23	−26	−28	−30	191	−8.2	52	5004	6.2	−16.0	19.5
辽宁省											
沈阳	−19	−21	−23	−25	152	−5.7	58	3602	3.0	−12.0	24.6
丹东	−14	−17	−19	−21	144（151）	−3.5	60	3096	3.7	−8.4	23.2
大连	−11	−14	−17	−19	131（132）	−1.6	58	2568	5.6	−4.9	23.9
阜新	−17	−19	−21	−23	156	−6.0	50	3744	2.2	−11.6	24.3
抚顺	−21	−24	−27	−29	162（160）	−6.6	65	3985	2.7	−14.2	23.6
朝阳	−16	−18	−20	−22	148（154）	−5.2	42	3434	2.7	−10.7	24.7
本溪	−19	−21	−23	−25	151	−5.7	62	3579	2.6	−12.2	24.2
锦州	−15	−17	−19	−20	144（147）	−4.1	47	3182	3.8	−8.9	24.3
鞍山	−18	−21	−23	−25	144（148）	−4.8	59	3283	3.4	−10.1	24.8
锦西	−14	−16	−18	−19	143	−4.2	50	3175	3.4	−9.0	24.2
吉林省											
长春	−23	−26	−28	−30	170（174）	−8.3	63	4471	4.2	−16.4	23.0
吉林	−25	−29	−31	−34	171（175）	−9.0	68	4617	3.0	−18.1	22.9
延吉	−20	−22	−24	−26	170（174）	−7.1	58	4267	2.9	−14.4	21.3
通化	−24	−26	−28	−30	168（173）	−7.7	69	4318	1.31	−16.1	22.2
双辽	−21	−23	−25	−27	167	−7.8	61	4309	3.4	−15.5	23.7
四平	−22	−24	−26	−28	163（162）	−7.4	61	4140	3.0	−14.8	23.6
白城	−23	−25	−27	−28	175	−9.0	54	4725	3.5	−17.1	23.3
黑龙江省											
哈尔滨	−26	−29	−31	−33	176（179）	−10.0	66	4928	3.6	−19.4	22.8
嫩江	−33	−36	−39	−41	197	−13.5	66	6206	2.5	−25.2	20.6
齐齐哈尔	−25	−28	−30	−32	182（186）	−10.2	62	5132	2.9	−19.4	22.8
富锦	−25	−28	−30	−32	184	−10.6	65	5262	3.9	−20.2	21.9
牡丹江	−24	−27	−29	−31	178（180）	−9.4	65	4877	2.3	−18.3	22.0
呼玛	−39	−42	−45	−47	210	−14.5	69	6825	1.7	−27.4	20.2
佳木斯	−26	−29	−32	−34	180（183）	−10.3	68	5094	3.4	−19.7	22.1
安达	−26	−29	−32	−34	180（182）	−10.4	64	5112	3.5	−19.9	22.9
伊春	−30	−33	−35	−37	193（197）	−12.4	70	5867	2.0	−23.6	20.6
克山	−29	−31	−33	−35	191	−12.1	66	5749	2.4	−22.7	21.4
上海市	−2	−4	−6	−7	54（62）	3.7	76	772	3.0	3.5	27.8
江苏省											
南京	−3	−5	−7	−9	75（83）	3.0	74	1125	2.6	1.9	27.9
徐州	−5	−8	−10	−12	94（97）	1.4	63	1560	2.7	0.0	27.0
连云港	−5	−7	−9	−11	96（105）	1.4	68	1594	2.9	−0.2	26.8

续附录 1

地名	冬季室外计算温度 t_e/℃				设计计算用采暖期				冬季室外平均风速/（m/s）	最冷月平均温度/℃	最热月平均温度/℃
	Ⅰ型	Ⅱ型	Ⅲ型	Ⅳ型	天数 Z/d	平均温度 $\overline{t}_e$/℃	平均相对湿度 $\overline{\varphi}_e$（%）	度日数 D_{di}/（℃·d）			
浙江省											
杭州	−1	−3	−5	−6	51（61）	4.0	80	714	2.3	3.7	28.5
宁波	0	−2	−3	−4	42（50）	4.3	80	575	2.8	4.1	
安徽省											
合肥	−3	−7	−10	−13	70（75）	2.9	73	1057	2.6	2.0	28.2
阜阳	−6	−9	−12	−14	85	2.1	66	1352	2.8	0.8	27.7
蚌埠	−4	−7	−10	−12	83（77）	2.3	68	1303	2.5	1.0	28.0
黄山	−11	−15	−17	20	121	−3.4	64	2589	6.2	−3.1	17.7
福建省											
福州	6	4	3	2	0	—	—	—	2.6	10.4	28.8
江西省											
南昌	0	−2	−4	−6	17（35）	4.7	74	226	3.6	4.9	29.5
天目山	−10	−13	−15	−17	136	−2.0	68	2720	6.3	−2.9	20.2
庐山	−8	−11	−13	−15	106	1.7	70	1728	5.5	−0.2	22.5
山东省											
济南	−7	−10	−12	−14	101（106）	0.6	52	1757	3.1	−1.4	27.4
青岛	−6	−9	−11	−13	110（111）	0.9	66	1881	5.6	−1.2	25.2
烟台	−6	−8	−10	−12	111（112）	0.5	60	1943	4.6	−1.6	25.0
德州	−8	−12	−14	−17	113（118）	−0.8	63	2124	2.6	−3.4	26.9
淄博	−9	−12	−14	−16	111（116）	−0.5	61	2054	2.6	−3.0	26.8
泰山	−16	−19	−22	−24	166	−3.7	52	3602	7.3	−8.6	17.8
兖州	−7	−9	−11	−12	106	−0.4	62	1950	2.9	−1.9	26.9
潍坊	−8	−11	−13	−15	114（118）	−0.7	61	2132	3.5	−3.3	25.9
河南省											
郑州	−5	−7	−9	−11	98（102）	1.4	58	1627	3.4	−0.3	27.2
安阳	−7	−11	−13	−15	105（109）	0.3	59	1859	2.3	−1.8	26.9
濮阳	−7	−9	−11	−12	107	0.2	69	1905	3.1	−2.2	26.9
新乡	−5	−8	−11	−13	100（105）	1.2	63	1680	2.6	−0.7	27.0
洛阳	−5	−8	−10	−12	91（95）	1.8	55	1474	2.4	0.3	27.4
南阳	−4	−8	−11	−14	84（89）	2.2	67	1327	2.5	0.9	27.3
信阳	−4	−7	−10	−12	78	2.6	72	1201	2.2	1.6	27.6
商丘	−6	−9	−12	−14	101（106）	1.1	67	1707	3.0	−0.9	27.0
开封	−5	−7	−9	−10	102（106）	1.3	63	1703	3.5	−0.5	27.0
湖北省											
武汉	−2	−6	−8	−11	58（67）	3.4	77	847	2.6	3.0	28.7

续附录 1

地名	冬季室外计算温度 t_e/℃				设计计算用采暖期				冬季室外平均风速/(m/s)	最冷月平均温度/℃	最热月平均温度/℃
	Ⅰ型	Ⅱ型	Ⅲ型	Ⅳ型	天数 Z/d	平均温度 $\overline{t}_e$/℃	平均相对湿度 $\overline{\varphi}_e$（%）	度日数 D_{di}/（℃·d）			
湖南省											
长沙	0	−3	−5	−7	30（45）	4.6	81	402	2.7	4.6	29.3
南岳	−7	−10	−13	−15	86	1.3	80	1436	5.7	0.1	21.6
广东省											
广州	7	5	4	3	0	—	—	—	2.2	13.3	28.4
广西壮族自治区											
南宁	7	5	3	2	0	—	—	—	1.7	12.7	28.3
四川省											
成都	2	1	0	−1	0	—	—	—	0.9	5.4	25.5
阿坝	−12	−16	−20	−23	189	−2.8	57	3931	1.2	−7.9	12.5
甘孜	−10	−14	−18	−21	165（169）	−0.9	43	3119	1.6	−4.4	14.0
康定	−7	−9	−11	−12	139	0.2	65	2474	3.1	−2.6	15.6
峨眉山	−12	−14	−15	−16	202	−1.5	83	3939	3.6	−6.0	11.8
贵州省											
贵阳	−1	−2	−4	−6	20（42）	5.0	78	260	2.2	4.9	24.1
毕节	−2	−3	−5	−7	70（81）	3.2	85	1036	0.9	2.4	21.8
安顺	−2	−3	−5	−6	43（48）	4.1	82	598	2.4	4.1	22.0
威宁	−5	−7	−9	−11	80（98）	3.0	78	1200	3.4	1.9	17.7
云南省											
昆明	13	11	10	9	0	—	—	—	2.5	7.7	19.8
西藏自治区											
拉萨	−6	−8	−9	−10	142（149）	0.5	35	2485	2.2	−2.3	15.5
噶尔	−17	−21	−24	−27	240	−5.5	28	5640	3.0	−12.4	13.6
日喀则	−8	−12	−14	−17	158（160）	−0.5	28	2923	1.8	−3.9	14.6
陕西省											
西安	−5	−8	−10	−12	100（101）	0.9	66	1710	1.7	−0.9	26.4
榆林	−16	−20	−23	−26	148（145）	−4.4	56	3315	1.8	−10.2	23.3
延安	−12	−14	−16	−18	130（133）	−2.6	57	2678	2.1	−6.3	22.9
宝鸡	−5	−7	−9	−11	101（104）	1.1	65	1707	1.0	−0.7	25.4
华山	−14	−17	−20	−22	164	−2.8	57	3411	5.4	−6.7	17.5
汉中	−1	−2	−4	−5	75（83）	3.1	76	1118	0.9	2.1	25.4

续附录 1

地名	冬季室外计算温度 t_e /℃				设计计算用采暖期				冬季室外平均风速 /（m/s）	最冷月平均温度/℃	最热月平均温度/℃
	Ⅰ型	Ⅱ型	Ⅲ型	Ⅳ型	天数 Z/d	平均温度 $\overline{t_e}$ /℃	平均相对湿度 $\overline{\varphi}_e$（%）	度日数 D_{di}/（℃·d）			
甘肃省											
兰州	−11	−13	−15	−16	132（135）	−2.8	60	2746	0.5	−6.7	22.2
酒泉	−16	−19	−21	−23	155（154）	−4.4	52	3472	2.11	−9.9	21.8
敦煌	−14	−18	−20	−23	138（140）	−4.1	49	3053	2.1	−9.1	24.6
张掖	−16	−19	−21	−23	156	−4.5	55	3510	1.9	−10.1	21.4
山丹	−17	−21	−25	−28	165（172）	−5.1	55	3812	2.3	−11.3	20.3
平凉	−10	−13	−15	−17	137（141）	−1.7	59	2699	2.1	−5.5	21.0
天水	−7	−10	−12	−14	116（117）	−0.3	67	2123	1.3	−2.9	22.5
青海省											
西宁	−13	−16	−18	−20	162（165）	−3.3	50	3451	1.7	−8.2	17.2
玛多	−23	−29	−34	−38	284	−7.2	56	7159	2.9	−16.7	7.5
大柴旦	−19	−22	−24	−26	205	−6.8	34	5084	1.4	−14.0	15.1
共和	−15	−17	−19	−21	182	−4.9	44	4168	1.6	−10.9	15.2
格尔木	−15	−18	−21	−23	179（189）	−5.0	35	4117	2.5	−10.6	17.6
玉树	−13	−15	−17	−19	194	−3.1	46	4093	1.2	−7.8	12.5
宁夏回族自治区											
银川	−15	−18	−21	−23	145（149）	−3.8	57	3161	1.7	−8.9	23.4
中宁	−12	−16	−19	−22	137	−3.1	52	2891	2.9	−7.6	23.3
固原	−14	−17	−20	−22	162	−3.3	57	3451	2.8	−8.3	18.8
石嘴山	−15	−18	−20	−22	149（152）	−4.1	49	3293	2.6	−9.2	23.5
新疆维吾尔自治区											
乌鲁木齐	−22	−26	−30	−33	162（157）	−8.5	75	4293	1.7	−14.6	23.5
塔城	−23	−27	−30	−33	163	−6.5	71	3994	2.1	−12.1	22.3
哈密	−19	−22	−24	−26	137	−5.9	48	3274	2.2	−12.1	27.1
伊宁	−20	−26	−30	−34	139（143）	−4.8	75	3169	1.6	−9.7	22.7
喀什	−12	−14	−16	−18	118（122）	−2.7	63	2443	1.2	−6.4	25.8
富蕴	−36	−40	−42	−45	178	−12.6	73	5447	0.5	−21.7	21.4
克拉玛依	−24	−28	−31	−33	146（149）	−9.2	68	3971	1.5	−16.4	27.5
吐鲁番	−15	−19	−21	−24	117（121）	−5.0	50	2691	0.9	−9.3	32.6
库车	−15	−18	−20	−22	123	−3.6	56	2657	1.9	−8.2	25.8
和田	−10	−13	−16	−18	112（114）	−2.1	50	2251	1.6	−5.5	25.5
台湾省											
台北	11	9	8	7	0	—	—	—	3.7	14.8	28.6
香港	10	8	7	6	0	—	—	—	6.3	15.6	28.6

注：① 表中设计计算用采暖期仅供建筑热工设计计算采用。各地实际的采暖期应按当地行政或主管部门的规定执行。

② 在“设计计算用采暖期天数”一栏中，不带括号的数值系指累年日平均温度低于或等于5℃的天数；带括号的数值系指累年日平均温度稳定低于或等于5℃的天数。在设计计算中，这两种采暖期天数均可采用。

附录二 严寒和寒冷地区主要城市的建筑物耗热量指标

城市	气候区属	建筑物耗热量指标/（W/m^2）			
		≤3 层	（4～8）层	（9～13）层	≥14 层
直辖市					
北京	Ⅱ（B）	16.1	15.0	13.4	12.1
天津	Ⅱ（B）	17.1	16.0	14.3	12.7
河北省					
石家庄	Ⅱ（B）	15.7	14.6	13.1	11.6
围场	Ⅰ（C）	19.3	16.7	15.4	13.5
丰宁	Ⅰ（C）	17.8	15.4	14.2	12.4
承德	Ⅱ（A）	21.6	18.9	17.4	15.5
张家口	Ⅱ（A）	20.2	17.7	16.2	14.5
怀来	Ⅱ（A）	18.9	16.5	15.1	13.5
青龙	Ⅱ（A）	20.1	17.6	16.2	14.4
蔚县	Ⅰ（C）	18.1	15.6	14.4	12.6
唐山	Ⅱ（A）	17.6	15.3	14.0	12.4
乐亭	Ⅱ（A）	18.4	16.1	14.7	13.1
保定	Ⅱ（B）	16.5	15.4	13.8	12.2
沧州	Ⅱ（B）	16.2	15.1	13.5	12.0
泊头	Ⅱ（B）	16.1	15.0	13.4	11.9
邢台	Ⅱ（B）	14.9	13.9	12.3	11.0
山西省					
太原	Ⅱ（A）	17.7	15.4	14.1	12.5
大同	Ⅰ（C）	17.6	15.2	14.0	12.2
河曲	Ⅰ（C）	17.6	15.2	14.0	12.3
原平	Ⅱ（A）	18.6	16.2	14.9	13.3
离石	Ⅱ（A）	19.4	17.0	15.6	13.8
榆社	Ⅱ（A）	18.6	16.2	14.8	13.2
介休	Ⅱ（A）	16.7	14.5	13.3	11.8
阳城	Ⅱ（A）	15.5	13.5	12.2	10.9
运城	Ⅱ（B）	15.5	14.4	12.9	11.4

续附录 2

城市	气候区属	建筑物耗热量指标/（W/m²）			
		≤3 层	（4～8）层	（9～13）层	≥14 层
内蒙古自治区					
呼和浩特	Ⅰ（C）	18.4	15.9	14.7	12.9
图里河	Ⅰ（A）	24.3	22.5	20.3	20.1
海拉尔	Ⅰ（A）	22.9	20.9	18.9	18.8
博克图	Ⅰ（A）	21.1	19.4	17.4	17.3
新巴尔虎右旗	Ⅰ（A）	20.9	19.3	17.3	17.2
阿尔山	Ⅰ（A）	21.5	20.1	18.0	17.7
东乌珠穆沁旗	Ⅰ（B）	23.6	20.8	19.0	17.6
那仁宝拉格	Ⅰ（A）	19.7	17.8	15.8	15.7
西乌珠穆沁旗	Ⅰ（B）	21.4	18.9	17.2	16.0
扎鲁特旗	Ⅰ（C）	20.6	17.7	16.4	14.4
阿巴嘎旗	Ⅰ（B）	23.1	20.4	18.6	17.2
巴林左旗	Ⅰ（C）	21.4	18.4	17.1	15.0
锡林浩特	Ⅰ（B）	21.6	19.1	17.4	16.1
二连浩特	Ⅰ（B）	17.1	15.9	14.0	13.8
林西	Ⅰ（B）	20.8	17.9	16.6	14.6
通辽	Ⅰ（C）	20.8	17.8	16.5	14.5
满都拉	Ⅰ（C）	19.2	16.6	15.3	13.4
朱日和	Ⅰ（C）	20.5	17.6	16.3	14.3
赤峰	Ⅰ（C）	18.5	15.9	14.7	12.9
多伦	Ⅰ（B）	19.2	17.1	15.5	14.3
额济纳旗	Ⅰ（C）	17.2	14.9	13.7	12.0
化德	Ⅰ（B）	18.4	16.3	14.8	13.6
达尔罕联合旗	Ⅰ（C）	20.0	17.3	16.0	14.0
乌拉特后旗	Ⅰ（C）	18.5	16.1	14.8	13.0
海力素	Ⅰ（C）	19.1	16.6	15.3	13.4
集宁	Ⅰ（C）	19.3	16.6	15.4	13.4
临河	Ⅱ（A）	20.0	17.5	16.0	14.3
巴音毛道	Ⅰ（C）	17.1	14.9	13.7	12.0
东胜	Ⅰ（C）	16.8	14.5	13.4	11.7
吉兰太	Ⅱ（A）	19.8	17.3	15.8	14.2
鄂托克旗	Ⅰ（C）	16.4	14.2	13.1	11.4
辽宁省					
沈阳	Ⅰ（C）	20.1	17.2	15.9	13.9
彰武	Ⅰ（C）	19.9	17.1	15.8	13.9
清原	Ⅰ（C）	23.1	19.7	18.4	16.1
朝阳	Ⅱ（A）	21.7	18.9	17.4	15.5
本溪	Ⅰ（C）	20.2	17.3	16.0	14.0

续附录 2

城市	气候区属	建筑物耗热量指标/（W/m²）			
		≤3 层	（4～8）层	（9～13）层	≥14 层
辽宁省					
锦州	Ⅱ（A）	21.0	18.3	16.9	15.0
宽甸	Ⅰ（C）	19.7	16.8	15.6	13.7
营口	Ⅱ（A）	21.8	19.1	17.6	15.6
丹东	Ⅱ（A）	20.6	18.0	16.6	14.7
大连	Ⅱ（A）	16.5	14.3	13.0	11.5
吉林省					
长春	Ⅰ（C）	23.3	19.9	18.6	16.3
前郭尔罗斯	Ⅰ（C）	24.2	20.7	19.4	17.0
长岭	Ⅰ（C）	23.5	20.1	18.8	16.5
敦化	Ⅰ（B）	20.6	18.0	16.5	15.2
四平	Ⅰ（C）	21.3	18.2	17.0	14.9
桦甸	Ⅰ（B）	22.1	19.3	17.7	16.3
延吉	Ⅰ（C）	22.5	19.2	17.9	15.7
临江	Ⅰ（C）	23.8	20.3	19.0	16.7
长白	Ⅰ（B）	21.5	18.9	17.2	15.9
集安	Ⅰ（C）	20.8	17.7	16.5	14.4
黑龙江省					
哈尔滨	Ⅰ（B）	22.9	20.0	18.3	16.9
漠河	Ⅰ（A）	25.2	23.1	20.9	20.6
呼玛	Ⅰ（A）	23.3	21.4	19.3	19.2
黑河	Ⅰ（A）	22.4	20.5	18.5	18.4
孙吴	Ⅰ（A）	22.8	20.8	18.8	18.7
嫩江	Ⅰ（A）	22.5	20.7	18.6	18.5
克山	Ⅰ（B）	25.6	22.4	20.6	19.0
伊春	Ⅰ（A）	21.7	19.9	17.9	17.7
海伦	Ⅰ（B）	25.2	22.0	20.2	18.7
齐齐哈尔	Ⅰ（B）	22.6	19.8	18.1	16.7
富锦	Ⅰ（B）	24.1	21.1	19.3	17.8
泰来	Ⅰ(B)	22.1	19.4	17.7	16.4
安达	Ⅰ（B）	23.2	20.4	18.6	17.2
宝清	Ⅰ（B）	22.2	19.5	17.8	16.5
通河	Ⅰ（B）	24.4	21.3	19.5	18.0
虎林	Ⅰ（B）	23.0	20.1	18.5	17.0
鸡西	Ⅰ（B）	21.4	18.8	17.1	15.8
尚志	Ⅰ（B）	23.0	20.1	18.4	17.0
牡丹江	Ⅰ（B）	21.9	19.2	17.5	16.2
绥芬河	Ⅰ（B）	21.2	18.6	17.0	15.6

续附录 2

城市	气候区属	建筑物耗热量指标/（W/m^2）			
		≤3 层	（4～8）层	（9～13）层	≥14 层
江苏省					
赣榆	Ⅱ（A）	14.0	12.1	11.0	9.7
徐州	Ⅱ（B）	13.8	12.8	11.4	10.1
射阳	Ⅱ（B）	12.6	11.6	10.3	9.2
安徽省					
亳州	Ⅱ（B）	14.2	13.2	11.8	10.4
山东省					
济南	Ⅱ（B）	14.2	13.2	11.7	10.5
长岛	Ⅱ（A）	14.4	12.4	11.2	9.9
龙口	Ⅱ（A）	15.0	12.9	11.7	10.4
惠民	Ⅱ（B）	16.1	15.0	13.4	12.0
德州	Ⅱ（B）	14.4	13.4	11.9	10.7
成山头	Ⅱ（A）	13.1	11.3	10.1	9.0
陵县	Ⅱ（B）	15.9	14.8	13.2	11.8
海阳	Ⅱ（A）	14.7	12.7	11.5	10.2
潍坊	Ⅱ（A）	16.1	13.9	12.7	11.3
莘县	Ⅱ（A）	15.6	13.6	12.3	11.0
沂源	Ⅱ（A）	15.7	13.6	12.4	11.0
青岛	Ⅱ（A）	13.0	11.1	10.0	8.8
兖州	Ⅱ（B）	14.6	13.6	12.0	10.8
日照	Ⅱ（A）	12.7	10.8	9.7	8.5
费县	Ⅱ（A）	14.0	12.1	10.9	9.7
菏泽	Ⅱ（A）	13.7	11.8	10.7	9.5
定陶	Ⅱ（B）	14.7	13.6	12.1	10.8
临沂	Ⅱ（A）	14.2	12.3	11.1	9.8
河南省					
郑州	Ⅱ（B）	13.0	12.1	10.7	9.6
安阳	Ⅱ（B）	15.0	13.9	12.4	11.0
孟津	Ⅱ（A）	13.7	11.8	10.7	9.4
卢氏	Ⅱ（A）	14.7	12.7	11.5	10.2
西华	Ⅱ（B）	13.7	12.7	11.3	10.0
四川省					
若尔盖	Ⅰ（B）	12.4	11.2	9.9	9.1
松潘	Ⅰ（C）	11.9	10.3	9.3	8.0
色达	Ⅰ（A）	12.1	10.3	8.5	8.1
马尔康	Ⅱ（A）	12.7	10.9	9.7	8.8
德格	Ⅰ（C）	11.6	10.0	9.0	7.8
甘孜	Ⅰ（C）	10.1	8.9	7.9	6.6

续附录 2

城市	气候区属	建筑物耗热量指标/（W/m²）			
		≤3 层	（4～8）层	（9～13）层	≥14 层
四川省					
康定	Ⅰ（C）	11.9	10.3	9.3	8.0
巴塘	Ⅱ（A）	7.8	6.6	5.5	5.1
理塘	Ⅰ（B）	9.6	8.9	7.7	7.0
稻城	Ⅰ（C）	9.9	8.7	7.7	6.3
贵州省					
毕节	Ⅱ（A）	11.5	9.8	8.8	7.7
威宁	Ⅱ（A）	12.0	10.3	9.2	8.2
云南省					
德钦	Ⅰ（C）	10.9	9.4	8.5	7.2
昭通	Ⅱ（A）	10.2	8.7	7.6	6.8
西藏自治区					
拉萨	Ⅱ（A）	11.7	10.0	8.9	7.9
狮泉河	Ⅰ（A）	11.8	10.1	8.2	7.8
改则	Ⅰ（A）	13.3	11.4	9.6	8.5
索县	Ⅰ（B）	12.4	11.2	9.9	8.9
那曲	Ⅰ（A）	13.7	12.3	10.5	10.3
丁青	Ⅰ（B）	11.7	10.5	9.2	8.4
班戈	Ⅰ（A）	12.5	10.7	8.9	8.6
昌都	Ⅱ（A）	15.2	13.1	11.9	10.5
申扎	Ⅰ（A）	12.0	10.4	8.6	8.2
林芝	Ⅱ（A）	9.4	8.0	6.9	6.2
日喀则	Ⅰ（C）	9.9	8.7	7.7	6.4
隆子	Ⅰ（C）	11.5	10.0	9.0	7.6
帕里	Ⅰ（A）	11.6	10.1	8.4	8.0
陕西省					
西安	Ⅱ（B）	14.7	13.6	12.2	10.7
榆林	Ⅱ（A）	20.5	17.9	16.5	14.7
延安	Ⅱ（A）	17.9	15.6	14.3	12.7
宝鸡	Ⅱ（A）	14.1	12.2	11.1	9.8
甘肃省					
兰州	Ⅱ（A）	16.5	14.4	13.1	11.7
敦煌	Ⅱ（A）	19.1	16.7	15.3	13.8
酒泉	Ⅰ（C）	15.7	13.6	12.5	10.9
张掖	Ⅰ（C）	15.8	13.8	12.6	11.0
民勤	Ⅱ（A）	18.4	16.1	14.7	13.2
乌鞘岭	Ⅰ（A）	12.6	11.1	9.3	9.1
西峰镇	Ⅱ（A）	16.9	14.7	13.4	11.9

续附录 2

城市	气候区属	建筑物耗热量指标/（W/m^2）			
		≤3 层	（4～8）层	（9～13）层	≥14 层
甘肃省					
平凉	Ⅱ（A）	16.9	14.7	13.4	11.9
合作	Ⅰ（B）	13.3	12.0	10.7	9.9
岷县	Ⅰ（C）	13.8	12.0	10.9	9.4
天水	Ⅱ（A）	15.7	13.5	12.3	10.9
成县	Ⅱ（A）	8.3	7.1	6.0	5.5
青海省					
西宁	Ⅰ（C）	15.3	13.3	12.1	10.5
冷湖	Ⅰ（B）	15.2	13.8	12.3	11.4
大柴旦	Ⅰ（B）	15.3	13.9	12.4	11.5
德令哈	Ⅰ（C）	16.2	14.0	12.9	11.2
刚察	Ⅰ（A）	14.1	11.9	10.1	9.9
格尔木	Ⅰ（C）	14.0	12.3	11.2	9.7
都兰	Ⅰ（B）	12.8	11.6	10.3	9.5
同德	Ⅰ（B）	14.6	13.3	11.8	11.0
玛多	Ⅰ（A）	13.9	12.5	10.6	10.3
河南	Ⅰ（A）	13.1	11.09.2	9.0	
托托河	Ⅰ（A）	15.4	13.4	11.4	11.1
曲麻莱	Ⅰ（A）	13.8	12.1	10.2	9.9
达日	Ⅰ（A）	13.2	11.2	9.4	9.1
玉树	Ⅰ（B）	11.2	10.2	8.9	8.2
杂多	Ⅰ（A）	12.7	11.1	9.4	9.1
宁夏回族自治区					
银川	Ⅱ（A）	18.8	16.4	15.0	13.4
盐池	Ⅱ（A）	18.6	16.2	14.8	13.2
中宁	Ⅱ（A）	17.8	15.5	14.2	12.6
新疆维吾尔自治区					
乌鲁木齐	Ⅰ（C）	21.8	18.7	17.4	15.4
哈巴河	Ⅰ（C）	22.2	19.1	17.8	15.6
阿勒泰	Ⅰ（B）	19.9	177	16.1	14.9
富蕴	Ⅰ（B）	21.9	19.5	17.8	16.6
和布克赛尔	Ⅰ（B）	16.6	14.9	13.4	
塔城	Ⅰ（C）	20.2	17.4	16.1	14.3
克拉玛依	Ⅰ（C）	23.6	20.3	18.9	16.8
北塔山	Ⅰ（B）	17.8	15.8	14.3	13.3
精河	Ⅰ（C）	22.7	19.4	18.1	15.9

续附录 2

城市	气候区属	建筑物耗热量指标/（W/m²）			
		≤3 层	（4～8）层	（9～13）层	≥14 层
新疆维吾尔自治区					
奇台	Ⅰ（C）	24.1	20.9	19.4	17.2
伊宁	Ⅱ（A）	20.5	18.0	16.5	14.8
吐鲁番	Ⅱ（B）	19.9	18.6	16.8	15.0
哈密	Ⅱ（B）	21.3	20.0	18.0	16.2
巴伦台	Ⅰ（C）	18.1	15.5	14.3	12.6
库尔勒	Ⅱ（B）	19.6	17.5	15.6	14.1
库车	Ⅱ（A）	18.8	16.5	15.0	13.5
阿合奇	Ⅰ（C）	16.0	13.9	12.8	11.2
铁干里克	Ⅱ（B）	19.8	18.6	16.7	15.2
阿拉尔	Ⅱ（A）	18.9	16.6	15.1	13.7
巴楚	Ⅱ（A）	17.0	14.9	13.5	12.3
喀什	Ⅱ（A）	16.2	14.1	12.8	11.6
若羌	Ⅱ（B）	18.6	17.4	15.5	14.1
莎车	Ⅱ（A）	16.3	14.2	12.9	11.7
安德河	Ⅱ（A）	18.5	16.2	14.8	13.4
皮山	Ⅱ（A）	16.1	14.1	12.7	11.5
和田	Ⅱ（A）	15.5	13.5	12.2	11.0

注：表格中气候区属Ⅰ（A）为严寒（A）区、Ⅰ（B）为严寒（B）区、Ⅰ（C）为严寒（C）区；Ⅱ（A）为寒冷（A）区、Ⅱ（B）为寒冷（B）区。

附录三　太阳能供热采暖系统效益评估计算公式

1．太阳能供热采暖系统的年节能量

太阳能供热采暖系统的年节能量可按下式计算：

$$\Delta Q_{\mathrm{save}}=A_{\mathrm{c}}\cdot J_{\mathrm{T}}\cdot(1-\eta_{\mathrm{c}})\cdot\eta_{\mathrm{cd}}$$

式中：ΔQ_{save}——太阳能供热采暖系统的年节能量（MJ）；

A_{c}——系统的太阳能集热器面积（m^2）；

J_{T}——太阳能集热器采光表面上的年总太阳辐照量（MJ/m^2）；

η_{cd}——太阳能集热器的年平均集热效率（%）；

η_{c}——管路、水泵、水箱和季节蓄热装置的热损失率。

2．太阳能供热采暖系统寿命期的总节能费

太阳能供热采暖系统寿命期内的总节能费可按下式计算：

$$SAV=PI(\Delta Q_{\mathrm{save}}\cdot C_{\mathrm{c}}-A\cdot DJ)-A$$

式中：SAV——系统寿命期内的总节能费用（元）；

PI——折现系数；

C_{c}——系统评估当年的常规能源热价（元/MJ）；

A——太阳能热水系统总增投资（元）；

DJ——每年用于与太阳能供热采暖系统有关的维修费用，包括太阳集热器维护，集热系统管道维护和保温等费用占总增投资的百分率；一般取 1%。

3．折现系数

折现系数 PI 可按下式计算：

$$PI=\frac{1}{d-e}\left[1-\left(\frac{1+e}{1+d}\right)^{n}\right]\qquad d\neq e$$

$$PI=\frac{n}{1+d}\qquad d=e$$

式中：d——年市场折现率，可取银行贷款利率；

e——年燃料价格上涨率；

n——分析节省费用的年限，从系统开始运行算起，取集热系统寿命（一般为 10～15 年）。

4．系统评估当年的常规能源热价 C_C

系统评估当年的常规能源热价 C_C 可按下式计算：

$$C_C = C'_C/(q\square \mathrm{Eff})$$

式中：C'_C——系统评估当年的常规能源价格（元/kg）；

q——常规能源的热值（MJ/kg）；

Eff——常规能源水加热装置的效率（%）。

5．太阳能供热采暖系统的费效比

太阳能供热采暖系统的费效比可按下式计算：

$$B = A/(\Delta Q_{save}\square n)$$

式中：B——系统费效比（元/kW·h）。

6．太阳能供热采暖系统的二氧化碳减排量

太阳能供热采暖系统的二氧化碳减排量可按下式计算：

$$Q_{co_2} = \frac{\Delta Q_{save} \times n}{W \times \mathrm{Eff}} \times F_{co_2}$$

式中：Q_{co_2}——系统寿命期内二氧化碳减排量（kg）；

W——标准煤热值，取 29.308MJ/kg；

F_{co_2}——二氧化碳排放因子，按附表取值。

附表

辅助常规能源		煤	石油	天然气	电
二氧化碳排放因子	kg 碳/kg 标准煤	2.662	1.991	1.481	3.175